図形と方程式

2次曲線

11 円 $(x-a)^2+(y-b)^2=r^2$ は中心 $(a,\ b)$，半径 r

12 放物線 $y^2=4px$ は焦点が $(p,\ 0)$，準線が $x=-p$

13 楕円 $\dfrac{x^2}{a^2}+\dfrac{y^2}{b^2}=1$ は焦点が $(\pm\sqrt{a^2-b^2},\ 0)$ で2焦点からの距離の和が $2a$

14 双曲線 $\dfrac{x^2}{a^2}-\dfrac{y^2}{b^2}=1$ は焦点が $(\pm\sqrt{a^2+b^2},\ 0)$ で2焦点からの距離の差が $2a$

  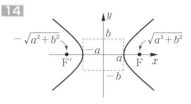

場合の数・順列・組合せ

15 n 個から r 個とる順列の総数は $_n\mathrm{P}_r=\dfrac{n!}{(n-r)!}=n(n-1)(n-2)\cdots\{n-(r-1)\}$

16 n 個から r 個とる組合せの総数は $_n\mathrm{C}_r=\dfrac{n!}{r!(n-r)!}=\dfrac{n(n-1)(n-2)\cdots\{n-(r-1)\}}{r(r-1)(r-2)\cdots3\cdot2\cdot1}$

17 二項定理 $(a+b)^n={}_n\mathrm{C}_0a^nb^0+{}_n\mathrm{C}_1a^{n-1}b^1+{}_n\mathrm{C}_2a^{n-2}b^2+\cdots+{}_n\mathrm{C}_{n-1}a^1b^{n-1}+{}_n\mathrm{C}_na^0b^n$

JN097736

数列

18 $\displaystyle\sum_{k=1}^{n} k = 1+2+3+\cdots+n = \frac{n(n+1)}{2}$

19 $\displaystyle\sum_{k=1}^{n} k^2 = 1^2+2^2+3^2+\cdots+n^2 = \frac{n(n+1)(2n+1)}{6}$

20 $\displaystyle\sum_{k=1}^{n} k^3 = 1^3+2^3+3^3+\cdots+n^3 = \left\{\frac{n(n+1)}{2}\right\}^2$

21 等比数列の和の公式

$$\sum_{k=1}^{n} ar^{k-1} = a+ar+ar^2+\cdots+ar^{n-1} = \frac{a(1-r^n)}{1-r} \quad (r \neq 1)$$

微分法

22 積の微分法 $\{f(x)g(x)\}' = f'(x)g(x)+f(x)g'(x)$

23 商の微分法 $\left\{\dfrac{f(x)}{g(x)}\right\}' = \dfrac{f'(x)g(x)-f(x)g'(x)}{\{g(x)\}^2}$

24 合成関数の微分法 $\{f(g(x))\}' = f'(g(x))g'(x)$

積分法

25 $\alpha \neq -1$ のとき $\displaystyle\int x^\alpha \, dx = \frac{1}{\alpha+1} x^{\alpha+1}+C$

$\displaystyle\int \frac{1}{x} \, dx = \log|x|+C$

26 $\displaystyle\int \sin x \, dx = -\cos x+C, \ \int \cos x \, dx = \sin x+C$

$\displaystyle\int \frac{1}{\cos^2 x} \, dx = \tan x+C, \ \int \frac{1}{\sin^2 x} \, dx = -\frac{1}{\tan x}+C$

27 $\displaystyle\int e^x \, dx = e^x+C, \ \int a^x \, dx = \frac{1}{\log a} \cdot a^x+C \quad (a>0, \ a \neq 1)$

28 $\displaystyle\int \frac{1}{\sqrt{1-x^2}} \, dx = \mathrm{Sin}^{-1} x+C, \ \int \frac{-1}{\sqrt{1-x^2}} \, dx = \mathrm{Cos}^{-1} x+C,$

$\displaystyle\int \frac{1}{1+x^2} \, dx = \mathrm{Tan}^{-1} x+C$

29 置換積分法 $x = g(t)$ とおくと $\displaystyle\int f(x) \, dx = \int f(g(t))g'(t) \, dt$

30 $\displaystyle\int \frac{f'(x)}{f(x)} \, dx = \log|f(x)|+C$

31 部分積分法 $\displaystyle\int f(x)g'(x) \, dx = f(x)g(x) - \int f'(x)g(x) \, dx$

32 $\displaystyle\int_0^{\frac{\pi}{2}} \sin^n x \, dx = \int_0^{\frac{\pi}{2}} \cos^n x \, dx = \begin{cases} \dfrac{n-1}{n} \cdot \dfrac{n-3}{n-2} \cdots\cdots \dfrac{3}{4} \cdot \dfrac{1}{2} \cdot \dfrac{\pi}{2} & (n \text{ は 2 以上の偶数}) \\[2mm] \dfrac{n-1}{n} \cdot \dfrac{n-3}{n-2} \cdots\cdots \dfrac{4}{5} \cdot \dfrac{2}{3} \cdot 1 & (n \text{ は 3 以上の奇数}) \end{cases}$

新版数学シリーズ

新版微分積分

改訂版

岡本和夫 ［監修］

実教出版

新版微分積分を学ぶみなさんへ

　新版数学シリーズの各書は，いろいろな分野で数学に接し，実際の場面で数学を積極的に使うことになる人たちを想定して編修されています。講義用の教科書として用いられることだけでなく，みなさんが必要に応じて自学自習に用いるということも考えて丁寧な記述を心がけました。

　本書では，微分積分学をひとわたり学びます。微分積分学は数学の中心を貫く道です。みなさんはこれまで学んできた数学が，結局はこの道に通じていることを知ることになるでしょう。また，この道からは，よく知っているはずのことがらが，これまでとは違った形に見える，そんな発見を繰り返し経験するはずです。この教科書で述べられていることがらはお互いに深くつながっていて，全体が微分積分学の大きな道を示しています。

　この道は数学だけの道ではありません。微分法成立の背景に天体の運動の観測があり，積分法には面積を測るという必要性がありました。微分積分学は自然科学全体の道でもあります。自然現象や社会の仕組みを解明するときにはこの道を必ず通り，そして最先端の技術にもつながっています。

　これから微分積分学を学ぶみなさんには，単に知識を増やすこと，計算技術を身に付けることだけではなく，全体の流れをつかむこと，数学の面白さがわかること，を目標にしてほしいと願っています。

本書の使い方

例 1　本文の理解を助けるための具体例，
および代表的な基本問題。

例題 2　学習した内容をより深く理解するための代表的な問題。
解・証明にはその問題の模範的な解答を示した。

練習 3　学習した内容を確実に身につけるための問題。
例・例題とほぼ同じ程度の問題を選んだ。

節末問題　その節で学んだ内容をひととおり復習するための問題，
およびやや程度の高い問題。

研究　本文の内容に関連して，興味・関心を深めるための補助教材。
余力のある場合に，学習を深めるための教材。

演習　研究で学習した内容を身につけるための問題。

COLUMN　本文の内容に関連する興味深い内容を取り上げた。

← 10　見返しに掲載した該当する番号の公式を参照する。

問題の解答　Web サイト（https://www.jikkyo.co.jp）の本書の紹介からダウンロードできます。

◆ ◆ ◆ もくじ ◆ ◆ ◆

1章 微分法 I
1節 関数の極限
1. 関数の極限値 ……………………… 8
2. 関数のいろいろな極限 …………… 12
3. いろいろな関数の極限 …………… 16
4. 連続関数 …………………………… 21
◀ 節末問題 …………………………… 25
2節 導関数
1. 平均変化率と微分係数 …………… 26
2. 導関数 ……………………………… 30
3. 関数の積・商の微分法 …………… 33
4. 合成関数と逆関数の微分法 ……… 36
5. 三角関数の導関数 ………………… 40
6. 対数関数と指数関数の導関数 …… 44
7. 高次導関数 ………………………… 48
研究 ライプニッツの公式 …………… 49
◀ 節末問題 …………………………… 50
3節 導関数の応用
1. 導関数と関数の増減 ……………… 52
2. 第2次導関数と関数のグラフ …… 62
3. いろいろな応用 …………………… 66
◀ 節末問題 …………………………… 75

2章 積分法 I
1節 不定積分と定積分
1. 不定積分 …………………………… 78
2. 置換積分法と部分積分法 ………… 83
3. いろいろな関数の不定積分 ……… 89
4. 定積分 ……………………………… 92
5. 定積分の置換積分法・部分積分法 … 95
◀ 節末問題 ………………………… 102
2節 積分法の応用
1. 定積分と面積 …………………… 104

2. 体積 ……………………………… 112
3. 定積分と和の極限 ……………… 117
◀ 節末問題 ………………………… 123

3章 微分法 II
1節 いろいろな関数表示の微分法
1. 媒介変数表示の関数 …………… 126
2. 極座標表示の関数 ……………… 130
3. 陰関数 …………………………… 134
COLUMN 微分可能な陰関数の存在 … 136
◀ 節末問題 ………………………… 137
2節 平均値の定理とその応用
1. 連続関数の性質 ………………… 138
2. 平均値の定理 …………………… 142
3. 不定形の極限値 ………………… 145
◀ 節末問題 ………………………… 147
3節 テイラーの定理とその応用
1. 関数の近似 ……………………… 148
2. テイラーの定理 ………………… 152
3. テイラー展開 …………………… 155
4. 関数の極値の判定 ……………… 161
◀ 節末問題 ………………………… 164
研究 オイラーの公式 …………… 164
研究 正項級数の収束・発散 …… 166

4章 積分法 II
1節 定積分と不定積分
1. リーマン積分 …………………… 168
2. 微分積分法の基本定理 ………… 174
3. いろいろな不定積分 …………… 177
◀ 節末問題 ………………………… 185

2節　定積分の応用

1. 図形の面積 ························· 186
2. 曲線の長さ ························· 190
3. 立体の体積 ························· 196
4. 広義積分 ··························· 200
◀節末問題 ··························· 204

5章　偏微分
1節　2変数関数と偏微分

1. 2変数関数とそのグラフ ········· 206
2. 極限値と偏導関数 ··············· 209
3. 合成関数の微分法 ··············· 217
4. 全微分と接平面 ················· 222
◀節末問題 ··························· 226
研究 2変数関数のグラフのかき方 227
研究 2変数関数のテイラーの定理 229
2節　偏微分の応用

1. 極値問題 ··························· 231
2. 陰関数の微分法 ················· 235
3. 条件付極値問題 ················· 239
◀節末問題 ··························· 242
研究 包絡線··························· 243

6章　重積分
1節　重積分

1. 2重積分の定義 ··················· 246
2. 累次積分 ··························· 249
3. 累次積分と順序交換 ············· 254
4. 2重積分と変数変換 ············· 256
◀節末問題 ··························· 264
2節　重積分の応用

1. 体積 ······························· 265
2. ガウス型積分 ····················· 267

3. 重心と慣性モーメント ········· 269
◀節末問題 ··························· 272
研究 3重積分と座標変換········· 273
研究 ガンマ関数と階乗············· 274

7章　微分方程式
1節　微分方程式と解

1. 微分方程式 ······················· 276
2. 微分方程式の解 ················· 278
3. 初期値問題と境界値問題 ······· 280
◀節末問題 ··························· 283
2節　1階微分方程式

1. 変数分離形 ······················· 284
2. 同次形 ··························· 286
3. 線形微分方程式 ················· 288
◀節末問題 ··························· 292
COLUMN 微分の記法··············· 293
研究 完全微分方程式··············· 294
研究 特別な形の微分方程式········· 296
3節　2階微分方程式

1. 階数降下法 ······················· 298
2. 2階線形微分方程式と解 ········· 300
3. 定数係数の同次線形微分方程式 ··· 303
4. 定数係数の非同次線形微分方程式 307
5. 連立微分方程式 ················· 315
6. 非定数係数の同次線形微分方程式 316
◀節末問題 ··························· 320
研究 オイラーの微分方程式········· 321

索引··································· 322
公式集····················· 前後見返し

第 1 章

微分法 I

··· 1 ···
関数の極限
··· 2 ···
導関数
··· 3 ···
導関数の応用

　極限の概念からはじまり，曲線の接線の研究からニュートンとライプニッツが独立して発見した微分積分の基本定理は17世紀の数学の最大の成果である。その後，多くの数学者によって受け継がれ，今日の数学，自然科学の発展に大きく寄与した。

◆ 1 ◆ 関数の極限

1 ▶ 関数の極限値

1 ▶ 関数の極限値

関数 $f(x)$ において，x が a と異なる値をと
りながら，a に限りなく近づくとき，$f(x)$ の値
が一定の値 α に限りなく近づくならば，このこ
とを

$$\lim_{x \to a} f(x) = \alpha$$

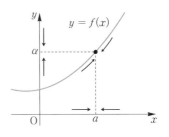

または

$$x \to a \text{ のとき } f(x) \to \alpha$$

と表し，x が a に限りなく近づくとき $f(x)$ は α に **収束する**，または $f(x)$ の極
限は α であるという。また，α のことを，x が a に限りなく近づくときの $f(x)$
の **極限値** という。

例1 $\displaystyle\lim_{x \to 3} \sqrt{x+1}$ を求めてみよう。

x が 3 に限りなく近づくとき，

$\sqrt{x+1}$ は $x = 3$ のときの値 2 に

限りなく近づくから

$$\lim_{x \to 3} \sqrt{x+1} = 2$$

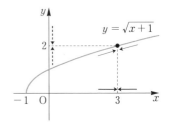

練習1 次の極限値を求めよ。

(1) $\displaystyle\lim_{x \to 1} (4x + 1)$

(2) $\displaystyle\lim_{x \to 2} (x^2 - x - 1)$

(3) $\displaystyle\lim_{x \to 0} \sqrt{2x + 3}$

(4) $\displaystyle\lim_{x \to -2} \sqrt{5 + \frac{x}{2}}$

(5) $\displaystyle\lim_{x \to 1} \frac{x - 1}{x + 2}$

(6) $\displaystyle\lim_{x \to 0} \frac{x - 3}{x^2 + 1}$

$\lim\limits_{x \to a} f(x)$ について,「x が a に限りなく近づく」とは x が a と異なる値をとり<u>ながら a に限りなく近づく</u>ことなので,関数 $f(x)$ が $x = a$ のとき定義されていなくても,$\lim\limits_{x \to a} f(x)$ が存在することがある。

例2　$f(x) = \dfrac{x^2 - 1}{x - 1}$ は $x = 1$ で定義されていないが,$x \neq 1$ のとき

$$f(x) = \frac{(x + 1)(x - 1)}{x - 1} = x + 1$$

である。したがって

$$\begin{aligned}
\lim_{x \to 1} f(x) &= \lim_{x \to 1} \frac{x^2 - 1}{x - 1} \\
&= \lim_{x \to 1} \frac{(x + 1)(x - 1)}{x - 1} \\
&= \lim_{x \to 1} (x + 1) = 2
\end{aligned}$$

練習2　次の極限値を求めよ。

(1) $\lim\limits_{x \to 0} \dfrac{x^2 - x}{x}$

(2) $\lim\limits_{x \to -2} \dfrac{x^2 - 4}{x + 2}$

(3) $\lim\limits_{x \to 2} \dfrac{x^2 - 5x + 6}{x - 2}$

(4) $\lim\limits_{x \to -1} \dfrac{-x^2 + 1}{x + 1}$

関数の極限値について次の性質が成り立つ。

⇒ **関数の極限値の性質**

　　$\lim\limits_{x \to a} f(x) = \alpha,\ \lim\limits_{x \to a} g(x) = \beta$ のとき

[1]　$\lim\limits_{x \to a} c f(x) = c\alpha$　　ただし,c は定数

[2]　$\lim\limits_{x \to a} \{f(x) + g(x)\} = \alpha + \beta,\quad \lim\limits_{x \to a} \{f(x) - g(x)\} = \alpha - \beta$

[3]　$\lim\limits_{x \to a} f(x) g(x) = \alpha\beta,\quad \lim\limits_{x \to a} \dfrac{f(x)}{g(x)} = \dfrac{\alpha}{\beta}\quad (\beta \neq 0)$

例題 1 次の極限値を求めよ。

(1) $\lim_{x \to 2} \dfrac{x^2 - x - 2}{x^2 - 2x}$ 　　　(2) $\lim_{x \to 0} \dfrac{1}{x}\left(1 + \dfrac{3}{x-3}\right)$

解

(1) $\lim_{x \to 2} \dfrac{x^2 - x - 2}{x^2 - 2x} = \lim_{x \to 2} \dfrac{(x+1)(x-2)}{x(x-2)}$

$\qquad = \lim_{x \to 2} \dfrac{x+1}{x} = \dfrac{2+1}{2} = \dfrac{3}{2}$

(2) $\lim_{x \to 0} \dfrac{1}{x}\left(1 + \dfrac{3}{x-3}\right) = \lim_{x \to 0}\left(\dfrac{1}{x} \cdot \dfrac{x}{x-3}\right)$

$\qquad = \lim_{x \to 0} \dfrac{1}{x-3} = \dfrac{1}{0-3} = -\dfrac{1}{3}$

練習3 次の極限値を求めよ。

(1) $\lim_{x \to 1} \dfrac{x^3 - 1}{x - 1}$ 　(2) $\lim_{x \to -2} \dfrac{3x^2 + 4x - 4}{2x^2 + 7x + 6}$ 　(3) $\lim_{x \to 0} \dfrac{1}{x}\left(1 + \dfrac{1}{x^2 - 1}\right)$

例題 2 次の極限値を求めよ。

$$\lim_{x \to 3} \dfrac{\sqrt{x+1} - 2}{x - 3}$$

解

$\lim_{x \to 3} \dfrac{\sqrt{x+1} - 2}{x - 3} = \lim_{x \to 3} \dfrac{(\sqrt{x+1} - 2)(\sqrt{x+1} + 2)}{(x-3)(\sqrt{x+1} + 2)}$

$\qquad = \lim_{x \to 3} \dfrac{x - 3}{(x-3)(\sqrt{x+1} + 2)}$

$\qquad = \lim_{x \to 3} \dfrac{1}{\sqrt{x+1} + 2} = \dfrac{1}{4}$

練習4 次の極限値を求めよ。

(1) $\lim_{x \to 1} \dfrac{\sqrt{x+3} - 2}{x - 1}$ 　(2) $\lim_{x \to 0} \dfrac{x}{\sqrt{x+1} - 1}$ 　(3) $\lim_{x \to 2} \dfrac{\sqrt{2x} - \sqrt{x+2}}{x - 2}$

◆ **2** ◆ $\displaystyle\lim_{x\to a} g(x) = 0$ で $\displaystyle\lim_{x\to a}\frac{f(x)}{g(x)}$ **が存在するとき**

関数 $f(x)$, $g(x)$ と定数 α について

$$\lim_{x\to a}\frac{f(x)}{g(x)} = \alpha \quad \text{かつ} \quad \lim_{x\to a} g(x) = 0$$

であるとき, p.9 の関数の極限値の性質を用いると

$$\lim_{x\to a} f(x) = \lim_{x\to a}\left\{\frac{f(x)}{g(x)}\cdot g(x)\right\} = \alpha\cdot 0 = 0$$

が成り立つ。

例題 3　次の等式が成り立つように, 定数 a, b の値を定めよ。
$$\lim_{x\to 1}\frac{x^2 + ax + b}{x - 1} = 3$$

解　$\displaystyle\lim_{x\to 1}(x-1) = 0$ であるから, 与えられた等式が成り立つためには

$$\lim_{x\to 1}(x^2 + ax + b) = 0$$

これより　$1 + a + b = 0$

すなわち　$b = -a - 1$　……①

このとき

$$\lim_{x\to 1}\frac{x^2 + ax + b}{x - 1} = \lim_{x\to 1}\frac{x^2 + ax - a - 1}{x - 1}$$

$$= \lim_{x\to 1}\frac{(x-1)(x+a+1)}{x-1} = \lim_{x\to 1}(x + a + 1) = a + 2$$

したがって　$a + 2 = 3$　ゆえに　$a = 1$

①に代入して　$b = -2$

このとき, 与えられた等式が成り立つ。

よって　$a = 1$,　$b = -2$

練習 5　次の等式が成り立つように, 定数 a, b の値を定めよ。

(1) $\displaystyle\lim_{x\to 2}\frac{x^2 + ax + b}{x - 2} = 3$

(2) $\displaystyle\lim_{x\to -1}\frac{a\sqrt{x+2} + b}{x + 1} = 1$

2 関数のいろいろな極限

1 正の無限大，負の無限大に発散

関数 $f(x) = \dfrac{1}{x^2}$ について，x が限りなく 0 に近づくとき，$f(x)$ の値は右の図のように限りなく大きくなる。

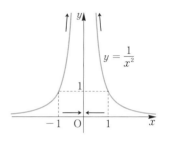

一般に，関数 $f(x)$ において，x が a に限りなく近づくとき，$f(x)$ の値が限りなく大きくなるならば，$f(x)$ は **正の無限大に発散する**，または $f(x)$ の極限は正の無限大であるといい，次のように表す。

$$\lim_{x \to a} f(x) = \infty \quad \text{または} \quad x \to a \text{ のとき } f(x) \to \infty$$

上記の関数については，$\displaystyle\lim_{x \to 0} \dfrac{1}{x^2} = \infty$ と表すことができる。

また，x が a に限りなく近づくとき，$f(x)$ の値が負で，その絶対値が限りなく大きくなるならば，$f(x)$ は **負の無限大に発散する**，または $f(x)$ の極限は負の無限大であるといい，次のように表す。

$$\lim_{x \to a} f(x) = -\infty \quad \text{または} \quad x \to a \text{ のとき } f(x) \to -\infty$$

例 3 関数 $f(x) = -\dfrac{1}{|x|}$ について

$x > 0$ のとき $f(x) = -\dfrac{1}{x}$

$x < 0$ のとき $f(x) = \dfrac{1}{x}$

であるから，グラフは右の図のようになり

$$\lim_{x \to 0} \left(-\dfrac{1}{|x|} \right) = -\infty$$

練習 6 次の極限を調べよ。

(1) $\displaystyle\lim_{x \to 1} \dfrac{1}{(x-1)^2}$

(2) $\displaystyle\lim_{x \to 0} \left(1 - \dfrac{1}{x^2} \right)$

2 右からの極限, 左からの極限

関数 $f(x) = \dfrac{x^2 + x}{|x|}$ について

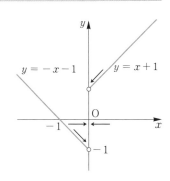

$x > 0$ のとき

$$f(x) = \frac{x^2 + x}{x} = x + 1$$

$x < 0$ のとき

$$f(x) = \frac{x^2 + x}{-x} = -x - 1$$

であるから,

　　$x > 0$ の範囲で x が 0 に限りなく近づくとき, $f(x)$ の値は 1 に近づき,

　　$x < 0$ の範囲で x が 0 に限りなく近づくとき, $f(x)$ の値は -1 に近づく。

　一般に, x が a より大きい値をとりながら a に限りなく近づくことを,

　　x が **右から a に近づく** といい $x \to a + 0$ と表す。

　また, x が a より小さい値をとりながら a に限りなく近づくことを,

　　x が **左から a に近づく** といい $x \to a - 0$ と表す。

　とくに, $a = 0$ の場合はそれぞれ $x \to +0$, $x \to -0$ と表す。

$x \to a + 0$ のときの $f(x)$ の極限を

　　x が a に近づくときの **右からの極限** といい $\displaystyle \lim_{x \to a+0} f(x)$ で表す。

$x \to a - 0$ のときの $f(x)$ の極限を

　　x が a に近づくときの **左からの極限** といい $\displaystyle \lim_{x \to a-0} f(x)$ で表す。

　上記の関数については

$$\lim_{x \to +0} \frac{x^2 + x}{|x|} = 1, \qquad \lim_{x \to -0} \frac{x^2 + x}{|x|} = -1$$

と表すことができる。

$\displaystyle \lim_{x \to a} f(x) = \alpha$ すなわち「$x \to a$ のとき $f(x) \to \alpha$」の意味は，x が a に限りなく近づくとき，右から近づいても左から近づいても $f(x)$ が α に限りなく近づくことである。

一般に，次のことが成り立つ。

$$\lim_{x \to a} f(x) = \alpha \iff \lim_{x \to a+0} f(x) = \lim_{x \to a-0} f(x) = \alpha$$

このことから，前ページの関数 $f(x) = \dfrac{x^2 + x}{|x|}$ について，$x \to 0$ のときの $f(x)$ の極限値はない。

例 4 関数 $f(x) = |x|$ について

$$\lim_{x \to +0} |x| = \lim_{x \to +0} x = 0$$

$$\lim_{x \to -0} |x| = \lim_{x \to -0} (-x) = 0$$

よって

$$\lim_{x \to 0} |x| = 0$$

極限が「正の無限大に発散する」場合や「負の無限大に発散する」場合についても，右からの極限，左からの極限を考えることがある。

例 5 関数 $f(x) = \dfrac{1}{x-1}$ について

$$\lim_{x \to 1+0} \frac{1}{x-1} = \infty$$

$$\lim_{x \to 1-0} \frac{1}{x-1} = -\infty$$

練習 7 次の極限を調べよ。

(1) $\displaystyle \lim_{x \to -2+0} \frac{1}{x+2}$ (2) $\displaystyle \lim_{x \to -2-0} \frac{1}{x+2}$ (3) $\displaystyle \lim_{x \to 1+0} \frac{1}{\sqrt{x}-1}$

(4) $\displaystyle \lim_{x \to 1-0} \frac{1}{\sqrt{x}-1}$ (5) $\displaystyle \lim_{x \to -0} \frac{|x|}{x}$ (6) $\displaystyle \lim_{x \to 0} \frac{1}{|x|}$

3 **$x \to \infty$，$x \to -\infty$ のときの極限**

一般に，x が限りなく大きくなることを $x \to \infty$ で表し，x が負で絶対値が限りなく大きくなることを $x \to -\infty$ で表す。

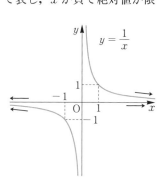

関数 $f(x) = \dfrac{1}{x}$ について

$$\lim_{x \to \infty} \frac{1}{x} = 0, \ \ \lim_{x \to -\infty} \frac{1}{x} = 0$$

となる。このことは，右のグラフからもわかる。

例6 極限 $\displaystyle\lim_{x \to \infty}(x^3 - x^2)$ は

$$\lim_{x \to \infty}(x^3 - x^2) = \lim_{x \to \infty} x^3\left(1 - \frac{1}{x}\right)$$

と変形できる。ここで，$x \to \infty$ のとき $x^3 \to \infty$，$1 - \dfrac{1}{x} \to 1$ であるから

$$\lim_{x \to \infty} x^3\left(1 - \frac{1}{x}\right) = \infty \ \ \text{すなわち} \ \ \lim_{x \to \infty}(x^3 - x^2) = \infty$$

練習8 次の極限を調べよ。

(1) $\displaystyle\lim_{x \to \infty} \frac{1}{x + 2}$ (2) $\displaystyle\lim_{x \to -\infty} \frac{1}{x^3 + 1}$ (3) $\displaystyle\lim_{x \to -\infty}\left(1 - \frac{1}{x^2}\right)$

(4) $\displaystyle\lim_{x \to \infty}(x^2 - x^3)$ (5) $\displaystyle\lim_{x \to -\infty}(x^2 + x^3)$ (6) $\displaystyle\lim_{x \to \infty}\left(x + \frac{1}{x}\right)$

例7 (1) $\displaystyle\lim_{x \to \infty} \frac{2x^2 + 3x + 4}{x^2 + 1} = \lim_{x \to \infty} \frac{2 + \dfrac{3}{x} + \dfrac{4}{x^2}}{1 + \dfrac{1}{x^2}} = \frac{2}{1} = 2$

(2) $\displaystyle\lim_{x \to -\infty} \frac{x^2 - 2}{x + 1} = \lim_{x \to -\infty} \frac{x - \dfrac{2}{x}}{1 + \dfrac{1}{x}} = -\infty$

練習9 次の極限を調べよ。

(1) $\displaystyle\lim_{x \to \infty} \frac{x - 1}{2x + 3}$ (2) $\displaystyle\lim_{x \to \infty} \frac{x - 1}{x^2 + 3}$ (3) $\displaystyle\lim_{x \to -\infty} \frac{x^3 - 5}{4x^2 - x - 3}$

3 いろいろな関数の極限

1 指数関数・対数関数の極限

指数関数 $f(x) = a^x$ について

$a > 1$ のとき $\displaystyle\lim_{x\to\infty} a^x = \infty$, $\displaystyle\lim_{x\to-\infty} a^x = 0$

$0 < a < 1$ のとき $\displaystyle\lim_{x\to\infty} a^x = 0$, $\displaystyle\lim_{x\to-\infty} a^x = \infty$

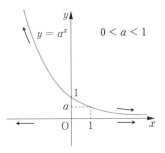

対数関数 $f(x) = \log_a x$ について

$a > 1$ のとき $\displaystyle\lim_{x\to\infty} \log_a x = \infty$, $\displaystyle\lim_{x\to+0} \log_a x = -\infty$

$0 < a < 1$ のとき $\displaystyle\lim_{x\to\infty} \log_a x = -\infty$, $\displaystyle\lim_{x\to+0} \log_a x = \infty$

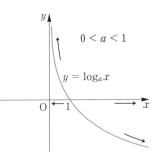

例 8 (1) $\displaystyle\lim_{x\to\infty} 2^x = \infty$　(2) $\displaystyle\lim_{x\to\infty} \frac{1}{2^x} = 0$　(3) $\displaystyle\lim_{x\to\infty} \frac{1}{\log_2 x} = 0$

練習 10 次の極限を調べよ。

(1) $\displaystyle\lim_{x\to\infty} 2^{-x}$　(2) $\displaystyle\lim_{x\to\infty} \frac{3^x + 2^x}{2^x}$　(3) $\displaystyle\lim_{x\to-\infty} \frac{1}{2^x + 1}$

(4) $\displaystyle\lim_{x\to\infty} \frac{1}{\log_2 x}$　(5) $\displaystyle\lim_{x\to\infty} \log_2 \frac{1}{x}$　(6) $\displaystyle\lim_{x\to+0} \log_{\frac{1}{2}} x$

2 三角関数の極限

三角関数 $f(x) = \sin x$, $f(x) = \cos x$ は，x の値を限りなく大きくするとき -1 と 1 の間のすべての値を繰り返しとるから，これらの関数は一定の値に近づかない。

よって，$x \to \infty$ のとき $\sin x$ や $\cos x$ の極限は存在しない。

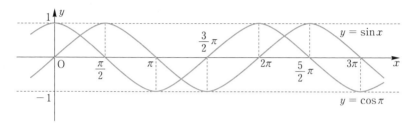

また，$f(x) = \tan x$ では

$$\lim_{x \to \frac{\pi}{2}+0} \tan x = -\infty$$

$$\lim_{x \to \frac{\pi}{2}-0} \tan x = \infty$$

となるから，$x \to \dfrac{\pi}{2}$ のときの $\tan x$ の極限は存在しない。

さらに，$x \to \infty$ のときの極限も存在しない。

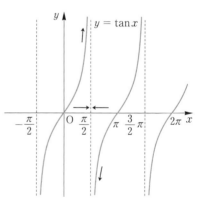

例9 (1) $\displaystyle \lim_{x \to \infty} \sin \frac{1}{x} = 0$

(2) $\displaystyle \lim_{x \to 0} \frac{\sin^2 x}{1 - \cos x} = \lim_{x \to 0} \frac{1 - \cos^2 x}{1 - \cos x}$

$$= \lim_{x \to 0} \frac{(1 - \cos x)(1 + \cos x)}{1 - \cos x}$$

$$= \lim_{x \to 0} (1 + \cos x) = 2$$

練習11 次の極限値を求めよ。

(1) $\displaystyle \lim_{x \to \infty} \cos \frac{1}{x}$
(2) $\displaystyle \lim_{x \to -\infty} \sin \frac{1}{x}$
(3) $\displaystyle \lim_{x \to \frac{\pi}{2}} \frac{\cos^2 x}{1 - \sin x}$

---

3 **関数の極限値の大小関係**

関数の極限値の大小関係について，次の性質が成り立つ。

⇒ 関数の極限値の大小関係

[1] $\lim\limits_{x \to a} f(x) = \alpha$, $\lim\limits_{x \to a} g(x) = \beta$ のとき，a に十分近いすべての x の値に

対してつねに，$f(x) \leqq g(x)$ ならば $\boldsymbol{\alpha \leqq \beta}$

[2] $\lim\limits_{x \to a} f(x) = \lim\limits_{x \to a} g(x) = \alpha$ のとき，a に十分近いすべての x の値に対

してつねに，$f(x) \leqq h(x) \leqq g(x)$ ならば

$$\lim\limits_{x \to a} h(x) \text{ が存在して } \lim\limits_{x \to a} h(x) = \alpha$$

注意 上の[2]を **はさみうちの原理** ということがある。

一般に，$-|f(x)| \leqq f(x) \leqq |f(x)|$ であるから上の[2]より次のことが成り

立つ。

$$\lim\limits_{x \to a} |f(x)| = 0 \iff \lim\limits_{x \to a} f(x) = 0$$

例題
4 極限値 $\lim\limits_{x \to 0} x \sin\dfrac{1}{x}$ を求めよ。

解 $\left|\sin\dfrac{1}{x}\right| \leqq 1$ から $|x|\left|\sin\dfrac{1}{x}\right| \leqq |x|$

よって $0 \leqq \left|x \sin\dfrac{1}{x}\right| \leqq |x|$

$x \to 0$ のとき $|x| \to 0$ であるから

$$\lim\limits_{x \to 0} \left|x \sin\dfrac{1}{x}\right| = 0$$

ゆえに $\lim\limits_{x \to 0} x \sin\dfrac{1}{x} = 0$

練習**12** 次の極限値を求めよ。

(1) $\lim\limits_{x \to 0} x \cos\dfrac{1}{x}$

(2) $\lim\limits_{x \to \infty} \dfrac{\sin x}{x}$

はさみうちの原理を用いて，次の三角関数の極限の公式を証明しよう。

⟹ **三角関数の極限の公式**

$$\lim_{x \to 0} \frac{\sin x}{x} = 1$$

証明 $x \to 0$ とするので，x が 0 に近いところだけ考えればよい。

(ⅰ) $0 < x < \dfrac{\pi}{2}$ のとき

半径が 1，中心角が x である扇形 OAB を考える。点 A における円の接線と，半直線 OB との交点を T とすると，面積に関して次の不等式が成り立つ。

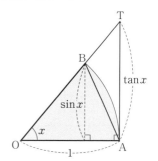

$$\triangle OAB < \text{扇形 OAB} < \triangle OAT$$

したがって

$$\frac{1}{2}\sin x < \frac{1}{2}x < \frac{1}{2}\tan x \qquad \text{から} \qquad \sin x < x < \tan x$$

各辺を $\sin x$ で割ると，$\sin x > 0$ であるから

$$1 < \frac{x}{\sin x} < \frac{1}{\cos x} \qquad \text{ゆえに} \qquad 1 > \frac{\sin x}{x} > \cos x$$

ここで，$\displaystyle \lim_{x \to +0} \cos x = 1$ であるから，はさみうちの原理より

$$\lim_{x \to +0} \frac{\sin x}{x} = 1$$

(ⅱ) $-\dfrac{\pi}{2} < x < 0$ のとき

$x = -t$ とおくと，$x \to -0$ のとき $t \to +0$ であり，$0 < t < \dfrac{\pi}{2}$ であるから，(ⅰ)より

$$\lim_{x \to -0} \frac{\sin x}{x} = \lim_{t \to +0} \frac{\sin(-t)}{-t} = \lim_{t \to +0} \frac{\sin t}{t} = 1$$

(ⅰ)，(ⅱ)の結果から $\displaystyle \lim_{x \to 0} \frac{\sin x}{x} = 1$ 　　　　　　　　終

練習13 $\displaystyle \lim_{x \to 0} \frac{x}{\sin x} = 1$，$\displaystyle \lim_{x \to 0} \frac{\sin kx}{kx} = 1 \ (k \neq 0)$ となることを示せ。

例題
5

次の極限値を求めよ。

(1) $\displaystyle\lim_{x\to 0}\frac{\sin 3x}{x}$　　　　(2) $\displaystyle\lim_{x\to 0}\frac{1-\cos x}{x^2}$

解

(1) $\displaystyle\lim_{x\to 0}\frac{\sin 3x}{x}=\lim_{x\to 0}\left(3\cdot\frac{\sin 3x}{3x}\right)=3\cdot 1=\mathbf{3}$

(2) $\displaystyle\lim_{x\to 0}\frac{1-\cos x}{x^2}=\lim_{x\to 0}\frac{(1-\cos x)(1+\cos x)}{x^2(1+\cos x)}$

$\displaystyle=\lim_{x\to 0}\frac{1-\cos^2 x}{x^2(1+\cos x)}=\lim_{x\to 0}\frac{\sin^2 x}{x^2(1+\cos x)}$

$\displaystyle=\lim_{x\to 0}\left\{\left(\frac{\sin x}{x}\right)^2\cdot\frac{1}{1+\cos x}\right\}=1^2\cdot\frac{1}{2}=\mathbf{\frac{1}{2}}$

練習**14**　次の極限値を求めよ。

(1) $\displaystyle\lim_{x\to 0}\frac{\sin 2x}{x}$　　(2) $\displaystyle\lim_{x\to 0}\frac{\tan x}{x}$　　(3) $\displaystyle\lim_{x\to 0}\frac{\sin 3x}{\sin x}$

(4) $\displaystyle\lim_{x\to 0}\frac{x^2}{1-\cos^2 x}$　　(5) $\displaystyle\lim_{x\to 0}\frac{1-\cos 2x}{x^2}$

例題
6

極限値 $\displaystyle\lim_{x\to\pi}\frac{\sin x}{x-\pi}$ を求めよ。

解　$\theta=x-\pi$ とおくと，$x=\theta+\pi$

$x\to\pi$ のとき $\theta\to 0$ であるから

$\displaystyle\lim_{x\to\pi}\frac{\sin x}{x-\pi}=\lim_{\theta\to 0}\frac{\sin(\theta+\pi)}{\theta}=\lim_{\theta\to 0}\frac{-\sin\theta}{\theta}$

$\displaystyle=-\lim_{\theta\to 0}\frac{\sin\theta}{\theta}=\mathbf{-1}$

練習**15**　次の極限値を求めよ。

(1) $\displaystyle\lim_{x\to\pi}\frac{\tan x}{x-\pi}$　　(2) $\displaystyle\lim_{x\to\frac{\pi}{2}}\frac{\cos x}{2x-\pi}$　　(3) $\displaystyle\lim_{x\to\pi}\frac{1+\cos x}{(x-\pi)^2}$

4 連続関数

1 連続関数

　関数 $f(x) = x^2$ や $f(x) = \sin x$ などのグラフは，それぞれ切れ目なくつながった1つの曲線であり，定義域内のすべての値 a に対して次の式が成り立つ。

$$\lim_{x \to a} f(x) = f(a)$$

　一般に，関数 $f(x)$ の定義域内の x の値 a に対して，$\lim_{x \to a} f(x)$ が存在し

$$\boldsymbol{\lim_{x \to a} f(x) = f(a)}$$

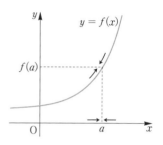

が成り立つとき，関数 $f(x)$ は $x = a$ において **連続** であるという。このとき，関数 $f(x)$ のグラフは $x = a$ でつながっている。

　関数 $f(x)$ が $x = a$ において連続でないとき，関数 $f(x)$ は $x = a$ において **不連続** であるという。

例⑩　$f(x) = \begin{cases} x^2 + 1 & (x \neq 0) \\ 2 & (x = 0) \end{cases}$

で定義された関数 $f(x)$ について

$$f(0) = 2, \quad \lim_{x \to 0} f(x) = 1$$

であるから　$\lim_{x \to 0} f(x) \neq f(0)$

$y = f(x)$ は $x = 0$ において不連続である。

　定義域 $a \leqq x \leqq b$ の関数 $f(x)$ が，定義域の左端 $x = a$ で連続であるとは，$\lim_{x \to a+0} f(x) = f(a)$ が成り立つことであり，定義域の右端 $x = b$ で連続であるとは，$\lim_{x \to b-0} f(x) = f(b)$ が成り立つことである。

練習⑯　次の関数 $f(x)$ が $x = 1$ において連続であるかどうか調べよ。

(1) $f(x) = \begin{cases} \dfrac{x^2 - x}{x - 1} & (x \neq 1) \\ 1 & (x = 1) \end{cases}$　　　(2) $f(x) = \begin{cases} x^2 - 1 & (x \neq 1) \\ 1 & (x = 1) \end{cases}$

2 区間における連続

区間 $a < x < b$, $a \leqq x < b$, $a < x \leqq b$, $a \leqq x \leqq b$ をそれぞれ $(a,\ b)$, $[a,\ b)$, $(a,\ b]$, $[a,\ b]$ で表す。また、実数全体も区間と考え、$(-\infty,\ \infty)$ と表す。

区間 $(a,\ b)$ を **開区間**、区間 $[a,\ b]$ を **閉区間** という。

一般に、関数 $f(x)$ が、ある区間のすべての x の値で連続であるとき、関数 $f(x)$ はその区間で連続であるという。このとき、$y = f(x)$ のグラフは、その区間で切れ目なくつながっている。

例11 (1) x の整式で表された関数 $x^3 - 3x + 1$ や三角関数 $\sin x$, $\cos x$, 指数関数 3^x は、区間 $(-\infty,\ \infty)$ で連続である。

(2) 対数関数 $\log_2 x$ は、区間 $(0,\ \infty)$ で連続である。

(3) 分数関数 $\dfrac{x}{x-3}$ は、$x \neq 3$ の2つの区間 $(-\infty,\ 3)$, $(3,\ \infty)$ で連続である。

(4) 無理関数 $\sqrt{x}$ は、区間 $[0,\ \infty)$ で連続である。

一般に、関数 $f(x)$ が定義域内のすべての x の値において連続であるとき、$f(x)$ は **連続関数** であるという。整式で表された関数や分数関数、無理関数、指数関数、対数関数、三角関数などは連続関数である。

関数 $f(x)$, $g(x)$ が $x = a$ で連続であるならば、次の関数も $x = a$ において連続である。(ただし、k は定数)

$$kf(x) \qquad f(x) + g(x) \quad f(x) - g(x)$$

$$f(x)g(x) \qquad \frac{f(x)}{g(x)} \quad (\text{ただし、}g(a) \neq 0)$$

練習17 次の関数 $f(x)$ が連続である区間をいえ。

(1) $f(x) = \dfrac{1}{x-1}$ (2) $f(x) = \sqrt{2-x}$ (3) $f(x) = \dfrac{1}{x^2-4}$

3 連続関数の性質

関数 $f(x) = \log_2 x$ は開区間 $(0,\ \infty)$ において連続で

$$\lim_{x \to +0} f(x) = -\infty, \qquad \lim_{x \to \infty} f(x) = \infty$$

であるから，$f(x)$ はいくらでも大きくなり，いくらでも小さくなる。

よって，この区間では，$f(x)$ の最大値および最小値はない。しかし，関数 $f(x)$ を区間 $[1,\ 4]$ で考えると

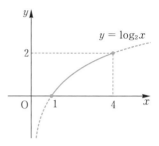

$x = 4$ で最大値 2

$x = 1$ で最小値 0

となり，最大値および最小値をもつ。

一般に，次のことが成り立つ。

> **閉区間で連続な関数は，その区間内で最大値および最小値をもつ。**

開区間で連続な関数は，その区間内で最大値や最小値をもつことも，もたないこともある。

練習18　次の関数の最大値，最小値について調べよ。もしもつならば，その値を求めよ。

(1)　$f(x) = \dfrac{2}{x}$　$[1,\ 4]$

(2)　$f(x) = 2^x$　$[-1,\ 3]$

(3)　$f(x) = \cos x$　$[0,\ \pi]$

(4)　$f(x) = \sin x$　$(-\pi,\ \pi)$

4 中間値の定理

関数 $f(x)$ が区間 $[a,\ b]$ で連続であるとき，$y = f(x)$ のグラフは，点 $(a,\ f(a))$ から点 $(b,\ f(b))$ まで切れ目なくつながっている。

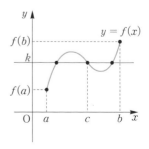

とくに，$f(a) \neq f(b)$ ならば，$f(a)$ と $f(b)$ の間の任意の値 k に対して

直線 $y = k$ と曲線 $y = f(x)$

は，$a < x < b$ の範囲で共有点を少なくとも 1 つもつ。

このことから，次の中間値の定理が成り立つ。

⇒ 中間値の定理

関数 $f(x)$ が区間 $[a, b]$ で連続で，$f(a) \neq f(b)$ とする。このとき，$f(a)$ と $f(b)$ の間の任意の値 k に対して

$$f(c) = k, \quad a < c < b$$

となる c が少なくとも 1 つ存在する。

中間値の定理から，次のことがいえる。

関数 $f(x)$ が区間 $[a, b]$ で連続で，$f(a)$ と $f(b)$ が異符号ならば，方程式 $f(x) = 0$ は，a と b の間に少なくとも 1 つの実数解をもつ。

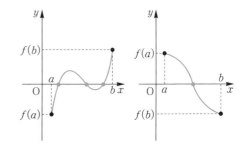

例題 7　方程式 $2^x - 3x = 0$ は，$0 < x < 1$ の範囲に少なくとも 1 つの実数解をもつことを示せ。

証明　$f(x) = 2^x - 3x$ とおくと，

$f(x)$ は区間 $[0, 1]$ で連続であり

$$f(0) = 1 > 0$$
$$f(1) = -1 < 0$$

であるから，方程式 $f(x) = 0$ は，$0 < x < 1$ の範囲に少なくとも 1 つの実数解をもつ。　

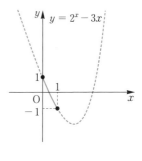

練習 19　方程式 $x - \cos x = 0$ は，$0 < x < \dfrac{\pi}{2}$ の範囲に少なくとも 1 つの実数解をもつことを示せ。

◀ 節|末|問|題

1. 次の極限を調べよ。

(1) $\displaystyle\lim_{x\to\infty}\frac{-x^2+4x}{x+3}$

(2) $\displaystyle\lim_{x\to-1}\frac{x}{|x+1|}$

(3) $\displaystyle\lim_{x\to-0}2^{\frac{1}{x}}$

2. 次の極限値を求めよ。

(1) $\displaystyle\lim_{x\to1}\frac{x^3-1}{x^2-x}$

(2) $\displaystyle\lim_{x\to1}\frac{\sqrt{x+2}-\sqrt{3}}{x-1}$

(3) $\displaystyle\lim_{x\to-\infty}(\sqrt{x^2+x}+x)$

(4) $\displaystyle\lim_{x\to0}\frac{x\sin x}{1-\cos x}$

(5) $\displaystyle\lim_{x\to0}\frac{1-\cos 2x}{x\tan x}$

(6) $\displaystyle\lim_{x\to-\frac{\pi}{2}}\frac{\sin 2x}{2x+\pi}$

3. 次の極限を求めよ。

(1) $\displaystyle\lim_{x\to-\infty}\frac{2^x-2^{-x}}{2^x+2^{-x}}$

(2) $\displaystyle\lim_{x\to\infty}\{\log_2(x^2+4)-\log_2 2x^2\}$

4. 次の関数 $f(x)$ が $x=1$ で連続であるように，定数 a の値を定めよ。

$$f(x)=\begin{cases}\dfrac{x^2-1}{x-1} & (x\neq1)\\[2mm] a & (x=1)\end{cases}$$

5. 半径 1 の円 O の周上に，中心角 θ の弧 AB をとり，A か
ら OB へ垂線 AC を下ろす。このとき，次の極限値を求
めよ。ただし，$\overparen{\mathrm{AB}}$ は弧 AB の長さを表す。

(1) $\displaystyle\lim_{\theta\to+0}\frac{\overparen{\mathrm{AB}}}{\mathrm{AC}}$

(2) $\displaystyle\lim_{\theta\to+0}\frac{\mathrm{BC}}{\overparen{\mathrm{AB}}^2}$

6. 方程式 $x+\log_2 x-2=0$ は $1<x<2$ の範囲に少なくとも 1 つの実数解をもつ
ことを示せ。

◆ 2 ◆ 導関数

1 平均変化率と微分係数

1 平均の速さと平均変化率

ボールが右の図のような斜面を転がり落ちるとき，落ち始めてから x 秒後まで
に転がり落ちた距離を y m とすると

$$y = x^2$$

という関係があった。このとき，落ち始めて 2 秒後
から 4 秒後までの平均の速さは

$$\frac{4^2 - 2^2}{4 - 2} = \frac{12}{2} = 6 \ (\text{m/秒})$$

である。

一般に，関数 $y = f(x)$ において，x の値が
a から b まで変化するとき，x の変化量 $b - a$
を **x の増分** といい Δx で表し，y の変化量
$f(b) - f(a)$ を **y の増分** といい Δy で表す。
このとき，Δx に対する Δy の割合

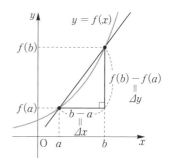

$$\frac{\Delta y}{\Delta x} = \frac{f(b) - f(a)}{b - a}$$

を，x の値が a から b まで変化するときの関数
$f(x)$ の **平均変化率** という。

例1　x の値が -1 から 2 まで変化するときの関数
　　　$f(x) = x^2$ の平均変化率は

$$\frac{f(2) - f(-1)}{2 - (-1)} = \frac{2^2 - (-1)^2}{3} = 1$$

練習1　関数 $f(x) = x^2$ について，x の値が次のように変化するときの平均変化率を
　　　求めよ。

(1) x が 2 から 5 まで　　　　　　　(2) x が -3 から 1 まで

2 瞬間の速さと極限の考え方

前ページのボールが斜面を転がり落ちる運動で，ごく短い時間の平均の速さを考えてみよう。

落ち始めて 2 秒後から 2.1 秒後までの平均の速さは，関数 $f(x) = x^2$ において，x の値が 2 から 2.1 まで変化するときの $f(x)$ の平均変化率で

$$\frac{f(2.1) - f(2)}{2.1 - 2} = \frac{2.1^2 - 2^2}{0.1} = \frac{0.41}{0.1} = 4.1 \ (\text{m/秒})$$

である。

$h > 0$ のとき，2 秒後から $(2 + h)$ 秒後までの平均の速さ v（m/秒）は

$$v = \frac{f(2 + h) - f(2)}{(2 + h) - 2}$$

$$= \frac{(2 + h)^2 - 2^2}{h}$$

$$= \frac{4h + h^2}{h}$$

$$= 4 + h \ (\text{m/秒}) \quad \cdots\cdots①$$

$h < 0$ のときの，$(2 + h)$ 秒後から 2 秒後までの平均の速さ v（m/秒）も，同様に考えて

$$v = 4 + h \ (\text{m/秒}) \quad \cdots\cdots②$$

である。

ここで，h が 0 に近づくときの平均の速さ v の変化のようすを調べると，右の表のようになる。

この表からわかるように，h が 0 に近づくときの速さは，限りなく 4（m/秒）に近づいていくと考えられる。この値は①，②において $h = 0$ としたときの値に等しい。

このようにして求められた 4（m/秒）のことを，落ち始めてから 2 秒後の **瞬間の速さ** という。

h	v
-0.1	3.9
-0.01	3.99
-0.001	3.999
$\downarrow$	$\downarrow$
0	4
$\uparrow$	$\uparrow$
0.001	4.001
0.01	4.01
0.1	4.1

◀ **3** ▶　微分係数 ─────────────────────────────

　関数 $f(x)$ において，x の値が a から $b = a + h$ まで変わるときの平均変化率は

$$\frac{\Delta y}{\Delta x} = \frac{f(b) - f(a)}{b - a} = \frac{f(a+h) - f(a)}{(a+h) - a} = \frac{f(a+h) - f(a)}{h}$$

である。

　ここで，h が 0 でない値をとりながら 0 に限りなく近づくとき，この平均変化率がある一定の値に限りなく近づくならば，$f(x)$ は $x = a$ で **微分可能** であるという。

　また，その極限値を関数 $f(x)$ の $x = a$ における **微分係数** または **変化率** といい，$f'(a)$ で表す。

⟹ **微分係数**

$$f'(a) = \lim_{\Delta x \to 0} \frac{\Delta y}{\Delta x} = \lim_{h \to 0} \frac{f(a+h) - f(a)}{h}$$

　なお，$b = a + h$ であるから，$h \to 0$ のとき $b \to a$ である。したがって，微分係数 $f'(a)$ は次のように書くこともできる。

$$f'(a) = \lim_{b \to a} \frac{f(b) - f(a)}{b - a}$$

例2　関数 $f(x) = x^2 - 2x + 3$ について，$x = 2$ における微分係数 $f'(2)$ を求めてみよう。

$$f(2+h) - f(2) = \{(2+h)^2 - 2(2+h) + 3\} - (2^2 - 2 \cdot 2 + 3)$$
$$= 4h + h^2 - 2h = 2h + h^2$$

であるから　$f'(2) = \lim_{h \to 0} \frac{f(2+h) - f(2)}{h}$

$$= \lim_{h \to 0} \frac{2h + h^2}{h}$$

$$= \lim_{h \to 0} (2 + h) = 2$$

練習2　次の関数 $f(x)$ について，$x = 2$ における微分係数 $f'(2)$ を求めよ。

　(1)　$f(x) = x^2 + 3x$　　　　　　　　(2)　$f(x) = -2x^2 + 1$

4 微分可能と連続

関数が微分可能であることと連続であることとの関係については，次のことが成り立つ。

> **微分可能と連続**
>
> 関数 $f(x)$ が $x = a$ で微分可能ならば $x = a$ で連続である。

証明 関数 $f(x)$ が $x = a$ で微分可能ならば $f'(a)$ が存在するから

$$\lim_{x \to a}\{f(x) - f(a)\} = \lim_{x \to a}\left\{\frac{f(x) - f(a)}{x - a} \times (x - a)\right\} = f'(a) \times 0 = 0$$

よって $\lim_{x \to a} f(x) = f(a)$

ゆえに，$f(x)$ は $x = a$ で連続である。　　　　　　　　　　**終**

この命題の逆は成り立たない。すなわち，関数 $f(x)$ が $x = a$ において連続であっても，$x = a$ において微分可能とは限らない。

たとえば，関数 $f(x) = |x|$ は

$$\lim_{x \to 0} f(x) = f(0)$$

が成り立つから $x = 0$ で連続であるが

$$\lim_{h \to +0} \frac{f(0 + h) - f(0)}{h}$$
$$= \lim_{h \to +0} \frac{|h|}{h} = \lim_{h \to +0} \frac{h}{h} = 1$$
$$\lim_{h \to -0} \frac{f(0 + h) - f(0)}{h}$$
$$= \lim_{h \to -0} \frac{|h|}{h} = \lim_{h \to -0} \frac{-h}{h} = -1$$

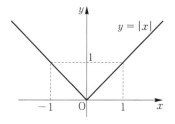

となり $f'(0)$ は存在しない。すなわち，$x = 0$ で微分可能ではない。

練習 3 関数 $f(x) = |x^2 - 2x|$ が $x = 2$ において微分可能でないことを示せ。

2 導関数

　一般に，関数 $f(x)$ が与えられたとき，x の値 a に対して，微分係数 $f'(a)$ を対応させる関数を $f(x)$ の **導関数** といい，記号 $f'(x)$ で表す。

> **⇒ 導関数の定義**
>
> $$f'(x) = \lim_{\Delta x \to 0} \frac{\Delta y}{\Delta x} = \lim_{h \to 0} \frac{f(x+h) - f(x)}{h}$$

　関数 $f(x)$ の導関数 $f'(x)$ を求めることを，$f(x)$ を x について **微分する** という。また，関数 $y = f(x)$ の導関数は，次のような記号で表す。

$$微分する$$
$$f(x) \longrightarrow f'(x)$$

$$y', \quad f'(x), \quad \{f(x)\}', \quad \frac{dy}{dx}, \quad \frac{d}{dx}f(x)$$

例 **3** (1) 関数 $f(x) = x$ の導関数は

$$f'(x) = \lim_{h \to 0} \frac{(x+h) - x}{h} = \lim_{h \to 0} \frac{h}{h} = 1$$

(2) 関数 $f(x) = x^2$ の導関数は

$$f'(x) = \lim_{h \to 0} \frac{(x+h)^2 - x^2}{h} = \lim_{h \to 0} \frac{x^2 + 2xh + h^2 - x^2}{h}$$

$$= \lim_{h \to 0} \frac{h(2x+h)}{h} = \lim_{h \to 0} (2x + h) = 2x$$

(3) 関数 $f(x) = \sqrt{x}$ の導関数は

$$f'(x) = \lim_{h \to 0} \frac{\sqrt{x+h} - \sqrt{x}}{h}$$

$$= \lim_{h \to 0} \frac{(\sqrt{x+h} - \sqrt{x})(\sqrt{x+h} + \sqrt{x})}{h(\sqrt{x+h} + \sqrt{x})}$$

$$= \lim_{h \to 0} \frac{x+h-x}{h(\sqrt{x+h} + \sqrt{x})}$$

$$= \lim_{h \to 0} \frac{h}{h(\sqrt{x+h} + \sqrt{x})}$$

$$= \lim_{h \to 0} \frac{1}{\sqrt{x+h} + \sqrt{x}} = \frac{1}{2\sqrt{x}}$$

> **例題 1**　関数 $f(x) = x^n$（n は自然数）の導関数を求めよ。

> **解**　
> $$f'(x) = \lim_{h \to 0} \frac{(x+h)^n - x^n}{h}$$
>
> $(x+h)^n$ を二項定理を用いて展開すると
> $$(x+h)^n = {}_nC_0 x^n + {}_nC_1 x^{n-1}h + {}_nC_2 x^{n-2}h^2 + \cdots\cdots + {}_nC_n h^n$$
> であるから分子は
> $$(x+h)^n - x^n = {}_nC_1 x^{n-1}h + {}_nC_2 x^{n-2}h^2 + \cdots\cdots + {}_nC_n h^n$$
> よって　$f'(x) = \displaystyle\lim_{h \to 0} \frac{{}_nC_1 x^{n-1}h + {}_nC_2 x^{n-2}h^2 + \cdots\cdots + {}_nC_n h^n}{h}$
> $$= \lim_{h \to 0} ({}_nC_1 x^{n-1} + {}_nC_2 x^{n-2}h + \cdots\cdots + {}_nC_n h^{n-1})$$
> $$= {}_nC_1 x^{n-1} = nx^{n-1}$$

練習4　次の関数の導関数を，定義に従って求めよ。

(1)　$f(x) = x^3$　　　　　　　　　　(2)　$f(x) = \dfrac{1}{x}$

つねに一定の値をとる関数を **定数関数** という。定数関数 $f(x) = c$（c は定数）の導関数は，$f(x+h) = c$ であるから
$$f'(x) = \lim_{h \to 0} \frac{f(x+h) - f(x)}{h} = \lim_{h \to 0} \frac{c - c}{h} = 0$$
である。

なお，関数 $y = x^2$ の導関数を $y' = 2x$，$(x^2)' = 2x$ などと書くこともある。以上のことから，次の公式が成り立つ。

➡ **x^n の導関数**

　　n が自然数のとき　　$(x^n)' = nx^{n-1}$

　　定数 c について　　$(c)' = 0$

関数 $f(x)$, $g(x)$ が微分可能であるとき,

定数倍 $kf(x)$,　　和 $f(x) + g(x)$,　　差 $f(x) - g(x)$

も微分可能であり,次の公式が成り立つ。

> ➡ **導関数の性質**
>
> [1]　$\{kf(x)\}' = kf'(x)$　　ただし,k は定数
>
> [2]　$\{f(x) + g(x)\}' = f'(x) + g'(x)$
>
> [3]　$\{f(x) - g(x)\}' = f'(x) - g'(x)$

例題 2　次の関数を微分せよ。

(1)　$y = x^3 - 3x^2 + 4x - 2$　　　　(2)　$y = x(x - 3)^2$

解　(1)　$y' = (x^3 - 3x^2 + 4x - 2)'$

$= (x^3)' - 3(x^2)' + 4(x)' - (2)'$

$= 3x^2 - 3 \cdot 2x + 4 \cdot 1 - 0$

$= \boldsymbol{3x^2 - 6x + 4}$

(2)　$y' = \{x(x - 3)^2\}'$

$= (x^3 - 6x^2 + 9x)'$

$= (x^3)' - 6(x^2)' + 9(x)'$

$= 3x^2 - 6 \cdot 2x + 9 \cdot 1$

$= \boldsymbol{3x^2 - 12x + 9}$

練習 5　次の関数を微分せよ。

(1)　$y = x^2 - 4x + 7$　　　　　　　(2)　$y = -3x^2 + 2x + 3$

(3)　$y = (2x + 5)^2$　　　　　　　　(4)　$y = (1 + 3x)(1 - 3x)$

(5)　$y = x^3 + \dfrac{1}{2}x^2 + \dfrac{2}{3}$　　　　(6)　$y = -\dfrac{1}{6}x^3 + \dfrac{3}{4}x^2 + 5x$

(7)　$y = -x(x - 3)(2x - 1)$　　　(8)　$y = (x - 2)^3$

3 関数の積・商の微分法

1 関数の積の微分法

関数 $f(x)$, $g(x)$ が微分可能であるとき，積 $f(x)g(x)$ も微分可能であり，次の公式が成り立つ。

積の微分法

$$\{f(x)g(x)\}' = f'(x)g(x) + f(x)g'(x)$$

証明 $y = f(x)g(x)$ とし，$\Delta x = h$ に対する y の増分を Δy とする。

$\Delta y = f(x+h)g(x+h) - f(x)g(x)$

$\quad = f(x+h)g(x+h) - f(x)g(x+h) + f(x)g(x+h) - f(x)g(x)$

$\quad = \{f(x+h) - f(x)\}g(x+h) + f(x)\{g(x+h) - g(x)\}$

であるから

$$y' = \lim_{\Delta x \to 0} \frac{\Delta y}{\Delta x}$$

$$= \lim_{h \to 0}\left\{\frac{f(x+h) - f(x)}{h} \cdot g(x+h) + f(x) \cdot \frac{g(x+h) - g(x)}{h}\right\}$$

ここで，$f(x)$, $g(x)$ は微分可能であるから

$$\lim_{h \to 0}\frac{f(x+h) - f(x)}{h} = f'(x), \quad \lim_{h \to 0}\frac{g(x+h) - g(x)}{h} = g'(x)$$

また，$g(x)$ は連続関数であるから $\lim_{h \to 0}g(x+h) = g(x)$

よって $y' = f'(x)g(x) + f(x)g'(x)$ 終

例4 関数 $y = (3x+1)(x^2 - x + 2)$ を微分すると

$\quad y' = (3x+1)'(x^2 - x + 2) + (3x+1)(x^2 - x + 2)'$

$\quad = 3(x^2 - x + 2) + (3x+1)(2x-1)$

$\quad = 9x^2 - 4x + 5$

練習6 次の関数を微分せよ。

(1) $y = (x+2)(4x-3)$ (2) $y = (x^2+1)(2x-5)$

(3) $y = (x+1)(x^2 - x + 1)$ (4) $y = (x+1)(x+2)(x+3)$

2 関数の商の微分法

関数 $f(x)$, $g(x)$ が微分可能であるとき，次の公式が成り立つ。

> **商の微分法**
>
> $$\left\{\frac{f(x)}{g(x)}\right\}' = \frac{f'(x)g(x) - f(x)g'(x)}{\{g(x)\}^2}$$
>
> $$\left\{\frac{1}{g(x)}\right\}' = -\frac{g'(x)}{\{g(x)\}^2}$$

[証明] まず，$\left\{\dfrac{1}{g(x)}\right\}' = -\dfrac{g'(x)}{\{g(x)\}^2}$ を証明しよう。

$y = \dfrac{1}{g(x)}$ とし，$\varDelta x = h$ に対する y の増分を $\varDelta y$ とすると

$$\varDelta y = \frac{1}{g(x+h)} - \frac{1}{g(x)} = -\frac{g(x+h) - g(x)}{g(x+h)g(x)}$$

であるから

$$y' = \lim_{\varDelta x \to 0} \frac{\varDelta y}{\varDelta x} = \lim_{h \to 0} \frac{1}{h}\left\{-\frac{g(x+h) - g(x)}{g(x+h)g(x)}\right\}$$

$$= \lim_{h \to 0}\left\{-\frac{1}{g(x+h)g(x)} \cdot \frac{g(x+h) - g(x)}{h}\right\}$$

ここで，$g(x)$ は微分可能であるから

$$\lim_{h \to 0} \frac{g(x+h) - g(x)}{h} = g'(x)$$

また，$g(x)$ は連続関数であるから

$$\lim_{h \to 0} g(x+h) = g(x)$$

よって $y' = -\dfrac{g'(x)}{\{g(x)\}^2}$

次に，この結果と積の微分法の公式を用いると

$$\left\{\frac{f(x)}{g(x)}\right\}' = \left\{f(x) \cdot \frac{1}{g(x)}\right\}' = f'(x) \cdot \frac{1}{g(x)} + f(x) \cdot \left\{\frac{1}{g(x)}\right\}'$$

$$= \frac{f'(x)}{g(x)} + f(x) \cdot \frac{-g'(x)}{\{g(x)\}^2}$$

$$= \frac{f'(x)g(x) - f(x)g'(x)}{\{g(x)\}^2}$$

終

例題
3

次の関数を微分せよ。

(1) $y = \dfrac{1}{2x+1}$　　　　　　(2) $y = \dfrac{3x-1}{x^2+1}$

解 (1) $y' = \left(\dfrac{1}{2x+1}\right)' = -\dfrac{(2x+1)'}{(2x+1)^2} = -\dfrac{2}{(2x+1)^2}$

(2) $y' = \left(\dfrac{3x-1}{x^2+1}\right)' = \dfrac{(3x-1)'(x^2+1) - (3x-1)(x^2+1)'}{(x^2+1)^2}$

$= \dfrac{3(x^2+1) - (3x-1)\cdot 2x}{(x^2+1)^2} = \dfrac{-3x^2+2x+3}{(x^2+1)^2}$

練習**7**　次の関数を微分せよ。

(1) $y = \dfrac{1}{3x+2}$　　　　(2) $y = \dfrac{x-1}{x^2-3}$　　　　(3) $y = \dfrac{x^2+2}{x^2+1}$

次に，n が負の整数のとき，関数 $y = x^n$ の導関数を求めてみよう。
$n = -m$ とおくと，m は正の整数であり

$$(x^n)' = (x^{-m})' = \left(\dfrac{1}{x^m}\right)' = -\dfrac{(x^m)'}{(x^m)^2} = -\dfrac{mx^{m-1}}{x^{2m}}$$

$$= -mx^{-m-1} = nx^{n-1}$$

すなわち，n が負の整数のときも次のことが成り立つ。

$$(x^n)' = nx^{n-1}$$

また，$n = 0$ のときも $(x^0)' = (1)' = 0$ であるから，次が成り立つ。

任意の整数 n について　$(x^n)' = nx^{n-1}$

例**5**　　$\left(\dfrac{1}{x^3}\right)' = (x^{-3})' = -3x^{-3-1} = -3x^{-4} = -\dfrac{3}{x^4}$

練習**8**　次の関数を微分せよ。

(1) $y = \dfrac{1}{x}$　　　　　　(2) $y = \dfrac{3}{x^2}$　　　　　　(3) $y = -\dfrac{1}{2x^4}$

4 合成関数と逆関数の微分法

1 合成関数の微分法

2つの関数 $y = f(u)$，$u = g(x)$ がそれぞれ微分可能であるとき，合成関数 $y = f(g(x))$ の導関数を求めてみよう。

$u = g(x)$ において，x の増分 Δx に対する u の増分を Δu とし，$y = f(u)$ において，u の増分 Δu に対する y の増分を Δy とする。

このとき

$$\frac{\Delta y}{\Delta x} = \frac{\Delta y}{\Delta u} \cdot \frac{\Delta u}{\Delta x}$$

が成り立つ。ここで

$$\Delta u = g(x + \Delta x) - g(x)$$

であり，$g(x)$ は連続関数であるから，$\Delta x \to 0$ のとき $\Delta u \to 0$ となる。したがって

$$\begin{aligned}
\frac{dy}{dx} &= \lim_{\Delta x \to 0} \frac{\Delta y}{\Delta x} \\
&= \lim_{\Delta x \to 0} \left(\frac{\Delta y}{\Delta u} \cdot \frac{\Delta u}{\Delta x} \right) \\
&= \lim_{\Delta x \to 0} \frac{\Delta y}{\Delta u} \cdot \lim_{\Delta x \to 0} \frac{\Delta u}{\Delta x} \\
&= \lim_{\Delta u \to 0} \frac{\Delta y}{\Delta u} \cdot \lim_{\Delta x \to 0} \frac{\Delta u}{\Delta x} \\
&= \frac{dy}{du} \cdot \frac{du}{dx}
\end{aligned}$$

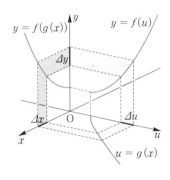

よって，次のことが成り立つ。

> **➡合成関数の微分法**
>
> $y = f(u)$，$u = g(x)$ がともに微分可能であるとき，合成関数 $y = f(g(x))$ も微分可能であり，その導関数は
>
> $$\frac{dy}{dx} = \frac{dy}{du} \cdot \frac{du}{dx}$$

$\boxed{\begin{array}{c}\text{例題}\\ \textbf{4}\end{array}}$ 次の関数を微分せよ。

(1) $y = (2x^3 - 1)^4$ 　　　　　　(2) $y = \dfrac{1}{(x^2+4)^3}$

$\boxed{\text{解}}$ (1) $u = 2x^3 - 1$ とおくと $y = u^4$ であるから

$$\frac{dy}{du} = 4u^3, \quad \frac{du}{dx} = 6x^2$$

よって $\dfrac{dy}{dx} = \dfrac{dy}{du} \cdot \dfrac{du}{dx} = 4u^3 \times 6x^2 = \boldsymbol{24x^2(2x^3 - 1)^3}$

(2) $u = x^2 + 4$ とおくと $y = \dfrac{1}{u^3} = u^{-3}$ であるから

$$\frac{dy}{du} = -3u^{-4}, \quad \frac{du}{dx} = 2x$$

よって $\dfrac{dy}{dx} = \dfrac{dy}{du} \cdot \dfrac{du}{dx} = -3u^{-4} \times 2x = -\dfrac{\boldsymbol{6x}}{\boldsymbol{(x^2+4)^4}}$

前ページの合成関数 $y = f(g(x))$ の微分法の公式について $y' = \{f(g(x))\}'$ であり

$$\frac{dy}{du} = f'(u) = f'(g(x)), \qquad \frac{du}{dx} = g'(x)$$

であるから，次のように表すこともできる。

$$\boldsymbol{\{f(g(x))\}' = f'(g(x))g'(x)}$$

このことから，例題 4 の (1) は次のようにして求めてもよい。

$$\{(2x^3 - 1)^4\}' = 4(2x^3 - 1)^3(2x^3 - 1)' = 24x^2(2x^3 - 1)^3$$

練習9 次の関数を微分せよ。

(1) $y = (3x - 5)^2$ 　　　　(2) $y = (1 - 2x)^3$ 　　　　(3) $y = (x^2 + x + 1)^4$

(4) $y = \dfrac{1}{(x+1)^3}$ 　　　(5) $y = \left(x + \dfrac{1}{x}\right)^3$ 　　　(6) $y = \left(\dfrac{x-2}{x}\right)^4$

練習10 次の等式が成り立つことを示せ。

(1) a, b を定数とするとき $\{f(ax + b)\}' = af'(ax + b)$

(2) 任意の整数 n について $(\{f(x)\}^n)' = n\{f(x)\}^{n-1}f'(x)$

2 x^r の導関数

m を整数，n を正の整数として，$x > 0$ のとき関数 $y = x^{\frac{m}{n}}$ を合成関数の微分法を用いて微分してみよう。

$y = x^{\frac{m}{n}}$ の両辺を n 乗すると $y^n = (x^{\frac{m}{n}})^n$ より

$$y^n = x^m$$

この両辺を x の関数とみて，x で微分すると

$$\frac{d}{dx}y^n = \frac{d}{dx}x^m \quad \cdots\cdots ①$$

ここで

$$(左辺) = \frac{d}{dx}y^n = \frac{d}{dy}y^n \cdot \frac{dy}{dx} = ny^{n-1}\frac{dy}{dx}$$

$$(右辺) = \frac{d}{dx}x^m = mx^{m-1}$$

であるから，①は $ny^{n-1}\dfrac{dy}{dx} = mx^{m-1}$

よって

$$\frac{dy}{dx} = \frac{mx^{m-1}}{ny^{n-1}} = \frac{mx^{m-1}}{n(x^{\frac{m}{n}})^{n-1}} = \frac{mx^{m-1}}{nx^{m-\frac{m}{n}}} = \frac{m}{n}x^{\frac{m}{n}-1}$$

ところで $\dfrac{m}{n} = r$ とおくと，r は有理数であり次のことが成り立つ。

▶ x^r の導関数

$$\boxed{\textbf{r が有理数のとき} \quad (x^r)' = rx^{r-1}}$$

例6 (1) $(\sqrt{x})' = (x^{\frac{1}{2}})' = \dfrac{1}{2}x^{-\frac{1}{2}} = \dfrac{1}{2\sqrt{x}}$

(2) $(\sqrt[3]{x^2+1})' = \{(x^2+1)^{\frac{1}{3}}\}' = \dfrac{1}{3}(x^2+1)^{-\frac{2}{3}}(x^2+1)'$

$$= \frac{1}{3}(x^2+1)^{-\frac{2}{3}} \cdot 2x = \frac{2x}{3\sqrt[3]{(x^2+1)^2}}$$

練習11 次の関数を微分せよ。

(1) $y = x^{\frac{2}{3}}$ 　　　　(2) $y = \sqrt{x^2+x+1}$ 　　(3) $y = \sqrt[4]{2x+1}$

3 逆関数の微分法

関数 $f(x)$ が微分可能であるとき，逆関数 $f^{-1}(x)$ の導関数を求めてみよう。

$$y = f^{-1}(x) \quad とおくと \quad x = f(y)$$

であるから，$x = f(y)$ の両辺を x で微分すると

$$\frac{d}{dx}x = \frac{d}{dx}f(y)$$

ここで

$$(左辺) = \frac{d}{dx}x = 1$$

$$(右辺) = \frac{d}{dx}f(y) = \frac{d}{dy}f(y)\cdot\frac{dy}{dx} = \frac{dx}{dy}\cdot\frac{dy}{dx}$$

したがって

$$1 = \frac{dx}{dy}\cdot\frac{dy}{dx} \quad すなわち \quad \frac{dx}{dy}\cdot\frac{dy}{dx} = 1$$

となる。

よって，次のことが成り立つ。

> ⇒ **逆関数の微分法**
>
> $$\frac{dx}{dy} \neq 0 \ のとき \qquad \frac{dy}{dx} = \frac{1}{\dfrac{dx}{dy}}$$

例7 $y = \sqrt[3]{x}$ の導関数を逆関数の微分法を用いて求めてみよう。

$y = \sqrt[3]{x}$ より $x = y^3$ であるから

$$\frac{dx}{dy} = 3y^2$$

よって $\dfrac{dy}{dx} = \dfrac{1}{\dfrac{dx}{dy}} = \dfrac{1}{3y^2} = \dfrac{1}{3\sqrt[3]{x^2}}$

練習12 $y = \sqrt[4]{x}$ の導関数を逆関数の微分法を用いて求めよ。

5 ▶ 三角関数の導関数

1 ▶ 三角関数の導関数

関数 $y = \sin x$ の導関数を求めてみよう。

$$y' = \lim_{h \to 0} \frac{\sin(x+h) - \sin x}{h}$$

$$= \lim_{h \to 0} \frac{2\cos\left(x + \dfrac{h}{2}\right)\sin\dfrac{h}{2}}{h} \qquad \text{←和積の公式 10 (2)2 より}$$

$$= \lim_{h \to 0} \left\{\cos\left(x + \frac{h}{2}\right) \cdot \frac{\sin\dfrac{h}{2}}{\dfrac{h}{2}}\right\} \qquad \lim_{x \to 0}\frac{\sin x}{x} = 1 \text{ より}$$

$$= (\cos x) \times 1 = \cos x \qquad\qquad\qquad \lim_{h \to 0}\frac{\sin\dfrac{h}{2}}{\dfrac{h}{2}} = 1$$

すなわち $(\sin x)' = \cos x$

次に，$y = \cos x$ の導関数は，$\cos x = \sin\left(x + \dfrac{\pi}{2}\right)$ であるから，合成関数の微分法を用いると

$$y' = (\cos x)' = \left\{\sin\left(x + \frac{\pi}{2}\right)\right\}' \qquad \cos x = \sin\left(x + \frac{\pi}{2}\right)$$

$$= \left\{\cos\left(x + \frac{\pi}{2}\right)\right\}\left(x + \frac{\pi}{2}\right)' \qquad \cos\left(x + \frac{\pi}{2}\right) = -\sin x$$

$$= -\sin x \times 1 = -\sin x$$

すなわち $(\cos x)' = -\sin x$

さらに，$y = \tan x$ の導関数を求めよう。$\tan x = \dfrac{\sin x}{\cos x}$ であるから，商の微分法を用いると

$$y' = (\tan x)' = \left(\frac{\sin x}{\cos x}\right)' = \frac{(\sin x)'\cos x - \sin x(\cos x)'}{\cos^2 x}$$

$$= \frac{\cos^2 x + \sin^2 x}{\cos^2 x} = \frac{1}{\cos^2 x}$$

すなわち $(\tan x)' = \dfrac{1}{\cos^2 x}$

まとめると，次のようになる。

⇒ 三角関数の導関数

$$(\sin x)' = \cos x \qquad (\cos x)' = -\sin x \qquad (\tan x)' = \frac{1}{\cos^2 x}$$

例題 5 次の関数を微分せよ。

(1) $y = x\sin x + \cos x$ 　　(2) $y = \sin(2x+1)$

(3) $y = \sin^3 x$ 　　(4) $y = \dfrac{1}{\tan x}$

解 (1) $y' = (x\sin x)' + (\cos x)'$

$\qquad = (x)' \cdot \sin x + x(\sin x)' - \sin x$

$\qquad = 1 \cdot \sin x + x\cos x - \sin x$

$\qquad = \boldsymbol{x\cos x}$

(2) $y' = \{\cos(2x+1)\} \cdot (2x+1)'$

$\qquad = \boldsymbol{2\cos(2x+1)}$

(3) $y' = (3\sin^2 x) \cdot (\sin x)'$

$\qquad = (3\sin^2 x) \cdot \cos x$

$\qquad = \boldsymbol{3\sin^2 x \cos x}$

(4) $y' = -\dfrac{(\tan x)'}{\tan^2 x}$

$\qquad = -\dfrac{1}{\cos^2 x} \cdot \dfrac{1}{\tan^2 x}$

$\qquad = -\dfrac{1}{\cos^2 x} \cdot \dfrac{\cos^2 x}{\sin^2 x} = \boldsymbol{-\dfrac{1}{\sin^2 x}}$

練習13 次の関数を微分せよ。

(1) $y = x\cos x - \sin x$ 　　(2) $y = \sin 3x$ 　　(3) $y = \cos(1-x)$

(4) $y = \tan 2x$ 　　(5) $y = \cos^3 2x$ 　　(6) $y = \tan^2 3x$

(7) $y = \sqrt{1-\cos x}$ 　　(8) $y = \dfrac{1}{1+\sin 2x}$ 　　(9) $y = \dfrac{\sin x}{x}$

2 **逆三角関数の導関数**

逆三角関数の導関数を求めてみよう。

関数 $y = \mathrm{Sin}^{-1}x \left(-1 < x < 1, \ -\dfrac{\pi}{2} < y < \dfrac{\pi}{2} \right)$ の導関数を求めるには，

$x = \sin y$ であるから，合成関数の微分法を用いて両辺を x で微分すると

$$1 = \frac{d}{dx}(\sin y) = \cos y \frac{dy}{dx}$$

したがって

$$\frac{dy}{dx} = \frac{1}{\cos y}$$

ここで，$-\dfrac{\pi}{2} < y < \dfrac{\pi}{2}$ だから $\cos y \geqq 0$ であり

$$\cos y = \sqrt{1 - \sin^2 y}$$
$$= \sqrt{1 - x^2}$$

よって

$$\frac{dy}{dx} = \frac{1}{\sqrt{1 - x^2}}$$

また，この関数は，逆関数の微分法を用いて，次のように求めることもできる。

$x = \sin y$ の両辺を y で微分して

$$\frac{dx}{dy} = \cos y$$

であるから，逆関数の微分法を用いて

$$\frac{dy}{dx} = \frac{1}{\dfrac{dx}{dy}} = \frac{1}{\cos y}$$

以下，上の例と同様に求めることができる。

練習14 関数 $y = \mathrm{Cos}^{-1}x \ (-1 < x < 1, \ 0 < y < \pi)$ の導関数を次の方法で求めよ。

(1) 合成関数の微分法を用いる。

(2) 逆関数の微分法を用いる。

関数 $y = \mathrm{Tan}^{-1}x$ の導関数を，逆関数の微分法を用いて求めてみよう。

$x = \tan y$ であるから，両辺を y で微分して

$$\frac{dx}{dy} = \frac{1}{\cos^2 y} = 1 + \tan^2 y$$

よって

$$\frac{dy}{dx} = \frac{1}{\dfrac{dx}{dy}} = \frac{1}{1 + \tan^2 y} = \frac{1}{1 + x^2}$$

次の公式が得られる。

> ➡ **逆三角関数の導関数**
>
> $$(\mathrm{Sin}^{-1}\boldsymbol{x})' = \frac{1}{\sqrt{1-\boldsymbol{x}^2}} \qquad (\mathrm{Cos}^{-1}\boldsymbol{x})' = -\frac{1}{\sqrt{1-\boldsymbol{x}^2}}$$
>
> $$(\mathrm{Tan}^{-1}\boldsymbol{x})' = \frac{1}{1+\boldsymbol{x}^2}$$

例題 6 関数 $y = \mathrm{Sin}^{-1}\dfrac{1}{x}$ $(x > 1)$ を微分せよ。

解 $\dfrac{1}{x} = u$ とおくと，$y = \mathrm{Sin}^{-1}u$ となるから

$$\frac{dy}{dx} = \frac{dy}{du} \cdot \frac{du}{dx}$$

$$= \frac{1}{\sqrt{1-u^2}} \cdot \left(\frac{1}{x}\right)'$$

$$= \frac{1}{\sqrt{1-\left(\dfrac{1}{x}\right)^2}} \cdot \left(-\frac{1}{x^2}\right) = -\frac{1}{x\sqrt{x^2-1}}$$

練習15 次の関数を微分せよ。

(1) $y = \mathrm{Cos}^{-1}\dfrac{1}{x}$ $(x > 1)$ 　　　(2) $y = \mathrm{Tan}^{-1}\dfrac{1}{x}$

(3) $y = \mathrm{Sin}^{-1}\sqrt{x}$ $(0 < x < 1)$

6 対数関数と指数関数の導関数

1 対数関数の導関数

対数関数 $y = \log_a x$ の導関数を求めてみよう。

$$y' = (\log_a x)' = \lim_{h \to 0} \frac{\log_a (x+h) - \log_a x}{h}$$

$$= \lim_{h \to 0} \frac{1}{h} \log_a \frac{x+h}{x} = \lim_{h \to 0} \frac{1}{h} \log_a \left(1 + \frac{h}{x}\right)$$

ここで，$\dfrac{h}{x} = t$ とおくと $h = tx$ であり，$h \to 0$ のとき $t \to 0$ であるから

$$(\log_a x)' = \lim_{t \to 0} \frac{1}{tx} \log_a (1+t) = \frac{1}{x} \lim_{t \to 0} \log_a (1+t)^{\frac{1}{t}}$$

となる。

ここで，t が限りなく 0 に近づくとき，$(1+t)^{\frac{1}{t}}$ の値はある一定の値に限りなく近づく。この極限値を e で表す。すなわち

$$\lim_{t \to 0} (1+t)^{\frac{1}{t}} = e$$

である。この e は無理数で

$$e = 2.7182818284590\cdots\cdots$$

であることが知られている。

t	$(1+t)^{\frac{1}{t}}$
0.1	$2.59374\cdots$
0.01	$2.70481\cdots$
0.001	$2.71692\cdots$
0.0001	$2.71814\cdots$
$\downarrow$	$\downarrow$
0	e
$\uparrow$	$\uparrow$
-0.0001	$2.71841\cdots$
-0.001	$2.71964\cdots$
-0.01	$2.73199\cdots$
-0.1	$2.86797\cdots$

この正の定数 e を用いると

$$(\log_a x)' = \frac{1}{x} \lim_{t \to 0} \log_a (1+t)^{\frac{1}{t}}$$

$$= \frac{1}{x} \log_a e$$

となる。ここで，対数の底の変換公式から

$$\log_a e = \frac{1}{\log_e a} \quad であるから$$

$$(\log_a x)' = \frac{1}{x \log_e a}$$

とくに, $a = e$ のときは $\log_e a = \log_e e = 1$ であるから

$$(\log_e x)' = \frac{1}{x}$$

微分法や積分法では, e を底とする対数を用いることが多い。e を底とする対数を **自然対数** といい, e を **自然対数の底** という。自然対数 $\log_e x$ は, 底を省略して $\log x$ とかくことが多い。

以上のことから, 次の公式が得られる。

> **⇒ 対数関数の導関数**
> $$(\log x)' = \frac{1}{x} \qquad (\log_a x)' = \frac{1}{x \log a}$$

注意 　自然対数 $\log x$ を $\ln x$ と表すこともある。

例8 　(1) $\{\log(2x+1)\}' = \dfrac{1}{2x+1} \cdot (2x+1)' = \dfrac{2}{2x+1}$

　　(2) $(x \log x)' = (x)' \log x + x(\log x)'$

$$= 1 \cdot \log x + x \cdot \frac{1}{x} = \log x + 1$$

　　(3) $(\log_2 x)' = \dfrac{1}{x \log 2}$

練習16 　次の関数を微分せよ。

　(1) $y = \log 3x$ 　　　(2) $y = \log(2 - 3x)$ 　　(3) $y = \log_{10} x$

　(4) $y = x^2 \log x$ 　　(5) $y = (\log x)^2$ 　　(6) $y = \dfrac{1}{\log x}$

次に, 関数 $y = \log|x|$ の導関数を求めてみよう。

$x > 0$ のとき 　$(\log|x|)' = (\log x)' = \dfrac{1}{x}$

$x < 0$ のとき 　$(\log|x|)' = \{\log(-x)\}' = \dfrac{1}{-x} \cdot (-x)' = \dfrac{1}{x}$

であるから, 次のことが成り立つ。

$$(\log|x|)' = \frac{1}{x}$$

2 ▶ 対数微分法

$y = \log|f(x)|$ の導関数は，$u = f(x)$ とおくと合成関数の微分法により

$$y' = \frac{dy}{dx} = \frac{dy}{du} \cdot \frac{du}{dx} = \frac{1}{u} \cdot f'(x) = \frac{f'(x)}{f(x)} \qquad \begin{array}{l} y = \log|u| \\ u = f(x) \end{array}$$

すなわち，次の等式が成り立つ。

$$(\log|f(x)|)' = \frac{f'(x)}{f(x)}$$

例 9　$(\log|x^2 - 1|)' = \dfrac{(x^2 - 1)'}{x^2 - 1} = \dfrac{2x}{x^2 - 1}$

練習 17　次の関数を微分せよ。

(1)　$y = \log|3x + 1|$ 　　(2)　$y = \log|x^2 - 3x + 2|$ 　　(3)　$y = \log|\sin x|$

例題 7　関数 $y = \dfrac{x(x-3)^2}{(x-2)^3}$ の導関数を求めよ。

解　両辺の絶対値の自然対数をとると

$$\log|y| = \log|x| + 2\log|x-3| - 3\log|x-2|$$

両辺を x で微分すると　　　　　　　　　　　　　$(\log|y|)' = \dfrac{y'}{y}$

$$\frac{y'}{y} = \frac{1}{x} + \frac{2}{x-3} - \frac{3}{x-2} = \frac{6}{x(x-2)(x-3)}$$

よって　$y' = \dfrac{6}{x(x-2)(x-3)} \cdot \dfrac{x(x-3)^2}{(x-2)^3}$

$$= \frac{6(x-3)}{(x-2)^4}$$

例題 7 の解のように，両辺の自然対数をとり，その両辺を微分することにより導関数を求める方法を **対数微分法** という。

練習 18　関数 $y = \dfrac{(x+1)(x-2)^2}{(x-1)^3}$ の導関数を対数微分法を用いて求めよ。

練習 19　$x > 0$，α を実数の定数とするとき，$(x^\alpha)' = \alpha x^{\alpha-1}$ を示せ。

3 指数関数の導関数

指数関数 $y = a^x$ の導関数を対数微分法を用いて求めてみよう。

$y = a^x$ の両辺の自然対数をとると

$$\log y = x \log a$$

この両辺を x で微分すると

$$\frac{y'}{y} = \log a \qquad\qquad\qquad (\log y)' = \frac{y'}{y}$$

よって $y' = y \log a = a^x \log a$

すなわち

$$(a^x)' = a^x \log a$$

となる。

とくに，$a = e$ のとき

$$(e^x)' = e^x \log e = e^x \qquad\qquad\qquad \log e = \log_e e = 1$$

である。

▶ **指数関数の導関数**

$$(e^x)' = e^x \qquad\qquad (a^x)' = a^x \log a$$

例⑩ (1) $(e^{3x})' = e^{3x} \cdot (3x)' = 3e^{3x}$

(2) $(a^{2x+1})' = a^{2x+1} \log a \cdot (2x+1)' = 2a^{2x+1} \log a$

(3) $(x^2 e^x)' = (x^2)' e^x + x^2 (e^x)'$

$$= 2x e^x + x^2 e^x = x(x+2) e^x$$

練習⑳ 次の関数を微分せよ。

(1) $y = e^{2x}$ 　　　　　　　　(2) $y = (x+1) e^{-x}$

(3) $y = 3^{x+2}$ 　　　　　　　　(4) $y = x a^{3x}$

練習㉑ 次の関数を微分せよ。

(1) $y = e^x \log x$ 　　　　　　　(2) $y = e^{-x} \sin x$

(3) $y = e^{\sin x}$ 　　　　　　　　(4) $y = e^{\frac{1}{x}}$

7 高次導関数

関数 $f(x)$ の導関数 $f'(x)$ が微分可能であるとき，$f'(x)$ の導関数を $f(x)$ の **第 2 次導関数** という。

$y = f(x)$ の第 2 次導関数は，次のような記号で表す。

$$y'', \quad f''(x), \quad \frac{d^2y}{dx^2}, \quad \frac{d^2}{dx^2}f(x)$$

なお，$f'(x)$ を $f(x)$ の第 1 次導関数ということがある。

例11▶ (1) $y = x^3 + 2x^2 - 3x + 1$ のとき

$y' = 3x^2 + 4x - 3$　　よって　$y'' = 6x + 4$

(2) $y = \sin x$ のとき

$y' = \cos x$　　よって　$y'' = -\sin x$

練習22 次の関数の第 2 次導関数を求めよ。

(1) $y = x^4 - 3x^2 + 2$　　(2) $y = \log x$　　(3) $y = xe^{2x}$

関数 $f(x)$ の第 2 次導関数 $f''(x)$ が微分可能であるとき，$f''(x)$ の導関数を $f(x)$ の **第 3 次導関数** という。

$y = f(x)$ の第 3 次導関数は，次のような記号で表す。

$$y''', \quad f'''(x), \quad \frac{d^3y}{dx^3}, \quad \frac{d^3}{dx^3}f(x)$$

練習23 次の関数の第 3 次導関数を求めよ。

(1) $y = x^3$　　(2) $y = e^x$　　(3) $y = \cos x$

一般に，関数 $f(x)$ を n 回微分して得られる関数を，$f(x)$ の **第 n 次導関数** という。

$y = f(x)$ の第 n 次導関数は，次のような記号で表す。

$$y^{(n)}, \quad f^{(n)}(x), \quad \frac{d^ny}{dx^n}, \quad \frac{d^n}{dx^n}f(x)$$

なお，$y^{(2)}$, $y^{(3)}$ などは，それぞれ y'', y''' と同じものである。また，第 2 次以上の導関数を **高次導関数** という。

例12 関数 $y = xe^x$ について

$$y' = e^x + xe^x = (x+1)e^x$$

$$y'' = e^x + (x+1)e^x = (x+2)e^x$$

$$y''' = e^x + (x+2)e^x = (x+3)e^x$$

$$y^{(4)} = e^x + (x+3)e^x = (x+4)e^x$$

$$\cdots\cdots$$

であるから, $y^{(n)} = (x+n)e^x$

練習24 関数 $y = \log|x|$ の第 n 次導関数を求めよ。

例題 8 $y = e^x \sin x$ は, 次の等式を満たすことを示せ。
$$y'' - 2y' + 2y = 0$$

証明 $y = e^x \sin x$ から

$$y' = e^x \sin x + e^x \cos x = e^x(\sin x + \cos x)$$

$$y'' = e^x(\sin x + \cos x) + e^x(\cos x - \sin x) = 2e^x \cos x$$

よって $y'' - 2y' + 2y$

$$= 2e^x \cos x - 2e^x(\sin x + \cos x) + 2e^x \sin x$$

$$= 2e^x(\cos x - \sin x - \cos x + \sin x) = 0$$

終

練習25 $y = e^x \cos x$ は, 次の等式を満たすことを示せ。
$$y'' - 2y' + 2y = 0$$

研究 ライプニッツの公式

関数 $f(x)$, $g(x)$ が n 回微分可能ならば, 次のライプニッツの定理が成り立つ。

$$(f(x)g(x))^{(n)} = {}_nC_0 f^{(n)}(x)g(x) + {}_nC_1 f^{(n-1)}(x)g'(x) + \cdots\cdots$$

$$+ {}_nC_r f^{(n-r)}(x)g^{(r)}(x) + \cdots\cdots$$

$$+ {}_nC_{n-1} f'(x)g^{(n-1)}(x) + {}_nC_n f(x)g^{(n)}(x)$$

$$= \sum_{k=0}^{n} {}_nC_k f^{(n-k)}(x)g^{(k)}(x)$$

◀ 節末問題 ▌▌▌▌▌

1. 関数 $f(x) = x^2 + x$ について，次の値を求めよ。

    (1) $x = 1$ から $x = 3$ までの平均変化率

    (2) $x = 2$ から $x = 2 + h$ までの平均変化率

    (3) $x = 2$ における微分係数

2. 次の関数を定義にしたがって微分せよ。

    (1) $f(x) = x^3 - 2x$ (2) $f(x) = \sqrt{x}$

3. $f(x) = e^x$ について，

$$\lim_{h \to 0} \frac{f(a+h) - f(a-h)}{h}$$

  を求めよ。

4. 次の条件を満たす 2 次関数 $f(x)$ を求めよ。

$$f(1) = 0, \quad f'(1) = 1, \quad f'(2) = 3$$

5. 次の関数を [ ] 内の文字について微分せよ。ただし，a, b, π は定数とする。

    (1) $V = \dfrac{4}{3}\pi r^3$ $[r]$ (2) $s = t^3 + at^2 + b$ $[t]$

6. 次の関数を微分せよ。

    (1) $y = x^3(x+4)^3$ (2) $y = (2x^3 - 6x + 3)^2$

    (3) $y = \dfrac{1}{x+3}$ (4) $y = \dfrac{1+x^2}{1-x^2}$

    (5) $y = \sqrt{4x+3}$ (6) $y = (3x-2)^{\frac{2}{3}}$

7. 次の関数の導関数を対数微分法を用いて求めよ。

    (1) $y = \sqrt{\dfrac{x^2+1}{2x+1}}$ (2) $y = x^x$ $(x > 0)$

8. 次の関数を微分せよ。ただし，a は 0 でない定数とする。

(1) $y = \dfrac{\cos x}{1 + \sin x}$

(2) $y = \dfrac{1 - \tan x}{1 + \tan x}$

(3) $y = x e^{\frac{1}{x}}$

(4) $y = \dfrac{e^x - e^{-x}}{e^x + e^{-x}}$

(5) $y = 2^{\log x}$

(6) $y = e^{-x} \cos x$

(7) $y = \log(x + \sqrt{x^2 + a})$

(8) $y = \log \left| \dfrac{x - a}{x + a} \right|$

9. 次の方程式について，両辺を x で微分することにより，$\dfrac{dy}{dx}$ を x と y の式で表せ。

(1) $x^2 - xy + y^2 = 1$

(2) $\sqrt{x} + \sqrt{y} = 1$

10. 関数 $y = A \cos kx + B \sin kx$ は，次の等式を満たすことを示せ。ただし，A，B，k は定数とする。

$$y'' + k^2 y = 0$$

11. 次の関数の第 n 次導関数を求めよ。

(1) $y = e^x + e^{-x}$

(2) $y = \dfrac{1}{x}$

12. 関数 $y = \sin x$ の第 n 次導関数は，$y^{(n)} = \sin \left(x + \dfrac{n\pi}{2} \right)$ であることを数学的帰納法を用いて証明せよ。

13. n を自然数とし，$x \neq 1$ のとき，次の問いに答えよ。

(1) $1 + x + x^2 + x^3 + \cdots\cdots + x^n$ の和を求めよ。

(2) (1)を利用して，$1 + 2x + 3x^2 + \cdots\cdots + nx^{n-1}$ の和を求めよ。

◆ 3 ◆ 導関数の応用

1 ▶ 導関数と関数の増減

1 ▶ 微分係数の図形的意味

関数 $f(x)$ の $x = a$ における微分係数 $f'(a)$ が，$y = f(x)$ のグラフ上でどのような図形的意味をもつか考えてみよう。

x が a から $a + h$ まで変化するときの関数 $f(x)$ の平均変化率

$$\frac{f(a+h) - f(a)}{h}$$

は，$y = f(x)$ のグラフ上の 2 点

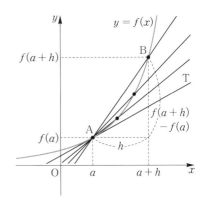

A$(a,\ f(a))$，

B$(a + h,\ f(a + h))$

を通る直線 AB の傾きを表している。

ここで，h を 0 に近づけると，点 B は曲線 $y = f(x)$ 上を動きながら点 A に近づく。このとき

$$\lim_{h \to 0} \frac{f(a+h) - f(a)}{h} = f'(a)$$

であるから，h が限りなく 0 に近づくとき，直線 AB の傾きは限りなく $f'(a)$ に近づく。

すなわち，直線 AB は点 A を通り，傾き $f'(a)$ の図のような直線 AT に限りなく近づく。

この直線 AT を点 A における曲線 $y = f(x)$ の **接線** といい，点 A を **接点** という。

したがって，次のことがいえる。

➡ **微分係数と接線の傾き**

　関数 $f(x)$ の $x = a$ における微分係数 $f'(a)$ は曲線 $y = f(x)$ 上の点 $(a,\ f(a))$ における接線の傾きを表す。

2　接線の方程式

微分係数の図形的意味から，曲線 $y = f(x)$ 上の点 $(a, f(a))$ における接線の傾きは $f'(a)$ である。したがって，接線は点 $(a, f(a))$ を通り，傾き $f'(a)$ の直線であるから，接線の方程式は次のようになる。

> **接線の方程式**
>
> 曲線 $y = f(x)$ 上の点 $(a, f(a))$ における
> 接線の方程式は
> $$y - f(a) = f'(a)(x - a)$$

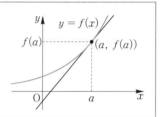

例題 1　$f(x) = x^3$ のとき，曲線 $y = f(x)$ 上の点 $(2, 8)$ における接線について，次の問いに答えよ。

(1)　接線の傾きを求めよ。　　　　(2)　接線の方程式を求めよ。

解　(1)　$f(x) = x^3$ より　$f'(x) = 3x^2$

よって，接線の傾きは
$$f'(2) = 12$$

(2)　求める接線は点 $(2, 8)$ を通り傾きが 12
であるから
$$y - 8 = 12(x - 2)$$
すなわち
$$y = 12x - 16$$

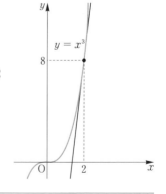

練習1　次の曲線上の点 P における接線の方程式を求めよ。

(1)　$y = x^2$,　P$(2, 4)$　　　　　　(2)　$y = -x^3$, P$(-1, 1)$

(3)　$y = \sqrt{x}$, P$(1, 1)$　　　　　　(4)　$y = \dfrac{1}{x}$,　P$\left(2, \dfrac{1}{2}\right)$

(5)　$y = e^x$,　P$(0, 1)$　　　　　　(6)　$y = \log x$, P$(1, 0)$

◀3▶ 関数の値の増加・減少

関数 $f(x)$ がある区間で増加するとき，$y = f(x)$ のグラフはその区間で右上がりであり，関数 $f(x)$ がある区間で減少するとき，$y = f(x)$ のグラフはその区間で右下がりである。

そこで，関数 $f(x)$ の増加，減少を接線の傾きの符号に注目して調べてみよう。

$y = f(x)$ のグラフ上の点 A における接線は，点 A の近くでは曲線 $y = f(x)$ にほぼ一致するとみなすことができる。ここで，点 $A(a, f(a))$ とすると，点 A における接線の傾きは $f'(a)$ であるから，次の [1]，[2]，[3] が成り立つ。

[1]　$f'(a) > 0$ ならば，点 A における接線は右上がりである。

　　したがって，点 A の 近 く で は $y = f(x)$ のグラフは右上がりである。

　　すなわち，$f(x)$ は $x = a$ の近くで増加している。

[2]　$f'(a) < 0$ ならば，点 A における接線は右下がりである。

　　すなわち，$f(x)$ は $x = a$ の近くで減少している。

[3]　ある区間でつねに $f'(x) = 0$ ならば，その区間で接線の傾きがつねに 0 である。

　　したがって，この区間でグラフは x 軸に平行である。

　　すなわち，その区間で $f(x)$ は定数である。

　関数 $f(x)$ が閉区間 $[a, b]$ で連続で，開区間 (a, b) で微分可能であるとき，関数の増加，減少について次のことが成り立つ。

> ➡ **導関数の符号と関数の増加・減少**
>
> 区間 (a, b) でつねに $\boldsymbol{f'(x) > 0}$ ならば，$\boldsymbol{f(x)}$ **は区間** $\boldsymbol{[a, b]}$ **で増加** する。
>
> 区間 (a, b) でつねに $\boldsymbol{f'(x) < 0}$ ならば，$\boldsymbol{f(x)}$ **は区間** $\boldsymbol{[a, b]}$ **で減少** する。
>
> 区間 (a, b) でつねに $f'(x) = 0$ ならば，$f(x)$ は区間 $[a, b]$ で定数である。

例1 　関数 $f(x) = x^3 - 3x + 1$ の増加・減少を調べてみよう。
$$f'(x) = 3x^2 - 3 = 3(x+1)(x-1)$$
であるから

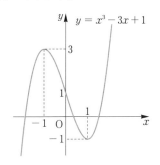

$x = -1, \ 1$ 　　のとき　$f'(x) = 0$

$x < -1, \ 1 < x$ のとき　$f'(x) > 0$

$-1 < x < 1$ 　　のとき　$f'(x) < 0$

よって，関数 $f(x)$ は

　　$x < -1, \ 1 < x$ で増加，

　　$-1 < x < 1$ 　　で減少する。

　例1の関数の増加・減少を調べるときには，下のように表にまとめるとよい。記号 ↗ は増加，↘ は減少を表す。

x	$\cdots$	-1	$\cdots$	1	$\cdots$
$f'(x)$	$+$	0	$-$	0	$+$
$f(x)$	↗	3	↘	-1	↗

←— $f'(x) = 0$ となる値

←— $f'(x)$ の正，負，0

←— $f(x)$ の増減

　一般に，関数の増加・減少を関数の **増減** といい，上の表を **増減表** という。

練習2　次の関数の増減を調べよ。

(1)　$f(x) = x^3 + 3x^2 - 9x$

(2)　$f(x) = -x^3 - 3x^2 + 3$

(3)　$f(x) = x^3 - 3x^2 + 5x + 4$

(4)　$f(x) = x^4 - 2x^3 - 2x^2$

4 関数の極大・極小

前ページの例1の関数 $f(x) = x^3 - 3x + 1$ の増減表によると，$x = -1$ の前後で $f(x)$ は増加から減少に変わっている。また，$x = 1$の前後で $f(x)$ は減少から増加に変わっている。

一般に，関数 $f(x)$ において，$x = a$ の前後で増加から減少に変わるとき，$f(x)$ は $x = a$ で **極大** であるといい，$f(a)$ を **極大値** という。

また，$x = b$ の前後で減少から増加に変わるとき，$f(x)$ は $x = b$ で **極小** であるといい，$f(b)$ を **極小値** という。極大値と極小値をまとめて **極値** という。

このとき，$f'(a) = 0, f'(b) = 0$ である。

例2　例1の関数 $f(x) = x^3 - 3x + 1$ では

$x = -1$ で極大となり，

極大値は 3

$x = 1$ で極小となり，

極小値は -1

である。

x	$\cdots$	-1	$\cdots$	1	$\cdots$
$f'(x)$	$+$	0	$-$	0	$+$
$f(x)$	↗	極大 3	↘	極小 -1	↗

導関数 $f'(x)$ の符号と極大，極小について，次のことが成り立つ。

➡ 導関数の符号と極大・極小

関数 $f(x)$ において，$f'(a) = 0$ であり，$x = a$ の前後で

$f'(x)$ の符号が **正から負** に変わるとき，$f(x)$ は $x = a$ で **極大**

$f'(x)$ の符号が **負から正** に変わるとき，$f(x)$ は $x = a$ で **極小**

練習3　次の関数 $f(x)$ の極値を求めよ。

(1) $f(x) = x^3 + 3x^2 - 5$　　　(2) $f(x) = -x^4 + 2x^2 - 1$

例 **3**　関数 $f(x) = x^2 e^{-x}$ の増減を調べて，極値を求めてみよう。
$$f'(x) = 2xe^{-x} - x^2 e^{-x} = -x(x-2)e^{-x}$$

$f'(x) = 0$ とすると　$x = 0,\ 2$

$f(x)$ の増減表は次のようになる。

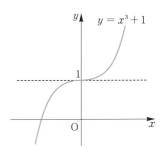

x	$\cdots$	0	$\cdots$	2	$\cdots$
$f'(x)$	$-$	0	$+$	0	$-$
$f(x)$	$\searrow$	0	$\nearrow$	$\dfrac{4}{e^2}$	$\searrow$

よって，$f(x)$ は

$x = 2$ のとき 極大値 $\dfrac{4}{e^2}$,

$x = 0$ のとき 極小値 0

をとる。

練習 **4**　次の関数の増減を調べて，極値を求めよ。

(1)　$f(x) = xe^x$　　　　　　　　　(2)　$f(x) = x\log x$

例 **4**　関数 $f(x) = x^3 + 1$ について
$$f'(x) = 3x^2 \text{ より } f'(0) = 0$$
であるが，$x = 0$ の前後で $f'(x) > 0$ で
あり $f'(x)$ の符号が変わらないから，
$x = 0$ で極値はとらない。
　なお，この関数はつねに増加する。

関数 $f(x)$ が $x = a$ で極値をもつなら $f'(a) = 0$ であるが，例 4 からもわ
かるように，$f'(a) = 0$ であっても $f(a)$ が極値になるとは限らない。

練習 **5**　次の関数 $f(x)$ は極値をもたないことを示せ。

(1)　$f(x) = \dfrac{1}{3}x^3 - x^2 + x + 1$　　　(2)　$f(x) = x - \dfrac{1}{x}$

(3)　$f(x) = \sin x - x$

▶ **5** 　**関数の最大・最小** ────────────────────

　定められた区間での関数の増減を調べることによって，その関数の最大値や最小値を求めることができる。

例題 2
　関数 $f(x) = x^4 - 6x^2 - 8x + 10$ の区間 $-2 \leqq x \leqq 3$ における最大値，最小値を求めよ。

解　　$f'(x) = 4x^3 - 12x - 8 = 4(x+1)^2(x-2)$

$f'(x) = 0$ とすると　$x = -1,\ 2$

したがって，区間 $-2 \leqq x \leqq 3$ における増減表は次のようになる。

x	-2	$\cdots$	-1	$\cdots$	2	$\cdots$	3
$f'(x)$		$-$	0	$-$	0	$+$	
$f(x)$	18	$\searrow$	13	$\searrow$	-14	$\nearrow$	13

よって

　　　$x = -2$ のとき

　　　　　最大値 18

　　　$x = 2$ のとき

　　　　　最小値 -14

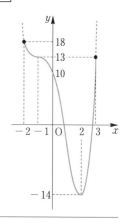

練習6　次の関数の（　）内の区間における最大値，最小値を求めよ。

(1) $f(x) = x^3 - 6x^2 + 9x$ 　　　　　$(-1 \leqq x \leqq 4)$

(2) $f(x) = -x^3 + 3x + 2$ 　　　　　$(-2 \leqq x \leqq 2)$

(3) $f(x) = x^4 - 2x^3$ 　　　　　　　$(0 \leqq x \leqq 3)$

(4) $f(x) = \dfrac{1}{4}x^4 + \dfrac{1}{3}x^3 - x^2 + 1$ 　$(-2 \leqq x \leqq 2)$

例題
3

関数 $f(x) = x + \sqrt{4-x^2}$ の最大値，最小値を求めよ。

解 この関数の定義域は，$4-x^2 \geqq 0$ から ← 根号内が0以上であることから定義域が定まる

$$-2 \leqq x \leqq 2$$

であり，

$$f'(x) = 1 - \frac{x}{\sqrt{4-x^2}} = \frac{\sqrt{4-x^2}-x}{\sqrt{4-x^2}}$$

$f'(x) = 0$ となる x の値は

$$\sqrt{4-x^2} = x$$

の両辺を2乗して

$$4-x^2 = x^2 \quad \text{より} \quad x^2 = 2$$

ゆえに

$$x = \pm\sqrt{2}, \ x = \sqrt{4-x^2} > 0 \ \text{より}$$
$$x = \sqrt{2}$$

したがって，$f(x)$ の増減表は次のようになる。

x	-2	$\cdots$	$\sqrt{2}$	$\cdots$	2
$f'(x)$		$+$	0	$-$	
$f(x)$	-2	↗	$2\sqrt{2}$	↘	2

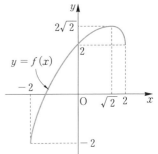

よって，$x = \sqrt{2}$ のとき **最大値 $2\sqrt{2}$**

$x = -2$ のとき **最小値 -2**

練習**7** 次の関数の最大値，最小値を求めよ。

(1) $f(x) = x - \sqrt{1-x^2}$

(2) $f(x) = x\log x - x \quad \left(\frac{1}{e} \leqq x \leqq e\right)$

(3) $y = e^{-\frac{x^2}{2}} \quad (-1 \leqq x \leqq 1)$

6 分数関数のグラフ

分数関数の増減と極値を調べて，そのグラフをかいてみよう。

例題 4 | 関数 $y = \dfrac{2x}{x^2+1}$ の増減，極値を調べて，そのグラフをかけ。

解 $$y' = \frac{2(x^2+1) - 2x \cdot 2x}{(x^2+1)^2} = -\frac{2(x+1)(x-1)}{(x^2+1)^2}$$

であるから，y の増減表は右のようになる。

したがって

$x = 1$ のとき **極大値 1**

$x = -1$ のとき **極小値 -1**

x	$\cdots$	-1	$\cdots$	1	$\cdots$
y'	$-$	0	$+$	0	$-$
y	$\searrow$	-1	$\nearrow$	1	$\searrow$

また，$\displaystyle\lim_{x \to \infty} \frac{2x}{x^2+1} = 0$, $\displaystyle\lim_{x \to -\infty} \frac{2x}{x^2+1} = 0$ であるから，x 軸は漸近線である。

よって，グラフは下の図のようになる。

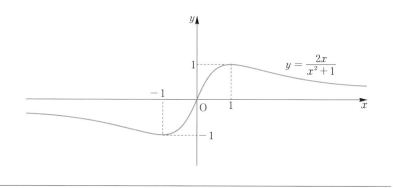

関数 $y = f(x)$ のグラフにおいて

$$\lim_{x \to \infty} y = a \qquad または \qquad \lim_{x \to -\infty} y = a$$

が成り立つとき，直線 $y = a$ は漸近線である。

練習 **8** 次の関数の増減，極値を調べて，そのグラフをかけ。

(1) $y = \dfrac{2}{x^2+1}$

(2) $y = \dfrac{3-4x}{x^2+1}$

例題 5 関数 $y = \dfrac{x^2}{x-1}$ の増減，極値，漸近線を調べて，そのグラフをかけ。

解 この関数の定義域は，$x \neq 1$ である。

$$y' = \frac{2x(x-1)-x^2}{(x-1)^2} = \frac{x(x-2)}{(x-1)^2}$$

であるから，y の増減表は右のようになる。

x	$\cdots$	0	$\cdots$	1	$\cdots$	2	$\cdots$
y'	$+$	0	$-$		$-$	0	$+$
y	↗	0	↘		↘	4	↗

したがって

$x = 0$ のとき **極大値 0**,

$x = 2$ のとき **極小値 4**

ここで，$y = x + 1 + \dfrac{1}{x-1}$ であるから

$$\lim_{x \to \infty}\{y - (x+1)\} = \lim_{x \to \infty}\frac{1}{x-1} = 0$$

$$\lim_{x \to -\infty}\{y - (x+1)\} = \lim_{x \to -\infty}\frac{1}{x-1} = 0$$

よって，直線 $y = x + 1$ は漸近線である。

また，$\displaystyle\lim_{x \to 1+0} y = \infty$, $\displaystyle\lim_{x \to 1-0} y = -\infty$

であるから，直線 $x = 1$ も漸近線である。

以上のことから，グラフは右の図のようになる。

関数 $y = f(x)$ のグラフにおいて

$$\lim_{x \to \infty}\{y - (mx+n)\} = 0 \quad または \quad \lim_{x \to -\infty}\{y - (mx+n)\} = 0$$

が成り立つとき，直線 $y = mx + n$ は漸近線である。

また，$\displaystyle\lim_{x \to b+0} y = \infty$, $\displaystyle\lim_{x \to b+0} y = -\infty$, $\displaystyle\lim_{x \to b-0} y = \infty$, $\displaystyle\lim_{x \to b-0} y = -\infty$ のいずれ

かが成り立つとき，直線 $x = b$ は漸近線である。

練習 **9** 次の関数の増減，極値，漸近線を調べて，そのグラフをかけ。

(1) $y = x + \dfrac{1}{x+1}$

(2) $y = \dfrac{x^2 - x - 2}{x}$

2 第2次導関数と関数のグラフ

1 曲線の凹凸

接線の傾きの変化から曲線の凹凸を調べてみよう。

関数 $f(x)$ の増減は，導関数 $f'(x)$ の符号から調べることができた。すなわち，$f'(x)$ の正，負はそれぞれ $f(x)$ の増加，減少を表した。

同様に，$f'(x)$ の増減は，第2次導関数 $f''(x)$ の符号から調べることができる。

$f'(x)$ は曲線 $y = f(x)$ 上の点 $(x, f(x))$ における接線の傾きを表している。

$f''(x) > 0$ のとき下に凸

このことから，ある区間においてつねに $f''(x) > 0$ のとき，接線の傾き $f'(x)$ はこの区間で増加している。

このとき，曲線 $y = f(x)$ はこの区間で，**下に凸** であるという。

同様に，ある区間においてつねに $f''(x) < 0$ のとき，接線の傾き $f'(x)$ はこの区間で減少している。

$f''(x) < 0$ のとき上に凸

このとき，曲線 $y = f(x)$ はこの区間で，**上に凸** であるという。

以上のことをまとめると，次のことが成り立つ。

⇒ **曲線の凹凸**

関数 $f(x)$ は第2次導関数 $f''(x)$ をもつとする。

$f''(x) > 0$ となる区間では，曲線 $y = f(x)$ は **下に凸** である。

$f''(x) < 0$ となる区間では，曲線 $y = f(x)$ は **上に凸** である。

例 5 曲線 $y = x^3 - 3x + 1$ の凹凸を調べてみよう。

$$y' = 3x^2 - 3, \quad y'' = 6x$$

より，凹凸は次のようになる。

$x < 0$ のとき，上に凸

$x > 0$ のとき，下に凸

x	$\cdots$	0	$\cdots$
y''	$-$	0	$+$
y	上に凸	1	下に凸

例 5 の曲線 $y = x^3 - 3x + 1$ は右の図のようになり，点 $(0, 1)$ を境目にして，凹凸が入れかわっている。このように，曲線の凹凸が入れかわる境目となる点を，その曲線の **変曲点** という。

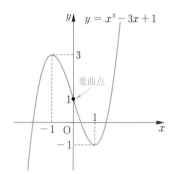

変曲点

$f''(a) = 0$ で，かつ $x = a$ の前後で $f''(x)$ の符号が変わるならば，点 $(a, f(a))$ は曲線 $y = f(x)$ の変曲点である。

ところで，曲線 $y = f(x)$ において，点 $(a, f(a))$ が変曲点ならば $f''(a) = 0$ であるが，$f''(a) = 0$ であっても，点 $(a, f(a))$ は変曲点であるとは限らない。

例 6 $f(x) = x^4$ のとき

$$f'(x) = 4x^3, \quad f''(x) = 12x^2$$

となり

$$f''(0) = 0$$

であるが，$f''(x) = 12x^2 \geqq 0$ であるから $x = 0$ の前後で $f''(x)$ の符号が変わらないので，原点 $(0, 0)$ は変曲点ではない。

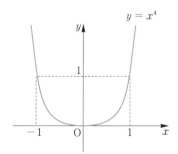

練習10 次の曲線の凹凸を調べて，変曲点の座標を求めよ。

(1) $y = x^4 - 2x^3$ (2) $y = xe^x$ (3) $y = \tan x \left(-\dfrac{\pi}{2} < x < \dfrac{\pi}{2} \right)$

◀ 2 ▶　曲線の凹凸とグラフ

　関数のグラフをかく場合には，関数の増減や極値だけでなく，凹凸や変曲点などを調べればより詳しくかくことができる。

例題 6　関数 $y = e^{-x^2}$ の増減，極値，曲線の凹凸および変曲点を調べて，そのグラフをかけ。

解

$$y' = -2xe^{-x^2}$$

$$y'' = -2\{e^{-x^2} + x(-2xe^{-x^2})\} = 2(2x^2-1)e^{-x^2}$$

$$y' = 0 \text{ とすると } x = 0, \quad y'' = 0 \text{ とすると } x = \pm\frac{1}{\sqrt{2}}$$

であるから，増減，凹凸は次の表のようになる。

x	$\cdots$	$-\dfrac{1}{\sqrt{2}}$	$\cdots$	0	$\cdots$	$\dfrac{1}{\sqrt{2}}$	$\cdots$
y'	$+$	$+$	$+$	0	$-$	$-$	$-$
y''	$+$	0	$-$	$-$	$-$	0	$+$
y	↗	$\dfrac{1}{\sqrt{e}}$	⤴	1	⤵	$\dfrac{1}{\sqrt{e}}$	↘

したがって，$x = 0$ のとき **極大値 1**，　**極小値はない**。

また，**変曲点は** $\left(-\dfrac{1}{\sqrt{2}}, \dfrac{1}{\sqrt{e}}\right), \left(\dfrac{1}{\sqrt{2}}, \dfrac{1}{\sqrt{e}}\right)$ である。

さらに，$\lim\limits_{x \to \infty} y = 0, \lim\limits_{x \to -\infty} y = 0$ であるから，x 軸は漸近線である。

なお，$f(x) = e^{-x^2}$ とすると，つねに $f(-x) = f(x)$ が成り立つから，グラフは y 軸に関して対称である。以上のことから，グラフは右の図のようになる。

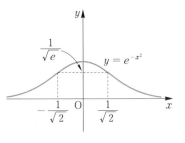

注意　上の表の ⤴ は「上に凸で増加」，⤵ は「上に凸で減少」，↘ は「下に凸で減少」，↗ は「下に凸で増加」を表している。

例題 **7** 関数 $y = x\sqrt{2-x^2}$ の増減，極値，曲線の凹凸，および変曲点を調べて そのグラフをかけ。

解 この関数の定義域は，$2-x^2 \geqq 0$ から $-\sqrt{2} \leqq x \leqq \sqrt{2}$

$$y' = \sqrt{2-x^2} + x \cdot \frac{-2x}{2\sqrt{2-x^2}} = -\frac{2(x+1)(x-1)}{\sqrt{2-x^2}}$$

$$y'' = -\frac{4x(2-x^2) + 2x(x^2-1)}{(2-x^2)\sqrt{2-x^2}} = \frac{2x(x^2-3)}{(2-x^2)\sqrt{2-x^2}}$$

であるから，増減，凹凸は次の表のようになる。

x	$-\sqrt{2}$	$\cdots$	-1	$\cdots$	0	$\cdots$	1	$\cdots$	$\sqrt{2}$
y'		$-$	0	$+$	$+$	$+$	0	$-$	
y''		$+$	$+$	$+$	0	$-$	$-$	$-$	
y	0	$\searrow$	-1	$\nearrow$	0	$\curvearrowright$	1	$\searrow$	0

したがって，

$x = 1$ のとき **極大値 1**，

$x = -1$ のとき **極小値 -1**

変曲点は $(0,\ 0)$ である。

なお，$f(x) = x\sqrt{2-x^2}$ とすると つねに $f(-x) = -f(x)$ が成り 立つから，グラフは原点に関して対 称である。

以上のことから，グラフは右の図の ようになる。

練習**11** 次の関数の増減，極値，曲線の凹凸，および変曲点を調べて，そのグラフをか け。

(1) $y = x^4 - 2x^3$

(2) $y = e^{-\frac{x^2}{2}}$

(3) $y = \dfrac{x}{x^2-1}$

(4) $y = x - 2\sqrt{x}$

3 いろいろな応用

1 最大・最小

> **例題 8** 曲線 $y = e^{-x}$ 上の点 $(t, \ e^{-t})$ における接線と，x 軸および y 軸で囲まれてできる三角形の面積の最大値を求めよ。ただし，$t > 0$ とする。

> **解** $y = e^{-x}$ から $\quad y' = -e^{-x}$
>
> したがって，点 $(t, \ e^{-t})$ における接線の方程式は
>
> $$y - e^{-t} = -e^{-t}(x - t)$$
>
> この接線が x 軸および y 軸と交わる点をそれぞれ P，Q とすると
>
> $$\mathrm{P}(t+1, \ 0), \quad \mathrm{Q}(0, \ (t+1)e^{-t})$$
>
> 三角形 OPQ の面積を S とすると
>
> $$S = \frac{1}{2}(t+1)^2 e^{-t}$$
>
> このとき
>
> $$\frac{dS}{dt} = (t+1)e^{-t} - \frac{1}{2}(t+1)^2 e^{-t}$$
> $$= -\frac{1}{2}(t+1)(t-1)e^{-t}$$
>
>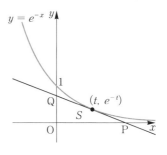
>
> よって，$t > 0$ における S の増減表は右のようになるから，三角形 OPQ の面積は $t = 1$ のとき最大となり，最大値は $\dfrac{2}{e}$ である。

t	0	$\cdots$	1	$\cdots$
$\dfrac{dS}{dt}$		$+$	0	$-$
S		$\nearrow$	$\dfrac{2}{e}$	$\searrow$

練習 12 曲線 $y = \sqrt{1-x}$ 上の点 $(t, \ \sqrt{1-t})$ における接線と，x 軸および y 軸で囲まれてできる三角形の面積の最小値を求めよ。ただし，$0 < t < 1$ とする。

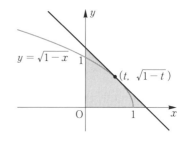

2 不等式の証明

関数の増減を調べることにより，不等式を証明してみよう。

例題 9 $x > 0$ のとき，次の不等式を証明せよ。
$$e^x > 1 + x$$

証明 $f(x) = e^x - (1 + x)$ とおくと
$$f'(x) = e^x - 1$$

$x > 0$ のとき $e^x > 1$ であるから
$$f'(x) > 0$$

したがって，$f(x)$ は $x \geqq 0$ で増加する。

ゆえに，$x > 0$ のとき
$$f(x) > f(0)$$

ここで，$f(0) = 0$ であるから
$$f(x) > 0$$

よって $e^x > 1 + x$ 　終

x	0	$\cdots$
$f'(x)$	0	$+$
$f(x)$	0	$\nearrow$

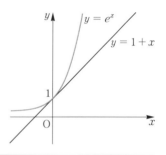

練習13 $x > 0$ のとき，次の不等式を証明せよ。

(1) $\log(1 + x) < x$ 　　　　　　(2) $\sin x < x$

練習14 例題 9 の結果を利用して，次の不等式を証明せよ。

$$x > 0 \text{ のとき} \quad e^x > 1 + x + \frac{x^2}{2}$$

練習 14 の不等式から，$x > 0$ のとき

$$e^x > \frac{x^2}{2} \text{ すなわち} \quad \frac{e^x}{x} > \frac{x}{2} \text{ が成り立つ。}$$

ここで，$\lim_{x \to \infty} \frac{x}{2} = \infty$ であるから $\lim_{x \to \infty} \frac{e^x}{x} = \infty$ となる。

一般に，任意の自然数 n に対して，次のことが成り立つ。

$$\lim_{x \to \infty} \frac{e^x}{x^n} = \infty, \qquad \lim_{x \to \infty} \frac{x^n}{e^x} = 0$$

3 方程式の実数解の個数

k を定数とするとき，方程式 $f(x) = k$ の異なる実数解の個数は，関数 $y = f(x)$ のグラフと直線 $y = k$ との共有点の個数に一致する。

例題 10

k を定数とするとき，方程式 $e^x = kx$ の異なる実数解の個数を調べよ。

解

$x = 0$ は $e^x = kx$ の解ではないから，この方程式を $\dfrac{e^x}{x} = k$ と変形して調べる。

$f(x) = \dfrac{e^x}{x}$ とおくと $f'(x) = \dfrac{e^x x - e^x}{x^2} = \dfrac{(x-1)e^x}{x^2}$

よって，$f(x)$ の増減表は右のようになる。

また

x	$\cdots$	0	$\cdots$	1	$\cdots$
$f'(x)$	$-$		$-$	0	$+$
$f(x)$	$\searrow$		$\searrow$	e	$\nearrow$

$$\lim_{x \to +0} \frac{e^x}{x} = \infty, \ \lim_{x \to -0} \frac{e^x}{x} = -\infty,$$

$$\lim_{x \to \infty} \frac{e^x}{x} = \infty, \ \lim_{x \to -\infty} \frac{e^x}{x} = 0$$

であるから，$y = f(x)$ のグラフは右の図のようになる。

このグラフと直線 $y = k$ との共有点の個数を調べると，求める実数解の個数は

$k > e$ のとき　2個

$k < 0,\ k = e$ のとき　1個

$0 \leqq k < e$ のとき　0個

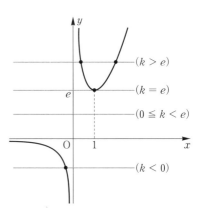

練習 15 k を定数とするとき，次の方程式の異なる実数解の個数を調べよ。

(1) $x^3 - 3x^2 - 9x + 9 - k = 0$

(2) $\log x - x + k = 0$

(3) $e^x = kx^2$

(4) $k(x^2 + 1) = x$

4 平均値の定理

　関数 $f(x)$ が閉区間 $[a,\ b]$ で連続，開区間 $(a,\ b)$ で微分可能であるとき，右の図のように，曲線 $y = f(x)$ 上の 2 点 $\mathrm{A}(a,\ f(a))$，$\mathrm{B}(b,\ f(b))$ の間で，直線 AB に平行な接線が少なくとも 1 本引ける。

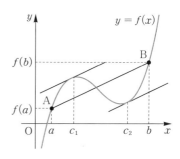

　一般に，次の **平均値の定理** が成り立つ。

> **平均値の定理**
>
> 　関数 $f(x)$ が閉区間 $[a,\ b]$ で連続，開区間 $(a,\ b)$ で微分可能であるとき
> $$\frac{f(b)-f(a)}{b-a} = f'(c), \quad a < c < b$$
> を満たす c が，少なくとも 1 つ存在する。

練習16　次の関数 $f(x)$ と示された区間において，平均値の定理の式を満たす c の値を求めよ。

(1)　$f(x) = x^3,\ [-3,\ 3]$　　　　(2)　$f(x) = \log x,\ [1,\ e]$

　平均値の定理において，関数 $f(x)$ は閉区間 $[a,\ b]$ で連続であればよく，端点で微分可能でなくても成り立つ。

　たとえば，関数 $f(x) = \sqrt{x}$ は，閉区間 $[0,\ 4]$ で連続であるが，$x = 0$ では微分可能ではない。しかし，$x > 0$ で $f'(x) = \dfrac{1}{2\sqrt{x}}$ より

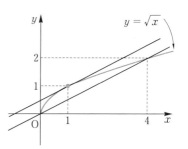

$$\frac{f(4)-f(0)}{4-0} = \frac{1}{2} = f'(1)$$

となり，平均値の定理を満たす $c = 1$ が存在する。

また，関数 $f(x)$ が開区間 (a, b) で連続であっても微分可能でない点がある
ときは，平均値の定理は一般には成り立たない。

たとえば，関数 $f(x) = |x|$ は閉区間 $[-1, 1]$
で連続であるが，開区間 $(-1, 1)$ の $x = 0$ で
は微分可能ではない。

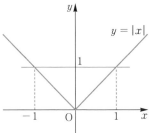

このとき

$$\frac{f(1) - f(-1)}{1 - (-1)} = 0$$

であり，$f'(c) = 0$，$-1 < c < 1$ を満たす c は存在しない。

例題 11　$a > 0$ のとき，次の不等式を平均値の定理を用いて証明せよ。

$$\frac{1}{a+1} < \log(a+1) - \log a < \frac{1}{a}$$

証明　関数 $f(x) = \log x$ は $x > 0$ で微分可能で　$f'(x) = \dfrac{1}{x}$

区間 $[a, a+1]$ において，平均値の定理から

$$\frac{\log(a+1) - \log a}{(a+1) - a} = \frac{1}{c}, \quad a < c < a+1$$

となる c が存在する。これより

$$\log(a+1) - \log a = \frac{1}{c}$$

ここで，$0 < a < c < a+1$ から

$$\frac{1}{a+1} < \frac{1}{c} < \frac{1}{a}$$

よって

$$\frac{1}{a+1} < \log(a+1) - \log a < \frac{1}{a}$$

終

練習 17　$a < b$ のとき，次の不等式を平均値の定理を用いて証明せよ。

$$e^a < \frac{e^b - e^a}{b - a} < e^b$$

5 　近似式

関数 $f(x)$ が $x = a$ で微分可能であるとき，a に近い値 $a + h$ における関数の値 $f(a + h)$ を近似する式を求めてみよう。

p.53 より，曲線

$$y = f(x) \qquad \cdots\cdots①$$

上の点 $\mathrm{P}(a,\ f(a))$ における接線の方程式は

$$y = f(a) + f'(a)(x - a) \quad \cdots\cdots②$$

であるから，点 P の近くでは曲線①と接線②はほぼ一致する。よって，次の近似式が成り立つ。

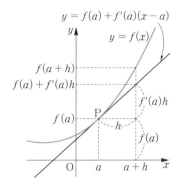

> **1 次近似式**
>
> x が a に近い値のとき
>
> $$f(x) \fallingdotseq f(a) + f'(a)(x - a)$$

ここで x を，0 に近い値 h を用いて $x = a + h$ とおくと次の式が成り立つ。

$$f(a + h) \fallingdotseq f(a) + f'(a)h \qquad \text{(上図参照)}$$

例7　$f(x) = \sin x$ のとき　　$f'(x) = \cos x$

であるから，x が a に近い値で h が 0 に近い値のとき 1 次近似式は

$$\sin x \fallingdotseq \sin a + (\cos a)(x - a)$$

よって　$\sin (a + h) \fallingdotseq \sin a + (\cos a) h$

例 7 の近似式を用いると，$\sin 61°$ の近似値を次のようにして求めることができる。$61° = \dfrac{\pi}{3} + \dfrac{\pi}{180}$ であるから，$x = \dfrac{\pi}{3} + \dfrac{\pi}{180}$ について $a = \dfrac{\pi}{3}$, $h = \dfrac{\pi}{180}$ とすると

$$\sin 61° = \sin\left(\frac{\pi}{3} + \frac{\pi}{180}\right) \fallingdotseq \sin\frac{\pi}{3} + \frac{\pi}{180}\cos\frac{\pi}{3} = \frac{\sqrt{3}}{2} + \frac{\pi}{180}\cdot\frac{1}{2}$$

$$\fallingdotseq 0.8748 \qquad \longleftarrow \pi \fallingdotseq 3.1416 \text{ とした}$$

練習18　h が 0 に近い値のとき，次の近似式が成り立つことを示せ。

$$\cos (a + h) \fallingdotseq \cos a - h \sin a$$

また，この近似式を用いて，$\cos 31°$ の近似値を求めよ。

前ページの1次近似式 $f(x) \fallingdotseq f(a) + f'(a)(x-a)$ において，$a=0$ として，次の式を得る。

⇒1次近似式

x が 0 に近い値のとき
$$f(x) \fallingdotseq f(0) + f'(0)x$$

例8 $f(x) = \sin x$ のとき $f'(x) = \cos x$
であるから
$$f(0) = \sin 0 = 0, \quad f'(0) = \cos 0 = 1$$
よって，x が 0 に近い値のとき
$$\sin x \fallingdotseq x$$
が成り立つ。

$\lim_{x \to 0} \dfrac{\sin x}{x} = 1$
からも，$x \fallingdotseq 0$ のとき
$\sin x \fallingdotseq x$ がいえる

練習19 x が 0 に近い値のとき，次の近似式が成り立つことを示せ。

(1) $\tan x \fallingdotseq x$ (2) $e^x \fallingdotseq 1 + x$

例9 $f(x) = (1+x)^p$ (p は実数) のとき $f'(x) = p(1+x)^{p-1}$
であるから
$$f(0) = 1, \quad f'(0) = p$$
よって，x が 0 に近い値のとき
$$(1+x)^p \fallingdotseq 1 + px$$
が成り立つ。

上の近似式 $(1+x)^p \fallingdotseq 1 + px$ を用いると，$\sqrt[3]{1.003}$ の近似値を次のようにして求めることができる。

$$\sqrt[3]{1.003} = (1+0.003)^{\frac{1}{3}}$$
$$\fallingdotseq 1 + \frac{1}{3} \times 0.003 = 1.001$$

$x = 0.003, \ p = \dfrac{1}{3}$

練習20 x が 0 に近い値のとき近似式 $(1+x)^p \fallingdotseq 1 + px$ を用いて，次の近似値を求めよ。

(1) 1.0005^{10} (2) $\sqrt[4]{10016}$

<h2>6   速度と加速度</h2>

数直線上を動く点 P があり，
P の座標 x が，時刻 t の関数と
して，

$$x = f(t)$$

と表されるとき，x の t に関する変化率 $\dfrac{dx}{dt}$ を，時刻 t における P の **速度** とい
う。

点 P の速度を v とすると，v は次の式で表される。

$$\boldsymbol{v = \dfrac{dx}{dt}} = \lim_{\varDelta t \to 0} \dfrac{f(t+\varDelta t) - f(t)}{\varDelta t} = f'(t)$$

また，速度 v の絶対値 $|v|$ を，時刻 t における P の **速さ** という。

速度 v の t に関する変化率 $\dfrac{dv}{dt}$ を，時刻 t における P の **加速度** という。

加速度を α とすると，α は次の式で表される。

$$\boldsymbol{\alpha = \dfrac{dv}{dt} = \dfrac{d^2x}{dt^2} = f''(t)}$$

例10 地上から初速度 v_0 m/秒 で真上に投げ上げた物体の t 秒後の高さを y m
とすると，$y = v_0 t - 4.9t^2$ と表される。このとき，t 秒後のこの物体の速
度を v m/秒，加速度を α m/秒^2 とすると

$$v = \dfrac{dy}{dt} = v_0 - 9.8t, \qquad \alpha = \dfrac{dv}{dt} = -9.8$$

$v = 0$ となるのは，$t = \dfrac{v_0}{9.8}$ のときであり，このとき運動の向きが上向
きから下向きに変わる。

練習21 数直線上を運動する点 P の座標 x が，時刻 t の関数として次の式で表される
とき，時刻 t における点 P の速度 v，および加速度 α を求めよ。また，運動の向
きが負から正に変わる時刻を求めよ。

(1) $x = t^3 - 3t \quad (t \geqq 0)$ (2) $x = 3\sin 2t \quad (0 \leqq t \leqq \pi)$

<hr>

7 **いろいろな量の変化率**

点の運動の速度だけでなく，一般に，時刻 t とともに変化する量が $f(t)$ で表されているとき，$f'(t)$ はその量の変化の速度を表している。

例題 12

上面の半径が $8\,\mathrm{cm}$，高さが $16\,\mathrm{cm}$ の円錐状の容器を，その軸を鉛直におき，この容器に毎秒 $4\,\mathrm{cm}^3$ の割合で水を注いでいく。水面の高さが $6\,\mathrm{cm}$ になったときの水面の上昇する速度を求めよ。

解 水を注ぎはじめてから t 秒後の水面の半径を $r\,\mathrm{cm}$，高さを $h\,\mathrm{cm}$ とすると

$$r : h = 8 : 16 \quad \text{より} \quad r = \frac{1}{2}h$$

また，注がれた水の量を $V\,\mathrm{cm}^3$ とすると

$$V = \frac{1}{3}\pi r^2 h = \frac{1}{12}\pi h^3 \qquad \text{V は t の関数になっている}$$

V を t について微分すると

$$\frac{dV}{dt} = \frac{dV}{dh}\cdot\frac{dh}{dt} = \frac{1}{4}\pi h^2 \cdot \frac{dh}{dt} \qquad \text{水面の上昇速度は } \frac{dh}{dt} \text{ で表される}$$

これに $\dfrac{dV}{dt} = 4$，$h = 6$ を代入して

$$4 = 9\pi\frac{dh}{dt}$$

よって $\dfrac{dh}{dt} = \dfrac{4}{9\pi}$

すなわち，水面の上昇する速度は $\dfrac{4}{9\pi}\,\mathbf{cm/秒}$

練習22 例題 12 において，水面の高さが $6\,\mathrm{cm}$ になったときの水面の面積の増加する速度を求めよ。

◀ 節|末|問|題

1. 次の曲線について，接線の方程式を求めよ。

(1) 曲線 $y = \dfrac{4}{x^2}$ 上の点 $(-2,\ 1)$ における接線

(2) 曲線 $y = \tan x\ \left(-\dfrac{\pi}{2} < x < \dfrac{\pi}{2}\right)$ の接線で，傾きが 2 であるもの

(3) 点 $(4,\ -2)$ から直角双曲線 $xy = 1$ に引いた接線

2. 次の関数の増減，極値を調べて，そのグラフをかけ。

(1) $y = \dfrac{e^x - e^{-x}}{e^x + e^{-x}}$ 　　　　　　　(2) $y = \dfrac{x^3}{x^2 - 1}$

3. 次の関数の増減，極値，曲線の凹凸を調べて，そのグラフをかけ。

(1) $y = xe^{-x}$

(2) $y = (\log x)^2$

(3) $y = x - 2\sin x \quad (0 \leqq x \leqq 2\pi)$

4. 次の関数の最大値と最小値を求めよ。
$$y = x\sin x + \cos x \quad (0 \leqq x \leqq 2\pi)$$

5. 曲線 $y = -\log x$ 上の点 $(t,\ -\log t)$ における接線と，x 軸および y 軸とで囲まれてできる三角形の面積の最大値を求めよ。ただし，$0 < t < 1$ とする。

6. $x > 0$ のとき，次の不等式を証明せよ。

(1) $1 - \dfrac{x^2}{2} < \cos x$ 　　　　　　(2) $x - \dfrac{x^3}{6} < \sin x$

7. 双曲線 $y = \dfrac{1}{x}\ (x > 0)$ 上の任意の点における接線と x 軸および y 軸との交点をそれぞれ A，B とする。このとき，△OAB の面積は一定であることを示せ。

8. 2つの曲線 $y = e^x$, $y = k\sqrt{x}$ が共有点をもち，その共有点における接線が一致するとき，定数 k の値を求めよ。

9. $x > 0$ のとき，次の不等式を証明せよ。
$$x - \frac{x^2}{2} < \log{(1+x)} < x - \frac{x^2}{2} + \frac{x^3}{3}$$

10. 次の問いに答えよ。

(1) $x > 0$ のとき，$\log x < \sqrt{x}$ であることを示せ。

(2) (1)を利用して，$\displaystyle\lim_{x \to \infty}\frac{\log x}{x} = 0$ であることを示せ。

(3) 曲線 $y = \dfrac{\log x}{x}$ の概形をかけ。

11. 次の問いに答えよ。

(1) 関数 $f(x) = \dfrac{x^3}{x-1}$ のグラフをかけ。

(2) k を定数とするとき，方程式 $x^3 = k(x-1)$ の異なる実数解の個数を調べよ。

12. x が 0 に近い値のとき，次の関数の 1 次近似式をつくれ。

(1) $\dfrac{1}{1+x}$ 　　　　　　　　　　　(2) $\log{(1+x)}$

13. 球形の風船があり，その半径が毎秒 1 mm の割合で増加しているものとする。このとき，風船の表面積および体積は半径が 10 cm のとき毎秒どんな割合で増加するか。

第 2 章

積分法 I

··· 1 ···
不定積分と定積分
··· 2 ···
積分法の応用

　曲線で囲まれた部分の面積を求める求積法から発達した積分学は，後世において曲線の接線の研究から発達した微分学と密接に関係することがわかった。すなわち，微分法の逆演算の積分法によって図形の面積や体積等が求められることに帰結したのである。

◆ 1 ◆ 不定積分と定積分

1 ▶ 不定積分

◀ 1 ▶ 不定積分

ある関数を微分して導関数を求めることはすでに学んだ。この節では，微分すると $f(x)$ になる関数について考えてみよう。

微分すると $f(x)$ になる関数，すなわち

$$F'(x) = f(x)$$

となる関数 $F(x)$ を $f(x)$ の **不定積分** または **原始関数** という。

例1 $(x^2)' = 2x$ であるから，x^2 は $2x$ の不定積分である。また，

$$(x^2 + 2)' = 2x, \ (x^2 - 5)' = 2x, \ \left(x^2 + \frac{1}{4}\right)' = 2x$$

であるから，$x^2 + 2, \ x^2 - 5, \ x^2 + \dfrac{1}{4}$ なども

$2x$ の不定積分である。

このように，$2x$ の不定積分は無数にある。

$$\begin{array}{l} x^2 \\ x^2 + 2 \\ x^2 - 5 \\ x^2 + \dfrac{1}{4} \end{array} \ \xrightarrow{\text{微分する}} \ \boldsymbol{2x}$$

一般に，1つの関数の不定積分は1つとは限らず無数にある。

いま，$F(x), \ G(x)$ をいずれも $f(x)$ の不定積分とすると

$$F'(x) = f(x), \quad G'(x) = f(x)$$

であるから

$$\{G(x) - F(x)\}' = G'(x) - F'(x) = f(x) - f(x) = 0$$

である。ここで，導関数がつねに 0 である関数は定数関数であるから，その定数を C とすると

$$G(x) - F(x) = C$$

よって　$G(x) = F(x) + C$

一般に，$f(x)$ の不定積分の1つを $F(x)$ とすると，任意の不定積分は定数 C を用いて $F(x) + C$ と表すことができる。

$f(x)$ の不定積分は記号 $\displaystyle\int f(x)\,dx$ で表す。このとき

$$\int f(x)\,dx = F(x) + C$$

であり，$f(x)$ を **被積分関数**，x を **積分変数**，C を **積分定数** という。また，$f(x)$ の不定積分を求めることを $f(x)$ を **積分する** という。

今後，とくに断らない限り C は積分定数を表す。

導関数の公式

$$(x^{\alpha+1})' = (\alpha+1)x^{\alpha}, \qquad (\log|x|)' = \frac{1}{x}$$

を逆に用いると，次の不定積分の公式が得られる。

> ➡ **x^{α} の不定積分**
>
> $\alpha \neq -1$ のとき $\displaystyle\int x^{\alpha}\,dx = \frac{1}{\alpha+1}x^{\alpha+1} + C$
>
> $\alpha = -1$ のとき $\displaystyle\int \frac{1}{x}\,dx = \log|x| + C$

|注意| $\displaystyle\int \frac{1}{f(x)}\,dx$ は $\displaystyle\int \frac{dx}{f(x)}$，$\displaystyle\int 1\,dx$ は $\displaystyle\int dx$ と書いてもよい。

例2 (1) $\displaystyle\int x^2\,dx = \frac{1}{2+1}x^{2+1} + C = \frac{1}{3}x^3 + C$

(2) $\displaystyle\int \frac{1}{x^3}\,dx = \int x^{-3}\,dx = \frac{1}{-3+1}x^{-3+1} + C$

$\displaystyle\qquad = -\frac{1}{2}x^{-2} + C = -\frac{1}{2x^2} + C$

(3) $\displaystyle\int \sqrt[4]{t}\,dt = \int t^{\frac{1}{4}}\,dt = \frac{1}{\frac{1}{4}+1}t^{\frac{1}{4}+1} + C = \frac{4}{5}t^{\frac{5}{4}} + C = \frac{4}{5}t\sqrt[4]{t} + C$

練習1 次の不定積分を求めよ。

(1) $\displaystyle\int x^3\,dx$ 　　　(2) $\displaystyle\int x^{\frac{3}{5}}\,dx$ 　　　(3) $\displaystyle\int \frac{1}{x^4}\,dx$

(4) $\displaystyle\int \sqrt[4]{x^3}\,dx$ 　　(5) $\displaystyle\int t\sqrt{t}\,dt$ 　　(6) $\displaystyle\int \frac{dx}{\sqrt{x}}$

◀ **2** ▶ **不定積分の性質** ─────────────────────────

関数の定数倍・和・差の不定積分について，次の性質が成り立つ。

▶ **不定積分の性質**

$$\int kf(x)\,dx = k\int f(x)\,dx \qquad \text{ただし，} k \text{ は定数}$$

$$\int \{f(x)+g(x)\}\,dx = \int f(x)\,dx + \int g(x)\,dx$$

$$\int \{f(x)-g(x)\}\,dx = \int f(x)\,dx - \int g(x)\,dx$$

例**3** (1) $\displaystyle \int 6x^2\,dx = 6\int x^2\,dx = 6\cdot\frac{1}{3}x^3 + C = 2x^3 + C$

(2) $\displaystyle \int (-x^2 + 2x + 3)\,dx$

$\displaystyle = \int (-x^2)\,dx + \int 2x\,dx + \int 3\,dx = -\int x^2\,dx + 2\int x\,dx + 3\int dx$

$\displaystyle = -\frac{1}{3}x^3 + 2\cdot\frac{1}{2}x^2 + 3x + C = -\frac{1}{3}x^3 + x^2 + 3x + C$

練習**2** 次の不定積分を求めよ。

(1) $\displaystyle \int (2x+3)\,dx$ (2) $\displaystyle \int (x^2+x-1)\,dx$ (3) $\displaystyle \int (-3)\,dx$

(4) $\displaystyle \int (-6x^2+8x-5)\,dx$ (5) $\displaystyle \int (x+3)(3x-1)\,dx$

───────────────────────────────

例題 **1** 不定積分 $\displaystyle \int \frac{x^2-2x+3}{x}\,dx$ を求めよ。

解 $\displaystyle \int \frac{x^2-2x+3}{x}\,dx = \int \left(x - 2 + \frac{3}{x}\right)dx$

$\displaystyle = \int x\,dx - 2\int dx + 3\int \frac{1}{x}\,dx = \frac{1}{2}x^2 - 2x + 3\log|x| + C$

練習**3** 次の不定積分を求めよ。

(1) $\displaystyle \int \frac{3x-1}{x^2}\,dx$ (2) $\displaystyle \int \frac{x-2}{\sqrt{x}}\,dx$ (3) $\displaystyle \int \frac{(\sqrt{x}+1)^2}{x}\,dx$

3 三角関数の不定積分

三角関数の不定積分について考えてみよう。

p. 41 で学んだように

$$(\sin x)' = \cos x, \qquad (\cos x)' = -\sin x,$$

$$(\tan x)' = \frac{1}{\cos^2 x}, \qquad \left(\frac{1}{\tan x}\right)' = -\frac{1}{\sin^2 x}$$

であるから，次の公式が得られる。

➡**三角関数の不定積分**

$$\int \sin x \, dx = -\cos x + C \qquad \int \cos x \, dx = \sin x + C$$

$$\int \frac{1}{\cos^2 x} \, dx = \tan x + C \qquad \int \frac{1}{\sin^2 x} \, dx = -\frac{1}{\tan x} + C$$

例4 (1) $\displaystyle \int (1 + \cos x) \, dx = x + \sin x + C$

(2) $\displaystyle \int \frac{2 + \sin^3 x}{\sin^2 x} \, dx = \int \left(\frac{2}{\sin^2 x} + \sin x\right) dx$

$$= -\frac{2}{\tan x} - \cos x + C$$

例5 $1 + \tan^2 x = \dfrac{1}{\cos^2 x}$ であるから，$\tan^2 x = \dfrac{1}{\cos^2 x} - 1$

これを利用すると

$$\int \tan^2 x \, dx = \int \left(\frac{1}{\cos^2 x} - 1\right) dx$$

$$= \tan x - x + C$$

練習4 次の不定積分を求めよ。

(1) $\displaystyle \int (\sin x - 5\cos x) \, dx$ (2) $\displaystyle \int (\tan^2 x - 1) \, dx$

(3) $\displaystyle \int \frac{\tan^2 x + 2}{\sin^2 x} \, dx$ (4) $\displaystyle \int \frac{1}{\tan^2 x} \, dx$

4 指数関数の不定積分 ─────────────────

指数関数の不定積分について考えてみよう。

p. 47 で学んだように

$$(e^x)' = e^x, \qquad (a^x)' = a^x \log a$$

であるから，次の公式が得られる。

➡ 指数関数の不定積分

$$\int e^x dx = e^x + C \qquad \int a^x dx = \frac{a^x}{\log a} + C$$

例6 (1) $\displaystyle \int (e^x + 3^x)\, dx = e^x + \frac{3^x}{\log 3} + C$

(2) $\displaystyle \int e^{x+2} dx = \int e^x \cdot e^2 dx$

$$= e^2 \cdot e^x + C = e^{x+2} + C$$

練習5 次の不定積分を求めよ。

(1) $\displaystyle \int 5^x dx$ 　　　　(2) $\displaystyle \int (2e^x - 2^x)\, dx$ 　　(3) $\displaystyle \int (10^x \log 10 - x^4)\, dx$

微分法の逆を考えて，$\displaystyle \int e^{2x} dx$ や $\displaystyle \int \cos 3x\, dx$ を求めてみよう。

合成関数の微分法により，

$$(e^{2x})' = (e^{2x})(2x)' = 2e^{2x}$$

であるから

$$\int e^{2x} dx = \frac{1}{2} e^{2x} + C$$

また，$(\sin 3x)' = (\cos 3x)(3x)' = 3\cos 3x$ であるから

$$\int \cos 3x\, dx = \frac{1}{3} \sin 3x + C$$

練習6 次の不定積分を求めよ。

(1) $\displaystyle \int e^{3x} dx$ 　　　　(2) $\displaystyle \int \sin 2x\, dx$ 　　　(3) $\displaystyle \int e^{-\frac{1}{2}x} dx$

2 置換積分法と部分積分法

1 置換積分法 I

積分変数を置き換えることによって，不定積分を求めてみよう。

$$y = \int f(x)\,dx$$

において $x = g(t)$ と置き換えると，y は t の関数となり，合成関数の微分法より

$$\frac{dy}{dt} = \frac{dy}{dx} \cdot \frac{dx}{dt} = f(x) \cdot g'(t) = f(g(t))g'(t)$$

である。ゆえに $\quad y = \int f(g(t))g'(t)\,dt$

よって，次の **置換積分法** の公式が得られる。

> **置換積分法 I**
>
> $$x = g(t) \text{ とおくと} \quad \int f(x)\,dx = \int f(g(t))g'(t)\,dt$$

$x = g(t)$ とおくと $\dfrac{dx}{dt} = g'(t)$ であるから，上の公式は

$$\int f(x)\,dx = \int f(g(t))\frac{dx}{dt}\,dt$$

$x = g(t)$ のとき，形式的に
$dx = \dfrac{dx}{dt}dt = g'(t)\,dt$
と考えるとよい

と表すことができる。

例題 2 不定積分 $\displaystyle\int (2x-1)^5\,dx$ を求めよ。

解 $2x - 1 = t$ すなわち $x = \dfrac{t+1}{2}$ とおくと，$\dfrac{dx}{dt} = \dfrac{1}{2}$ より

$$\int (2x-1)^5\,dx = \int t^5 \frac{1}{2}\,dt = \frac{t^6}{12} + C \qquad dx = \frac{1}{2}dt$$

$$= \frac{1}{12}(2x-1)^6 + C$$

練習7 置換積分法を用いて，次の不定積分を求めよ。

(1) $\displaystyle\int (3x-5)^4\,dx$ 　　　　 (2) $\displaystyle\int \sqrt{5x+1}\,dx$

$f(x)$ の不定積分の 1 つを $F(x)$ とし，置換積分法を用いて $f(ax+b)$ の不定積分を求めてみよう。a, b は定数で $a \neq 0$ とする。

$ax+b = t$ すなわち $x = \dfrac{t-b}{a}$ とおくと，$\dfrac{dx}{dt} = \dfrac{1}{a}$ より　　$dx = \dfrac{1}{a}dt$

$$\int f(ax+b)\,dx = \int f(t)\frac{1}{a}\,dt = \frac{1}{a}F(t) + C = \frac{1}{a}F(ax+b) + C$$

よって，次の公式を得る。

➡ $f(ax+b)$ の不定積分

$$\int f(ax+b)\,dx = \frac{1}{a}F(ax+b) + C$$

例7　$\displaystyle\int \sin(3x+1)\,dx = -\frac{1}{3}\cos(3x+1) + C$

練習8　次の不定積分を求めよ。

(1) $\displaystyle\int \frac{dx}{2x+3}$　　(2) $\displaystyle\int \cos\left(\frac{1}{2}x-5\right)dx$　　(3) $\displaystyle\int e^{-3x+2}\,dx$

例題3　不定積分 $\displaystyle\int x\sqrt{2x+1}\,dx$ を求めよ。

解　$\sqrt{2x+1} = t$ すなわち $x = \dfrac{t^2-1}{2}$ とおくと，$\dfrac{dx}{dt} = t$ より

$$\int x\sqrt{2x+1}\,dx = \int \frac{t^2-1}{2}\cdot t \cdot t\,dt \qquad dx = t\,dt$$

$$= \frac{1}{2}\int (t^4 - t^2)\,dt = \frac{1}{10}t^5 - \frac{1}{6}t^3 + C$$

$$= \frac{1}{30}t^3(3t^2 - 5) + C = \frac{1}{30}(\sqrt{2x+1})^3\{3(2x+1)-5\} + C$$

$$= \frac{1}{15}(2x+1)(3x-1)\sqrt{2x+1} + C$$

練習9　例題 3 で，$2x+1 = t$ とおいて不定積分を求めよ。

練習10　次の不定積分を求めよ。

(1) $\displaystyle\int (x+2)\sqrt{x-1}\,dx$　　(2) $\displaystyle\int \frac{2x}{\sqrt{x-1}}\,dx$

2 置換積分法Ⅱ

p.83 の置換積分法の公式において，左辺と右辺を交換して，x と t の文字をいれかえると，次の公式が得られる。

> **⇒ 置換積分法Ⅱ**
>
> $$g(x) = t \quad \text{とおくと} \quad \int f(g(x))g'(x)\,dx = \int f(t)\,dt$$

上の公式は，$g(x) = t$ より $\dfrac{dt}{dx} = g'(x)$ であるから

$$\int f(g(x))\,g'(x)\,dx = \int f(g(x))\frac{dt}{dx}dx = \int f(t)\,dt$$

と表すことができる。

例題 4 次の不定積分を求めよ。

(1) $\displaystyle\int (x^2 + x - 3)^2(2x + 1)\,dx$　　　(2) $\displaystyle\int \sin^3 x \cos x\,dx$

解 (1) $x^2 + x - 3 = t$ とおくと，$\dfrac{dt}{dx} = 2x + 1$ より

$$\int (x^2 + x - 3)^2(2x + 1)\,dx \qquad (2x+1)\,dx = \frac{dt}{dx}dx = dt$$

$$= \int t^2\,dt = \frac{1}{3}t^3 + C = \frac{1}{3}(x^2 + x - 3)^3 + C$$

(2) $\sin x = t$ とおくと，$\dfrac{dt}{dx} = \cos x$ より

$$\int \sin^3 x \cos x\,dx \qquad \cos x\,dx = \frac{dt}{dx}dx = dt$$

$$= \int t^3\,dt = \frac{1}{4}t^4 + C = \frac{1}{4}\sin^4 x + C$$

練習11 次の不定積分を求めよ。

(1) $\displaystyle\int (x^2 + 5x + 1)^3(2x + 5)\,dx$　　　(2) $\displaystyle\int \cos^5 x \sin x\,dx$

(3) $\displaystyle\int x e^{x^2}\,dx$　　　(4) $\displaystyle\int (2e^x - 1)^2 e^x\,dx$

練習**12**　$\alpha \neq -1$ のとき，$\displaystyle\int \{f(x)\}^{\alpha} f'(x)\,dx = \dfrac{1}{\alpha+1}\{f(x)\}^{\alpha+1} + C$ が成り立つこと

を示せ。

3　$\dfrac{g'(x)}{g(x)}$ の不定積分

不定積分 $\displaystyle\int \dfrac{g'(x)}{g(x)}\,dx$ は，$g(x) = t$ とおくと，$\dfrac{dt}{dx} = g'(x)$ であるから

$$\int \dfrac{g'(x)}{g(x)}\,dx = \int \dfrac{1}{g(x)} g'(x)\,dx \qquad\qquad g'(x)\,dx = \dfrac{dt}{dx}\,dx = dt$$

$$= \int \dfrac{1}{t}\,dt = \log|t| + C$$

$$= \log|g(x)| + C$$

➡ $\dfrac{g'(x)}{g(x)}$ の不定積分

$$\int \dfrac{g'(x)}{g(x)}\,dx = \log|g(x)| + C$$

例題 **5**　次の不定積分を求めよ。

(1) $\displaystyle\int \dfrac{2x}{x^2+1}\,dx$　　　　　　(2) $\displaystyle\int \tan x\,dx$

解　(1) $\displaystyle\int \dfrac{2x}{x^2+1}\,dx = \int \dfrac{(x^2+1)'}{x^2+1}\,dx = \log|x^2+1| + C$

$$= \log(x^2+1) + C$$

(2) $\displaystyle\int \tan x\,dx = \int \dfrac{\sin x}{\cos x}\,dx = -\int \dfrac{(\cos x)'}{\cos x}\,dx$

$$= -\log|\cos x| + C$$

練習**13**　次の不定積分を求めよ。

(1) $\displaystyle\int \dfrac{x}{x^2-1}\,dx$　　　　　　(2) $\displaystyle\int \dfrac{1}{\tan x}\,dx$

(3) $\displaystyle\int \dfrac{e^x}{e^x-1}\,dx$　　　　　　(4) $\displaystyle\int \dfrac{1}{x\log x}\,dx$

4 部分積分法

p. 33 で学んだ積の微分法の公式から

$$\{f(x)g(x)\}' = f'(x)g(x) + f(x)g'(x)$$

したがって，$f(x)g(x)$ は右辺の関数の不定積分である。

よって

$$f(x)g(x) = \int \{f'(x)g(x) + f(x)g'(x)\}\,dx$$

$$= \int f'(x)g(x)\,dx + \int f(x)g'(x)\,dx$$

が成り立つ。この等式から次の部分積分法の公式が得られる。

部分積分法

$$\int f(x)g'(x)\,dx = f(x)g(x) - \int f'(x)g(x)\,dx$$

上の公式は，次のようになっている。

そのまま　　　　　微分する

$$\int \;\bullet\;\blacktriangle'\; dx = \;\bullet\;\blacktriangle\; - \int \;\bullet'\;\blacktriangle\; dx$$

積分する　　　　　そのまま

例8
$$\int x\cos x\,dx = \int x(\sin x)'\,dx$$

$$= x\sin x - \int (x)'\sin x\,dx$$

$$= x\sin x - \int \sin x\,dx$$

$$= x\sin x + \cos x + C$$

練習14 次の不定積分を求めよ。

(1) $\displaystyle\int x\sin x\,dx$ 　　　　　　(2) $\displaystyle\int x\cos 2x\,dx$

(3) $\displaystyle\int xe^x\,dx$ 　　　　　　(4) $\displaystyle\int xe^{-x}\,dx$

$$\boxed{\begin{array}{c}\text{例題}\\6\end{array}}\quad \text{不定積分}\ \int \log x\,dx\ \text{を求めよ。}$$

解

$$\int \log x\,dx = \int (x)' \log x\,dx$$

$$= x\log x - \int x(\log x)'\,dx$$

$$= x\log x - \int x\cdot\frac{1}{x}\,dx = x\log x - \int dx = \boldsymbol{x\log x - x + C}$$

$\int \log x\,dx = \int 1\cdot\log x\,dx$ と考える

練習15 次の不定積分を求めよ。

(1) $\displaystyle\int \log 3x\,dx$ \qquad (2) $\displaystyle\int x\log x\,dx$ \qquad (3) $\displaystyle\int \log(x+1)\,dx$

$$\boxed{\begin{array}{c}\text{例題}\\7\end{array}}\quad \text{不定積分}\ \int e^x\sin x\,dx\ \text{を求めよ。}$$

解

$$\int e^x\sin x\,dx = \int (e^x)'\sin x\,dx = e^x\sin x - \int e^x(\sin x)'\,dx$$

$$= e^x\sin x - \int e^x\cos x\,dx$$

$$= e^x\sin x - \int (e^x)'\cos x\,dx$$

$$= e^x\sin x - \left\{ e^x\cos x - \int e^x(\cos x)'\,dx \right\}$$

$$= e^x\sin x - e^x\cos x - \int e^x\sin x\,dx$$

したがって $\quad 2\displaystyle\int e^x\sin x\,dx = e^x(\sin x - \cos x) + C_1$

よって $\quad \displaystyle\int e^x\sin x\,dx = \frac{1}{2}e^x(\boldsymbol{\sin x - \cos x}) + \boldsymbol{C}$

$\left(\text{ただし,}\ C_1,\ C\ \text{は積分定数で,}\ C = \dfrac{1}{2}C_1\right)$

練習16 不定積分 $\displaystyle\int e^x\cos x\,dx$ を求めよ。

3 いろいろな関数の不定積分

1 分数関数の不定積分

例題
8
次の不定積分を求めよ。

(1) $\displaystyle\int \frac{x^2+x}{x-1}dx$ (2) $\displaystyle\int \frac{x-2}{x(x-1)}dx$

解
(1) $\displaystyle \frac{x^2+x}{x-1} = \frac{(x-1)(x+2)+2}{x-1}$　　　　　分子の次数を下げる

$$= x+2+\frac{2}{x-1}$$

であるから

$$\int \frac{x^2+x}{x-1}dx = \int\left(x+2+\frac{2}{x-1}\right)dx$$

$$= \frac{1}{2}x^2+2x+2\log|x-1|+C$$

(2) $\displaystyle \frac{x-2}{x(x-1)} = \frac{a}{x}+\frac{b}{x-1}$　　　　　部分分数に分ける

とおく。両辺に $x(x-1)$ を掛けて，右辺を整理すると

$$x-2 = (a+b)x-a$$

両辺の係数を比較して

$$a+b=1,\ a=2 \qquad ゆえに \qquad a=2,\ b=-1$$

よって

$$\int \frac{x-2}{x(x-1)}dx = \int\left(\frac{2}{x}-\frac{1}{x-1}\right)dx$$

$$= 2\log|x|-\log|x-1|+C$$

$$= \log\frac{x^2}{|x-1|}+C$$

練習**17** 次の不定積分を求めよ。

(1) $\displaystyle\int \frac{x^2+1}{x-2}dx$ (2) $\displaystyle\int \frac{1}{x(x+1)}dx$ (3) $\displaystyle\int \frac{-x+7}{x^2+x-6}dx$

◀ **2** ▶ **三角関数の不定積分** ─────────

三角関数の公式を用いて，式を変形し，三角関数の不定積分を求めてみよう。

| 例題 9 | 次の不定積分を求めよ。 |

(1) $\displaystyle\int \sin^2 x\, dx$　　　　　　(2) $\displaystyle\int \sin 3x \cos 2x\, dx$

・・

解 (1)　2倍角の公式から

$$\cos 2x = 1 - 2\sin^2 x$$

この式を変形すると

$$\sin^2 x = \frac{1 - \cos 2x}{2}$$

であるから

$$\int \sin^2 x\, dx = \frac{1}{2}\int (1 - \cos 2x)\, dx$$

$$= \frac{1}{2}x - \frac{1}{4}\sin 2x + C$$

> 半角の公式より
> $$\sin^2 x = \frac{1 - \cos 2x}{2}$$
> としてもよい

(2)　積和の公式より

$$\sin 3x \cos 2x$$

$$= \frac{1}{2}(\sin 5x + \sin x)$$

> $$\sin\alpha\cos\beta = \frac{1}{2}\{\sin(\alpha+\beta) + \sin(\alpha-\beta)\}$$

であるから

$$\int \sin 3x \cos 2x\, dx = \frac{1}{2}\int (\sin 5x + \sin x)\, dx$$

$$= -\frac{1}{10}\cos 5x - \frac{1}{2}\cos x + C$$

練習18　次の不定積分を求めよ。

(1) $\displaystyle\int \cos^2 x\, dx$　　　　　　(2) $\displaystyle\int \sin^2 2x\, dx$

(3) $\displaystyle\int \cos 3x \sin x\, dx$　　　　　(4) $\displaystyle\int \sin 2x \sin x\, dx$

3　いろいろな関数の不定積分

置換積分法を応用して，いろいろな関数の不定積分を求めてみよう。

例題 10

次の不定積分を求めよ。

(1) $\displaystyle\int \sin^3 x\,dx$　　　　　　　　(2) $\displaystyle\int \frac{1}{e^x+1}\,dx$

解 (1)　$\sin^3 x = \sin^2 x \sin x = (1-\cos^2 x)\sin x$ であり，

$\cos x = t$ とおくと，$\dfrac{dt}{dx} = -\sin x$　であるから

$$\int \sin^3 x\,dx = \int (1-\cos^2 x)\sin x\,dx$$

$\sin x\,dx = -dt$

$$= -\int (1-t^2)\,dt$$

$$= \frac{1}{3}t^3 - t + C$$

$$= \frac{1}{3}\cos^3 x - \cos x + C$$

(2)　$e^x + 1 = t$ とおくと，$\dfrac{dt}{dx} = e^x$　であるから

$$\int \frac{1}{e^x+1}\,dx = \int \frac{1}{t(t-1)}\,dt$$

$dx = \dfrac{1}{e^x}dt = \dfrac{1}{t-1}dt$

$$= \int \left(\frac{1}{t-1} - \frac{1}{t}\right)dt$$

$$= \log|t-1| - \log|t| + C$$

$$= \log\left|\frac{t-1}{t}\right| + C$$

$$= \log \frac{e^x}{e^x+1} + C$$

練習 19　次の不定積分を求めよ。

(1) $\displaystyle\int \cos^3 x\,dx$　　　　　　　　(2) $\displaystyle\int \frac{1}{e^{2x}-1}\,dx$

4 定積分

1 定積分

関数 $f(x)$ の1つの不定積分を $F(x)$ とするとき，$F(x)$ の a から b までの変化量 $F(b) - F(a)$ について考えてみよう。

たとえば，関数 $f(x) = 2x + 4$ の不定積分は
$$F(x) = \int (2x + 4)\, dx = x^2 + 4x + C$$
である。この $F(x)$ において，$x = 1$ から $x = 2$ までの変化の値は
$$F(2) - F(1) = (2^2 + 4 \cdot 2 + C) - (1^2 + 4 \cdot 1 + C) = 7$$
となり，$F(2) - F(1)$ は積分定数 C を含まない値になる。

一般に，$f(x)$ の任意の不定積分を $G(x)$ とすると
$$G(x) = F(x) + C$$
と表される。したがって，$G(x)$ の a から b までの変化量 $G(b) - G(a)$ は
$$G(b) - G(a) = \{F(b) + C\} - \{F(a) + C\}$$
$$= F(b) - F(a)$$
となるから，$G(b) - G(a)$ の値は積分定数 C に関係なく一定の値 $F(b) - F(a)$ となる。

この一定の値 $F(b) - F(a)$ を関数 $f(x)$ の a から b までの **定積分** といい
$$\int_a^b f(x)\, dx$$
で表す。このとき，a を **下端**，b を **上端** という。また，この定積分を求めることを，$f(x)$ を **a から b まで積分する** という。

なお，$F(b) - F(a)$ を記号 $\left[F(x) \right]_a^b$ で表すと，次のように書くことができる。

> **定積分**
> $f(x)$ の不定積分の1つを $F(x)$ とすると
> $$\int_a^b f(x)\, dx = \left[F(x) \right]_a^b = F(b) - F(a)$$

2 定積分の計算

例⑨ (1) $\displaystyle\int_1^2 x^2\,dx = \left[\frac{1}{3}x^3\right]_1^2 = \frac{1}{3}\cdot 2^3 - \frac{1}{3}\cdot 1^3 = \frac{8}{3} - \frac{1}{3} = \frac{7}{3}$

(2) $\displaystyle\int_0^2 (3x^2 - 2x + 1)\,dx = \left[x^3 - x^2 + x\right]_0^2$

$$= (2^3 - 2^2 + 2) - (0^3 - 0^2 + 0)$$

$$= (8 - 4 + 2) - 0 = 6$$

(3) $\displaystyle\int_1^4 x(x+2)\,dx = \int_1^4 (x^2 + 2x)\,dx = \left[\frac{1}{3}x^3 + x^2\right]_1^4$

$$= \left(\frac{64}{3} + 16\right) - \left(\frac{1}{3} + 1\right) = 36$$

練習⑳ 次の定積分を求めよ。

(1) $\displaystyle\int_0^2 x^3\,dx$ (2) $\displaystyle\int_{-2}^2 (x+2)\,dx$

(3) $\displaystyle\int_1^2 (3x^2 - 8x + 5)\,dx$ (4) $\displaystyle\int_{-1}^1 x(x-2)\,dx$

(5) $\displaystyle\int_{-1}^3 (x+1)(x-3)\,dx$ (6) $\displaystyle\int_0^3 (t-1)^2\,dt$

(7) $\displaystyle\int_{-3}^1 (x+1)^3\,dx$ (8) $\displaystyle\int_{-2}^2 x(x+1)(x-1)\,dx$

例⑩ (1) $\displaystyle\int_1^4 \sqrt{x}\,dx = \left[\frac{2}{3}x\sqrt{x}\right]_1^4 = \frac{2}{3}(8-1) = \frac{14}{3}$

(2) $\displaystyle\int_0^\pi \sin t\,dt = \left[-\cos t\right]_0^\pi = -(-1-1) = 2$

(3) $\displaystyle\int_0^1 e^{2x}\,dx = \left[\frac{1}{2}e^{2x}\right]_0^1 = \frac{1}{2}(e^2 - 1)$

練習㉑ 次の定積分を求めよ。

(1) $\displaystyle\int_1^4 \frac{1}{\sqrt{x}}\,dx$ (2) $\displaystyle\int_0^\pi \cos t\,dt$ (3) $\displaystyle\int_1^e \frac{1}{u}\,du$

(4) $\displaystyle\int_0^1 \sqrt[3]{x^2}\,dx$ (5) $\displaystyle\int_0^{\frac{\pi}{4}} \frac{dx}{\cos^2 x}$ (6) $\displaystyle\int_{-1}^0 \frac{dx}{e^x}$

(7) $\displaystyle\int_0^1 e^{x-1}\,dx$ (8) $\displaystyle\int_1^2 2^x\,dx$ (9) $\displaystyle\int_0^{\frac{\pi}{2}} \sin^2 x\,dx$

定積分については次の公式が成り立つ。

> **定積分の公式**
>
> [1] $\displaystyle\int_a^b k f(x)\,dx = k\int_a^b f(x)\,dx$ ただし，k は定数
>
> [2] $\displaystyle\int_a^b \{f(x)+g(x)\}\,dx = \int_a^b f(x)\,dx + \int_a^b g(x)\,dx$
>
> [3] $\displaystyle\int_a^b \{f(x)-g(x)\}\,dx = \int_a^b f(x)\,dx - \int_a^b g(x)\,dx$

例11

$$\int_0^1 (e^x + e^{-x})\,dx + \int_0^1 (e^x - e^{-x})\,dx$$

$$= \int_0^1 \{(e^x + e^{-x}) + (e^x - e^{-x})\}\,dx$$

$$= 2\int_0^1 e^x\,dx = 2\left[e^x\right]_0^1 = 2(e-1)$$

練習22 次の定積分を求めよ。

(1) $\displaystyle\int_0^\pi (2\cos x - \sin x)\,dx - \int_0^\pi (\cos x + 2\sin x)\,dx$

(2) $\displaystyle\int_1^2 \frac{3x}{x^2-x+1}\,dx + \int_1^2 \frac{x-2}{x^2-x+1}\,dx$

> **定積分の性質**
>
> [1] $\displaystyle\int_a^a f(x)\,dx = 0$ [2] $\displaystyle\int_b^a f(x)\,dx = -\int_a^b f(x)\,dx$
>
> [3] $\displaystyle\int_a^b f(x)\,dx = \int_a^c f(x)\,dx + \int_c^b f(x)\,dx$

例12

$$\int_0^{\frac{\pi}{3}} \cos x\,dx + \int_{\frac{\pi}{3}}^{2\pi} \cos x\,dx$$

$$= \int_0^{2\pi} \cos x\,dx = \left[\sin x\right]_0^{2\pi} = \sin 2\pi - \sin 0 = 0$$

練習23 次の定積分を求めよ。

(1) $\displaystyle\int_0^{\frac{\pi}{5}} \sin x\,dx + \int_{\frac{\pi}{5}}^{\frac{\pi}{2}} \sin x\,dx$ (2) $\displaystyle\int_1^2 (x^3 - x + 1)\,dx + \int_2^1 (x^3 - x)\,dx$

(3) $\displaystyle\int_1^e \left(x + \frac{1}{x}\right)dx + \int_e^{2e} \left(x + \frac{1}{x}\right)dx$

5 定積分の置換積分法・部分積分法

1 定積分の置換積分法

不定積分の置換積分法では，次のことを学んだ。

$$x = g(t) \text{ とおくと } \int f(x)\,dx = \int f(g(t))g'(t)\,dt$$

ここで，$f(x)$ の不定積分の1つを $F(x)$ とすると

$$\int f(x)\,dx = F(x) + C$$

であるから

$$\int f(g(t))g'(t)\,dt = F(x) + C$$
$$= F(g(t)) + C$$

となる。

いま，$x = g(t)$ において，t が α から β まで変わるとき，x が a から b まで変わるとする。このとき

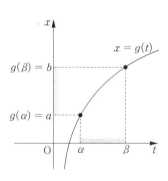

$$\int_\alpha^\beta f(g(t))g'(t)\,dt$$
$$= \left[F(g(t)) \right]_\alpha^\beta$$
$$= F(g(\beta)) - F(g(\alpha)) = F(b) - F(a)$$
$$= \int_a^b f(x)\,dx$$

x	$a \longrightarrow b$
t	$\alpha \longrightarrow \beta$

すなわち，次の公式が成り立つ。

> **定積分の置換積分法**
>
> $x = g(t)$ とおくとき，$a = g(\alpha)$，$b = g(\beta)$ ならば
>
> $$\int_a^b f(x)\,dx = \int_\alpha^\beta f(g(t))g'(t)\,dt$$
>
> | x | $a \longrightarrow b$ |
> | --- | --- |
> | t | $\alpha \longrightarrow \beta$ |

例題 11 定積分 $\displaystyle\int_0^1 x\sqrt{1-x}\,dx$ を求めよ。

解 $\sqrt{1-x}=t$ すなわち $x=1-t^2$

とおくと $\dfrac{dx}{dt}=-2t$

x と t の対応は右の表のようになる。

x	$0 \longrightarrow 1$
t	$1 \longrightarrow 0$

よって

$$\int_0^1 x\sqrt{1-x}\,dx = \int_1^0 (1-t^2)\,t\,(-2t)\,dt \qquad dx=-2t\,dt$$

$$= 2\int_0^1 (t^2-t^4)\,dt = 2\left[\frac{t^3}{3}-\frac{t^5}{5}\right]_0^1 = 2\left(\frac{1}{3}-\frac{1}{5}\right) = \frac{4}{15}$$

練習24 次の定積分を求めよ。

(1) $\displaystyle\int_0^1 x(2x-1)^4\,dx$　　　　　(2) $\displaystyle\int_0^1 \frac{t}{(t+1)^3}\,dt$

例題 12 定積分 $\displaystyle\int_0^{\frac{\pi}{2}} \sin x\cos^3 x\,dx$ を求めよ。

解 $\cos x=t$ とおくと $\dfrac{dt}{dx}=-\sin x$

x と t の対応は右の表のようになる。

x	$0 \longrightarrow \dfrac{\pi}{2}$
t	$1 \longrightarrow 0$

よって

$$\int_0^{\frac{\pi}{2}} \sin x\cos^3 x\,dx = -\int_0^{\frac{\pi}{2}} (\cos x)^3(-\sin x)\,dx \qquad -\sin x\,dx=dt$$

$$= -\int_1^0 t^3\,dt = \int_0^1 t^3\,dt = \left[\frac{t^4}{4}\right]_0^1 = \frac{1}{4}$$

練習25 次の定積分を求めよ。

(1) $\displaystyle\int_0^{\frac{\pi}{2}} \cos x\sin^4 x\,dx$　　　　　(2) $\displaystyle\int_0^{\frac{\pi}{2}} e^{\cos x}\sin x\,dx$

$\boxed{\begin{array}{c}\text{例題}\\13\end{array}}$ 定積分 $\displaystyle\int_0^a \sqrt{a^2-x^2}\,dx$ を求めよ。ただし，$a > 0$ とする。

$\boxed{\text{解}}$ $x = a\sin\theta$ とおくと $\dfrac{dx}{d\theta} = a\cos\theta$

x	$0 \longrightarrow a$
θ	$0 \longrightarrow \dfrac{\pi}{2}$

x と θ の対応は右の表のようになる。

$0 \leqq \theta \leqq \dfrac{\pi}{2}$ のとき $\cos\theta \geqq 0$ であるから

$$\sqrt{a^2-x^2} = \sqrt{a^2(1-\sin^2\theta)} = a\sqrt{\cos^2\theta} = a\cos\theta$$

よって $\displaystyle\int_0^a \sqrt{a^2-x^2}\,dx$ 　　　　　　　$dx = a\cos\theta\,d\theta$

$$= \int_0^{\frac{\pi}{2}} a\cos\theta \cdot a\cos\theta\,d\theta$$

$$= \int_0^{\frac{\pi}{2}} a^2\cos^2\theta\,d\theta$$

$$= a^2\int_0^{\frac{\pi}{2}} \frac{1+\cos 2\theta}{2}\,d\theta$$

$$= \frac{a^2}{2}\Big[\theta + \frac{1}{2}\sin 2\theta\Big]_0^{\frac{\pi}{2}} = \boldsymbol{\frac{1}{4}\pi a^2}$$

なお，関数 $y = \sqrt{a^2-x^2}$ のグラフは，右の図の円の上半分であるから，例題 13 の定積分の値は，網かけの部分の面積を表していて，半径 a の面積の $\dfrac{1}{4}$ である（定積分と面積については 2 節「積分法の応用」を参照）。

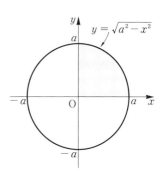

練習26 次の定積分を求めよ。

(1) $\displaystyle\int_0^{\frac{1}{2}} \sqrt{1-x^2}\,dx$ 　　　　(2) $\displaystyle\int_0^1 \frac{1}{\sqrt{4-t^2}}\,dt$

(3) $\displaystyle\int_{-1}^{\sqrt{2}} \sqrt{4-x^2}\,dx$

例題 14 定積分 $\displaystyle\int_0^1 \frac{1}{1+x^2}\,dx$ を求めよ。

解

$x = \tan\theta$ とおくと $\dfrac{dx}{d\theta} = \dfrac{1}{\cos^2\theta}$

x と θ の対応は右の表のようになる。

x	$0 \longrightarrow 1$
θ	$0 \longrightarrow \dfrac{\pi}{4}$

また，$\dfrac{1}{1+x^2} = \dfrac{1}{1+\tan^2\theta} = \cos^2\theta$

であるから

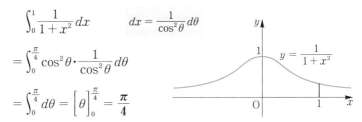

$\displaystyle\int_0^1 \frac{1}{1+x^2}\,dx \qquad dx = \frac{1}{\cos^2\theta}\,d\theta$

$\displaystyle= \int_0^{\frac{\pi}{4}} \cos^2\theta \cdot \frac{1}{\cos^2\theta}\,d\theta$

$\displaystyle= \int_0^{\frac{\pi}{4}} d\theta = \Big[\theta\Big]_0^{\frac{\pi}{4}} = \frac{\pi}{4}$

$y = \dfrac{1}{1+x^2}$

（別解） p.43 の逆三角関数の導関数の公式 $(\mathrm{Tan}^{-1}x)' = \dfrac{1}{1+x^2}$ から

導ける $\displaystyle\int \frac{1}{1+x^2}\,dx = \mathrm{Tan}^{-1}x$ を用いると，次のように計算できる。

$\displaystyle\int_0^1 \frac{1}{1+x^2}\,dx = \Big[\mathrm{Tan}^{-1}x\Big]_0^1 = \frac{\pi}{4} - 0 = \frac{\pi}{4}$

練習27 次の定積分を求めよ。

(1) $\displaystyle\int_0^3 \frac{1}{9+x^2}\,dx$

(2) $\displaystyle\int_{-1}^{\sqrt{3}} \frac{1}{x^2+3}\,dx$

練習28 次の問いに答えよ。

(1) $\tan\dfrac{x}{2} = t$ であるとき，次の式が成り立つことを示せ。

$$\sin x = \frac{2t}{1+t^2}, \quad \cos x = \frac{1-t^2}{1+t^2}, \quad \frac{dx}{dt} = \frac{2}{1+t^2}$$

(2) (1)を利用して，定積分 $\displaystyle\int_0^{\frac{2}{3}\pi} \frac{1}{1+\sin x}\,dx$ を求めよ。

2 **定積分の部分積分法**

p. 87 で学んだ不定積分の部分積分法の公式

$$\int f(x)g'(x)\,dx = f(x)g(x) - \int f'(x)g(x)\,dx$$

から，次の公式が得られる。

定積分の部分積分法

$$\int_a^b f(x)g'(x)\,dx = \Big[\,f(x)g(x)\,\Big]_a^b - \int_a^b f'(x)g(x)\,dx$$

例題 **15** 定積分 $\displaystyle\int_1^e 2x\log x\,dx$ を求めよ。

解

$$\int_1^e 2x\log x\,dx = \int_1^e (x^2)'\log x\,dx$$

$$= \Big[\,x^2\log x\,\Big]_1^e - \int_1^e x^2\cdot\frac{1}{x}\,dx$$

$$= e^2 - \int_1^e x\,dx$$

$$= e^2 - \Big[\,\frac{x^2}{2}\,\Big]_1^e$$

$$= \frac{1}{2}(e^2 + 1)$$

練習29 次の定積分を求めよ。

(1) $\displaystyle\int_0^{\frac{\pi}{2}} x\cos x\,dx$ (2) $\displaystyle\int_0^1 x e^x\,dx$

(3) $\displaystyle\int_1^e x^2\log x\,dx$ (4) $\displaystyle\int_1^e \frac{\log x}{x^2}\,dx$

練習30 部分積分法を用いて，次の等式が成り立つことを示せ。

(1) $\displaystyle\int_\alpha^\beta (x-\alpha)(x-\beta)\,dx = -\frac{(\beta-\alpha)^3}{6}$

(2) $\displaystyle\int_\alpha^\beta (x-\alpha)(x-\beta)^2\,dx = \frac{1}{12}(\beta-\alpha)^4$

例題
16

n が 0 以上の整数であるとき，$I_n = \displaystyle\int_0^{\frac{\pi}{2}} \sin^n x\,dx$ とすると

$$I_n = \begin{cases} \dfrac{n-1}{n} \cdot \dfrac{n-3}{n-2} \cdots\cdots \dfrac{3}{4} \cdot \dfrac{1}{2} \cdot \dfrac{\pi}{2} & (n \text{ は 2 以上の偶数}) \\[3mm] \dfrac{n-1}{n} \cdot \dfrac{n-3}{n-2} \cdots\cdots \dfrac{4}{5} \cdot \dfrac{2}{3} \cdot 1 & (n \text{ は 3 以上の奇数}) \end{cases}$$

が成り立つことを証明せよ。

証明　$n \geqq 2$ のとき

$$I_n = \int_0^{\frac{\pi}{2}} \sin^n x\,dx = \int_0^{\frac{\pi}{2}} \sin x \sin^{n-1} x\,dx$$

$$= \int_0^{\frac{\pi}{2}} (-\cos x)' \sin^{n-1} x\,dx$$

$$= \left[-\cos x \sin^{n-1} x \right]_0^{\frac{\pi}{2}} + (n-1) \int_0^{\frac{\pi}{2}} \sin^{n-2} x \cos^2 x\,dx$$

$$= (n-1) \int_0^{\frac{\pi}{2}} \sin^{n-2} x (1 - \sin^2 x)\,dx$$

$$= (n-1) \int_0^{\frac{\pi}{2}} \sin^{n-2} x\,dx - (n-1) \int_0^{\frac{\pi}{2}} \sin^n x\,dx$$

$$= (n-1) I_{n-2} - (n-1) I_n$$

したがって，$I_n = \dfrac{n-1}{n} I_{n-2}$ が成り立つ。

ここで，$I_0 = \displaystyle\int_0^{\frac{\pi}{2}} dx = \dfrac{\pi}{2}$，$I_1 = \displaystyle\int_0^{\frac{\pi}{2}} \sin x\,dx = \left[-\cos x \right]_0^{\frac{\pi}{2}} = 1$ より，

$I_{n-2} = \dfrac{n-3}{n-2} I_{n-4}$，$I_{n-4} = \dfrac{n-5}{n-4} I_{n-6}$，$\cdots\cdots$ を順次代入して

n が 2 以上の偶数のとき

$$I_n = \dfrac{n-1}{n} \cdot \dfrac{n-3}{n-2} \cdots\cdots \dfrac{3}{4} \cdot \dfrac{1}{2} \cdot \dfrac{\pi}{2}$$

n が偶数のときの末尾
$$I_4 = \dfrac{3}{4} \cdot \dfrac{1}{2} \cdot I_0 = \dfrac{3}{4} \cdot \dfrac{1}{2} \cdot \dfrac{\pi}{2}$$

n が 3 以上の奇数のとき

$$I_n = \dfrac{n-1}{n} \cdot \dfrac{n-3}{n-2} \cdots\cdots \dfrac{4}{5} \cdot \dfrac{2}{3} \cdot 1$$

n が奇数のときの末尾
$$I_5 = \dfrac{4}{5} \cdot \dfrac{2}{3} \cdot I_1 = \dfrac{4}{5} \cdot \dfrac{2}{3} \cdot 1$$

終

練習**31** $\sin\left(\dfrac{\pi}{2} - x\right) = \cos x$ であることを利用して，次の等式を証明せよ。

$$\int_0^{\frac{\pi}{2}} \sin^n x\, dx = \int_0^{\frac{\pi}{2}} \cos^n x\, dx$$

例**13** $\displaystyle\int_0^{\frac{\pi}{2}} \sin^4 x\, dx = \dfrac{3}{4}\cdot\dfrac{1}{2}\cdot\dfrac{\pi}{2} = \dfrac{3}{16}\pi,\quad \int_0^{\frac{\pi}{2}} \sin^5 x\, dx = \dfrac{4}{5}\cdot\dfrac{2}{3}\cdot 1 = \dfrac{8}{15}$

練習**32** 次の定積分の値を求めよ。

(1) $\displaystyle\int_0^{\frac{\pi}{2}} \sin^6 x\, dx$ 　　　　(2) $\displaystyle\int_0^{\frac{\pi}{2}} \sin^7 x\, dx$ 　　　　(3) $\displaystyle\int_0^{\frac{\pi}{2}} \cos^8 x\, dx$

◥ 3 ◢ 定積分で表された関数

関数 $f(t)$ の不定積分の 1 つを $F(t)$ とすると

$$\int_a^x f(t)\, dt = F(x) - F(a)$$

であるから，この両辺を x で微分すると，次の公式が得られる。

> **➡ 定積分と微分**
>
> a が定数のとき 　　 $\dfrac{d}{dx}\displaystyle\int_a^x f(t)\, dt = f(x)$

例題 17 $F(x) = \displaystyle\int_0^x x\cos t\, dt$ のとき，導関数 $F'(x)$ を求めよ。

解 　$F'(x) = \left(x\displaystyle\int_0^x \cos t\, dt\right)'$ 　　　　t で積分する関数では t 以外の文字は定数と考える

$\qquad\qquad = (x)'\displaystyle\int_0^x \cos t\, dt + x\cdot\left(\int_0^x \cos t\, dt\right)'$

$\qquad\qquad = \displaystyle\int_0^x \cos t\, dt + x\cos x$

$\qquad\qquad = \Big[\sin t\Big]_0^x + x\cos x = \boldsymbol{\sin x + x\cos x}$

練習**33** 次の関数 $F(x)$ の導関数を求めよ。

(1) $F(x) = \displaystyle\int_{-1}^x (2t^2 - xt)\, dt$ 　　　　(2) $F(x) = \displaystyle\int_{-3}^x e^{t+x}\, dt$

◀ 節|末|問|題

1. 次の不定積分を求めよ。

(1) $\displaystyle\int \frac{(\sqrt{x}+1)(\sqrt{x}-2)}{x}\,dx$

(2) $\displaystyle\int 10^{2x+3}\,dx$

(3) $\displaystyle\int x\sqrt{x-1}\,dx$

(4) $\displaystyle\int \frac{x^2}{\sqrt{1-x}}\,dx$

(5) $\displaystyle\int \frac{\log x}{x}\,dx$

(6) $\displaystyle\int \frac{\cos x}{1+\sin x}\,dx$

2. 次の不定積分を求めよ。

(1) $\displaystyle\int x\sin 3x\,dx$

(2) $\displaystyle\int xe^{-3x}\,dx$

(3) $\displaystyle\int x^2\log x\,dx$

(4) $\displaystyle\int x\log(x+1)\,dx$

3. 次の不定積分を求めよ。

(1) $\displaystyle\int \frac{x^2-x-7}{x+2}\,dx$

(2) $\displaystyle\int \frac{3x+3}{x^2-9}\,dx$

4. 次の不定積分を求めよ。

(1) $\displaystyle\int \cos 5x\cos x\,dx$

(2) $\displaystyle\int x\cos^2 x\,dx$

(3) $\displaystyle\int \cos^4 x\sin^3 x\,dx$

(4) $\displaystyle\int \frac{e^{3x}}{e^x+1}\,dx$

5. 次の問いに答えよ。

(1) $\dfrac{1}{\sin x}=\dfrac{\sin x}{1-\cos^2 x}$ と変形して，不定積分 $\displaystyle\int \frac{1}{\sin x}\,dx$ を求めよ。

(2) 不定積分 $\displaystyle\int \frac{1}{\cos x}\,dx$ を求めよ。

6. 次の定積分を求めよ。

(1) $\displaystyle\int_1^e \frac{\log x}{x}\,dx$

(2) $\displaystyle\int_{-\frac{\sqrt{3}}{2}}^{\frac{3}{2}} \frac{1}{\sqrt{3-x^2}}\,dx$

(3) $\displaystyle\int_0^1 \frac{1}{(x^2+1)^{\frac{3}{2}}}\,dx$

(4) $\displaystyle\int_0^{\frac{\pi}{4}} \frac{x}{\cos^2 x}\,dx$

7. 次の定積分を求めよ。

(1) $\displaystyle\int_0^\pi |\cos x|\,dx$

(2) $\displaystyle\int_{-1}^1 |e^x - 1|\,dx$

8. (1) 不定積分 $A = \displaystyle\int \frac{1}{\sqrt{x^2+1}}\,dx$ において，$x = \dfrac{e^t - e^{-t}}{2}$ とおくとき，A を t で表せ。

(2) $\displaystyle\int \frac{1}{\sqrt{x^2+1}}\,dx = \log(x + \sqrt{x^2+1}) + C$ が成り立つことを示せ。

9. a を定数とするとき，次の等式を証明せよ。

$$\frac{d}{dx}\int_a^x (x-t)f'(t)\,dt = f(x) - f(a)$$

10. 次の等式を満たす関数 $f(x)$ と定数 a の値を求めよ。

$$\int_a^x f(t)\,dt = (\log x)^2 - \log x - 6$$

11. $I_n = \displaystyle\int_1^e (\log x)^n\,dx$ とすると $I_n = e - nI_{n-1}$ $(n \geqq 1)$ であることを証明せよ。ただし，n は 0 以上の整数とする。

12. m，n が自然数のとき，定積分 $\displaystyle\int_0^{2\pi} \cos mx \cos nx\,dx$ を，$m \neq n$ と $m = n$ の場合に分けて求めよ。

◆ **2** ◆ 積分法の応用

1 ▶ 定積分と面積

　これまでに学んできた不定積分や定積分を応用して，直線や曲線で囲まれた図形の面積を求めてみよう。

　右の図は，関数 $f(x) = 2x + 1$ について $x > 1$ のとき，$y = f(x)$ のグラフと x 軸の間の部分で，$x = 1$ から x までの台形を表している（右の色網かけの部分）。この台形の面積は

$$\frac{\{3 + (2x + 1)\}(x - 1)}{2}$$

$$= x^2 + x - 2$$

となる。この面積は x の関数であるから

$$S(x) = x^2 + x - 2$$

とおくと　$S'(x) = 2x + 1$，ここで，$f(x) = 2x + 1$ であるから

$$S'(x) = f(x)$$

が成り立つ。

　すなわち，面積を表す関数 $S(x)$ は $f(x)$ の不定積分となっている。

　次に，一般の場合について考えよう。

　右の図のように，区間 $a \leqq x \leqq b$ において $f(x) \geqq 0$ である関数 $f(x)$ を考える。

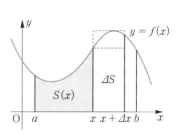

　$y = f(x)$ のグラフについて，x 座標が a から x までの部分（濃い網かけ）の面積は x の関数であるから，これを $S(x)$ とおき，x の増分 Δx に対する $S(x)$ の増分を ΔS とする。

　$\Delta x > 0$ のとき

$$\Delta S = S(x + \Delta x) - S(x) \qquad \frac{\Delta S}{\Delta x} = \frac{S(x + \Delta x) - S(x)}{\Delta x}$$

右の図のように，x から $x+\Delta x$ までの区間における $f(x)$ の最大値を M，最小値を m とすると

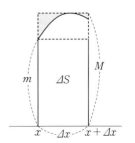

$$m \cdot \Delta x \leq \Delta S \leq M \cdot \Delta x$$

$\Delta x > 0$ より

$$m \leq \frac{\Delta S}{\Delta x} \leq M$$

ここで，$\Delta x \to 0$ のとき

$$m \to f(x),\ M \to f(x)\ \text{であるから}$$

$$\frac{\Delta S}{\Delta x} \to f(x)\quad \text{すなわち}\quad \lim_{\Delta x \to 0}\frac{\Delta S}{\Delta x} = f(x)$$

$\Delta x < 0$ の場合も同様にして，上の結果が得られる。ゆえに

$$S'(x) = f(x)$$

すなわち，$S(x)$ は $f(x)$ の不定積分である。よって，$f(x)$ の不定積分の1つを $F(x)$ とすると

$$S(x) = F(x) + C$$

右の図のように，$y = f(x)$ のグラフと2直線 $x=a$，$x=b$ および x 軸とで囲まれた図形の面積を S とすると，$S(a)=0$，$S(b)=S$ であるから

$$S(a) = F(a) + C = 0\quad \text{より}$$

$$C = -F(a)$$

よって

$$S = S(b) = F(b) + C = F(b) - F(a)$$

ここで，$F(b) - F(a) = \displaystyle\int_a^b f(x)\,dx$ であるから，曲線 $y = f(x)$ と x 軸および2直線 $x=a$，$x=b$ で囲まれた図形の面積は次のようになる。

 定積分と面積

> 区間 $a \leq x \leq b$ で $f(x) \geq 0$ のとき，$S = \displaystyle\int_a^b f(x)\,dx$

例❶ 　放物線 $y = x^2$ と x 軸，および 2 直線
　　 $x = 1$, $x = 3$ で囲まれた図形の面積 S は
$$S = \int_1^3 x^2 dx = \left[\frac{1}{3}x^3 \right]_1^3 = \frac{26}{3}$$

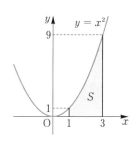

練習❶ 　次の曲線や直線で囲まれた図形の面積を求めよ。

　(1) 　放物線 $y = x^2 + 1$, x 軸，y 軸，および直線 $x = 1$

　(2) 　放物線 $y = x^2 - 2x + 3$, x 軸，および 2 直線 $x = -1$, $x = 2$

練習❷ 　次の曲線や直線で囲まれた図形の面積を求めよ。

　(1) 　$y = \sqrt{x}$, $x = 4$, $y = 0$　　　　(2) 　$y = \dfrac{1}{x}$, $x = 1$, $x = e$, $y = 0$

　(3) 　$y = e^x$, $x = 0$, $x = 1$, $y = 0$　　(4) 　$y = \log x$, $x = e$, $y = 0$

　　区間 $a \leqq x \leqq b$ で $f(x) \leqq 0$ である場合，曲線
$y = f(x)$ と x 軸および 2 直線 $x = a$, $x = b$ で
囲まれた図形の面積は，x 軸に関して対称な曲線
$y = -f(x)$ を利用して，次のようになる。

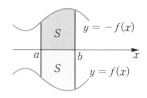

$$S = \int_a^b \{ -f(x) \} dx = -\int_a^b f(x)\, dx$$

例❷ 　放物線 $y = x^2 - 2x$ と x 軸で囲まれた図形
　　の面積 S は，$0 \leqq x \leqq 2$ のとき $f(x) \leqq 0$ で
　　あるから

$$S = -\int_0^2 (x^2 - 2x)\, dx$$
$$= -\left[\frac{1}{3}x^3 - x^2 \right]_0^2 = \frac{4}{3}$$

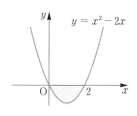

練習❸ 　次の曲線や直線で囲まれた図形の面積を求めよ。

　(1) 　$y = x^2 - 3x$, $y = 0$　　　　　　(2) 　$y = x^2 + x$, $x = 1$, $y = 0$

　(3) 　$y = \cos x$ $(0 \leqq x \leqq \pi)$, $x = 0$, $x = \pi$, $y = 0$

1 2 曲線の間の面積

区間 $a \leqq x \leqq b$ で $f(x) \geqq g(x)$ のとき，2 曲線 $y = f(x)$, $y = g(x)$ および 2 直線 $x = a$, $x = b$ で囲まれた図形の面積 S を考えてみよう。

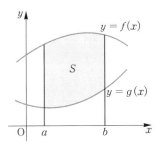

$f(x) \geqq g(x) \geqq 0$ のときには

$$S = \int_a^b f(x)\,dx - \int_a^b g(x)\,dx$$

$$= \int_a^b \{f(x) - g(x)\}\,dx$$

$f(x)$ や $g(x)$ が負の値をとることがある場合には，2 曲線を y 軸方向に k だけ平行移動して，

$$f(x) + k \geqq g(x) + k \geqq 0$$

となるようにする。このとき，求める面積 S は，2 曲線 $y = f(x) + k$, $y = g(x) + k$ および 2 直線 $x = a$, $x = b$ で囲まれた図形の面積に等しい。よって，

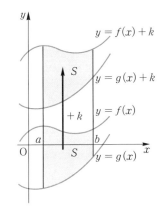

$$S = \int_a^b \{(f(x) + k) - (g(x) + k)\}\,dx$$

$$= \int_a^b \{f(x) - g(x)\}\,dx$$

以上のことから，次のことが成り立つ。

➡ 2 曲線の間の面積

区間 $a \leqq x \leqq b$ において $f(x) \geqq g(x)$ であるとき，2 つの曲線 $y = f(x)$ と $y = g(x)$，および 2 直線 $x = a$, $x = b$ で囲まれた図形の面積 S は

$$S = \int_a^b \{f(x) - g(x)\}\,dx$$

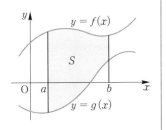

例 **3**　　放物線 $y = x^2 - 1$ と直線 $y = x + 1$
で囲まれた図形の面積 S を求めてみよう。

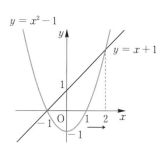

放物線と直線の交点の x 座標は

$x^2 - 1 = x + 1$ を解いて　$x = -1,\ 2$

$-1 \leqq x \leqq 2$ のとき　$x + 1 \geqq x^2 - 1$

であるから，求める面積 S は

$$S = \int_{-1}^{2} \{(x+1) - (x^2-1)\}\, dx$$

$$= \int_{-1}^{2} (-x^2 + x + 2)\, dx$$

$$= \left[-\frac{1}{3}x^3 + \frac{1}{2}x^2 + 2x \right]_{-1}^{2} = \frac{9}{2}$$

練習4　次の曲線や直線で囲まれた図形の面積を求めよ。

(1)　放物線 $y = -x^2 + 1$ と直線 $y = x - 1$

(2)　2つの放物線 $y = x^2 - 3x$ と $y = -x^2 + x + 6$

例題 **1**　区間 $0 \leqq x \leqq 2\pi$ において，2曲線 $y = \sin x$, $y = \cos x$ で囲まれた
図形の面積 S を求めよ。

解　　2曲線の交点の x 座標は，

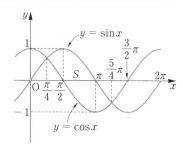

$\sin x = \cos x$ を解くと，

$0 \leqq x \leqq 2\pi$ では　$x = \dfrac{\pi}{4},\ \dfrac{5}{4}\pi$

$\dfrac{\pi}{4} \leqq x \leqq \dfrac{5}{4}\pi$ では　$\sin x \geqq \cos x$

であるから，求める面積 S は

$$S = \int_{\frac{\pi}{4}}^{\frac{5}{4}\pi} (\sin x - \cos x)\, dx = \left[-\cos x - \sin x \right]_{\frac{\pi}{4}}^{\frac{5}{4}\pi} = \mathbf{2\sqrt{2}}$$

練習5　次の曲線や直線で囲まれた図形の面積を求めよ。

(1)　曲線 $y = \dfrac{2}{x}$ と直線 $y = -x + 3$

(2)　区間 $0 \leqq x \leqq \pi$ において，2曲線 $y = \sin x$, $y = \sin 2x$

◆ 2 ▶ 曲線 $x = g(y)$ と面積 ─────────

曲線の方程式が $x = g(y)$ で与えられたとき，曲線 $x = g(y)$ と y 軸，および 2 直線 $y = c$，$y = d$ で囲まれた図形の面積 S は

区間 $c \leqq y \leqq d$ において

$g(y) \geqq 0$ のとき $\quad S = \displaystyle\int_c^d g(y)\,dy$

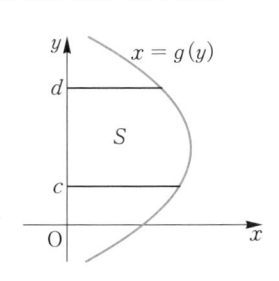

例 4 ▶ (1) 曲線 $x = y^2$ と y 軸，および直線 $y = 2$ で囲まれた図形の面積 S は

$$S = \int_0^2 y^2\,dy$$
$$= \left[\frac{y^3}{3}\right]_0^2 = \frac{8}{3}$$

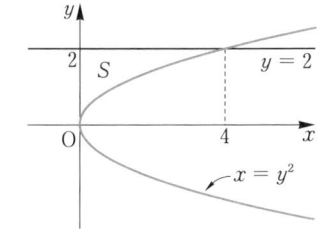

(2) 曲線 $x = y^2$ と直線 $x + y = 2$ で囲まれた図形の面積を S とすると，交点の y 座標は方程式

$$y^2 = -y + 2$$

の解であるから

$$y = -2,\ 1$$

よって

$$S = \int_{-2}^1 \{(-y + 2) - y^2\}\,dy$$
$$= \left[-\frac{y^3}{3} - \frac{y^2}{2} + 2y\right]_{-2}^1 = \frac{9}{2}$$

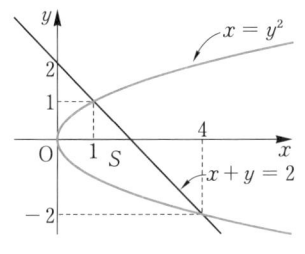

練習 6　次の図形の面積を求めよ。

(1) 曲線 $x = 1 - y^2$ と y 軸で囲まれた図形

(2) 曲線 $x = y^2 - 3y$ と直線 $y = x$ で囲まれた図形

練習 7　曲線 $y = \log x$ と x 軸，y 軸，および直線 $y = 1$ で囲まれた図形の面積 S を求めよ。

<hr>

3 いろいろな図形の面積

いろいろな曲線や直線で囲まれた図形の面積を求めてみよう。

> 例題
> **2**
>
> 曲線 $y = \log x$ と，この曲線上の点 $P(e,\ 1)$ における接線，および x 軸で囲まれた図形の面積 S を求めよ。

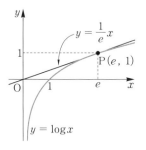

> 解
>
> $y' = \dfrac{1}{x}$ であるから，点 $P(e,\ 1)$ における
>
> 接線の方程式は
>
> $$y - 1 = \frac{1}{e}(x - e)$$
>
> すなわち $\quad y = \dfrac{1}{e}x$
>
> よって，求める面積 S は
>
> $$S = \int_0^e \frac{1}{e}x\,dx - \int_1^e \log x\,dx$$
>
> $$= \frac{1}{e}\left[\frac{x^2}{2}\right]_0^e - \left(\left[x\log x\right]_1^e - \int_1^e dx\right)$$
>
> $$= \frac{e}{2} - \left(e - \left[x\right]_1^e\right) = \frac{e}{2} - 1$$

練習**8** 曲線 $y = e^x$ と，この曲線上の点 $P(2,\ e^2)$ における接線，および y 軸で囲まれた図形の面積を求めよ。

例題 2 では，曲線を $x = e^y$，点 P における接線を $x = ey$ と表すことにより

$$S = \int_0^1 (e^y - ey)\,dy$$

$$= \left[e^y - \frac{1}{2}ey^2\right]_0^1$$

$$= \frac{e}{2} - 1$$

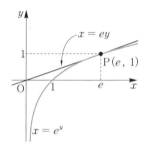

として面積を求めることもできる。

図形の対称性を用いると，x 軸や y 軸に関して対称な図形の面積を求める計算が簡単になることがある。

> 例題 **3**　$a > 0$，$b > 0$ のとき，楕円 $\dfrac{x^2}{a^2} + \dfrac{y^2}{b^2} = 1$ の面積 S を求めよ。

解　$\dfrac{x^2}{a^2} + \dfrac{y^2}{b^2} = 1$ を y について解くと

$$y = \pm \frac{b}{a}\sqrt{a^2 - x^2}$$

この楕円は，x 軸および y 軸に関して対称で上半分は

$$y = \frac{b}{a}\sqrt{a^2 - x^2}$$

で表されるから，求める面積 S は

$$S = 4\int_0^a \frac{b}{a}\sqrt{a^2 - x^2}\,dx = \frac{4b}{a}\int_0^a \sqrt{a^2 - x^2}\,dx$$

ここで，$\displaystyle\int_0^a \sqrt{a^2 - x^2}\,dx$ は，半径 a の円の面積の $\dfrac{1}{4}$ を表している（p.97 例題 13 参照）から

$$\int_0^a \sqrt{a^2 - x^2}\,dx = \frac{1}{4}\pi a^2$$

よって

$$S = \frac{4b}{a} \times \frac{1}{4}\pi a^2 = \boldsymbol{\pi a b}$$

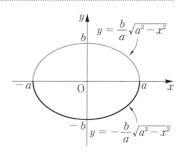

練習9　曲線 $y^2 = x(1-x)^2$ は，右の図のような x 軸に関して対称な図形である。この曲線によって囲まれた部分の面積を求めよ。

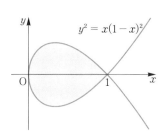

2 体積

立体の体積を定積分を用いて求めることを考えてみよう。与えられた立体に対して，右の図のように x 軸を定める。

座標が a, b $(a < b)$ である x 軸上のそれぞれの点を通り，x 軸に垂直な 2 平面 α, β によってはさまれた立体の体積を V とする。

座標が x である x 軸上の点を通り，x 軸に垂直な平面 γ による立体の切り口の面積と平面 α と γ にはさまれた部分の立体の体積はともに x の関数となるから，それぞれを $S(x)$, $V(x)$ とする。

ここで，x の増分 $\varDelta x$ に対する $V(x)$ の増分を $\varDelta V$ とすると

$$\varDelta V = V(x + \varDelta x) - V(x)$$

であり，$\varDelta x > 0$ のとき，$\varDelta V$ は下の図のような灰色部分の立体の体積である。

区間 $x \leqq t \leqq x + \varDelta x$ における，立体の切り口の面積 $S(t)$ の最大値を M, 最小値を m とすると

$$m\varDelta x \leqq \varDelta V \leqq M\varDelta x$$

となる。$\varDelta x > 0$ より

$$m \leqq \frac{\varDelta V}{\varDelta x} \leqq M$$

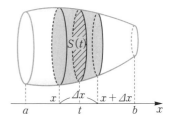

ここで，$\varDelta x \to 0$ のとき

$$m \to S(x),\ M \to S(x)$$

となるから

$$\lim_{\varDelta x \to 0} \frac{\varDelta V}{\varDelta x} = S(x)$$

である。また，$\varDelta x < 0$ のときも，同様にして同じ結果が得られる。

したがって

$$V'(x) = S(x)$$

となるから，$V(x)$ は $S(x)$ の不定積分である。

いま，$S(x)$ の不定積分の 1 つを $F(x)$ とすると，積分定数 C を用いて

$$V(x) = F(x) + C$$

と表すことができる。

関数 $V(x)$ の意味より $V(a) = 0$ であるから

$$V(a) = F(a) + C = 0 \quad\quad \text{ゆえに} \quad C = -F(a)$$

よって

$$V(x) = F(x) - F(a)$$

ところで，$V = V(b)$ であるから，次のことが成り立つ。

$$V = V(b) = F(b) - F(a) = \int_a^b S(x)\,dx$$

> **➡ 定積分と体積**
>
> 右の図のような立体の体積 V は
>
> $$V = \int_a^b S(x)\,dx$$
>
>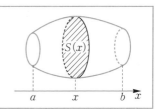

例 5 底面積が S，高さが h の角錐の体積 V を求めてみよう。

図のように頂点を原点 O とし，O を通り底面に垂直な直線を x 軸とする。

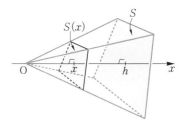

x 軸上の点 x を通り，x 軸に垂直な平面でこの立体を切った切り口の面積を $S(x)$ とすると

$$S(x) : S = x^2 : h^2 \quad \text{より} \quad S(x) = \frac{S}{h^2}x^2$$

よって $\quad V = \int_0^h \frac{S}{h^2}x^2 dx = \frac{S}{h^2}\left[\frac{x^3}{3}\right]_0^h = \frac{1}{3}Sh$

練習 10 底面の半径が r，高さが h の円錐の体積 V を求めよ。

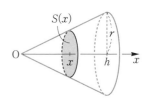

例題
4

底面の半径と高さがともに a の直円柱を，底面の 1 つの直径 AB を含み底面と $45°$ の角をなす平面で切ったとき，この平面と底面ではさまれた立体の体積 V を求めよ。

解　底面の中心 O を原点とし，直線 AB を x 軸にとる。

右の図のように，AB 上の点 P(x) を通り，x 軸に垂直な平面によるこの立体の切り口は直角二等辺三角形 PQR である。

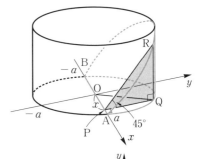

$$PQ = QR = \sqrt{a^2 - x^2}$$

であるから，$\triangle PQR$ の面積を $S(x)$ とすると

$$S(x) = \frac{1}{2}PQ^2$$

$$= \frac{1}{2}(a^2 - x^2)$$

である。

求める体積 V は

$$V = \int_{-a}^{a} S(x)\, dx$$

$$= \int_{-a}^{a} \frac{1}{2}(a^2 - x^2)\, dx$$

$$= \frac{1}{2}\left[a^2 x - \frac{1}{3}x^3 \right]_{-a}^{a}$$

$$= \frac{2}{3}a^3$$

練習**11**　例題 4 において，直径 AB を含み底面と $30°$ の角をなす平面で切ったとき，この平面と底面ではさまれた立体の体積を求めよ。

◀ 1 ▶ 回転体の体積

右の図のような，曲線 $y = f(x)$ と x 軸，および 2 直線 $x = a$, $x = b$ で囲まれた図形を，x 軸のまわりに 1 回転してできる立体の体積を求めてみよう。

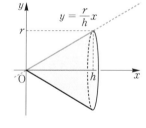

x 軸上の点 $(x, 0)$ を通り，x 軸に垂直な平面によるこの回転体の切り口は円であり，その面積 $S(x)$ は

$$S(x) = \pi y^2 = \pi \{f(x)\}^2$$

である。

よって，この回転体の体積 V は次の式で与えられる。

回転体の体積

$$V = \pi \int_a^b y^2\,dx = \pi \int_a^b \{f(x)\}^2\,dx$$

例 6 底面の半径が r，高さが h の直円錐の体積 V を求めてみよう。

この円錐は，直線 $y = \dfrac{r}{h}x$ の $0 \le x \le h$ の部分を x 軸のまわりに 1 回転してできる立体であるから

$$V = \pi \int_0^h \left(\frac{r}{h}x\right)^2 dx$$
$$= \frac{\pi r^2}{h^2}\left[\frac{1}{3}x^3\right]_0^h$$
$$= \frac{1}{3}\pi r^2 h$$

練習 12 放物線 $y = x^2$ と x 軸，直線 $x = 1$ で囲まれた図形を，x 軸のまわりに 1 回転してできる立体の体積を求めよ。

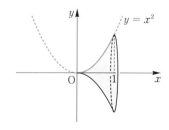

例題 5	半径 r の球の体積 V を求めよ。

解 原点 O を中心とし，半径が r の円
$$x^2 + y^2 = r^2$$
の上半分を x 軸のまわりに1回転すると，半径 r の球が得られる。

よって，求める球の体積 V は

$$V = \pi \int_{-r}^{r} y^2\, dx = \pi \int_{-r}^{r} (r^2 - x^2)\, dx$$

$$= 2\pi \int_{0}^{r} (r^2 - x^2)\, dx = 2\pi \left[r^2 x - \frac{x^3}{3} \right]_0^r = \frac{4}{3}\pi r^3$$

練習13 放物線 $y = x^2$ と直線 $y = x$ で囲まれた図形を，x 軸のまわりに1回転してできる立体の体積を求めよ。

２ y 軸のまわりの回転体の体積

曲線 $x = g(y)$ と y 軸および2直線 $y = c$，$y = d$ で囲まれた図形を，y 軸のまわりに1回転してできる立体の体積 V は，x 軸のまわりに1回転してできる立体の体積と同様に考えると，次の式で与えられる。

$$V = \pi \int_{c}^{d} x^2\, dy = \pi \int_{c}^{d} \{g(y)\}^2\, dy$$

練習14 直線 $y = \dfrac{1}{2}x$ と $y = 2$ および y 軸で囲まれた部分が，y 軸のまわりを1回転したときにできる回転体の体積を求めよ。

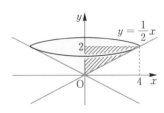

3 定積分と和の極限

和の極限の考え方を利用して，図形の面積を考えてみよう。

1 区分求積法

曲線 $y = x^2$ と x 軸および直線 $x = 1$ で囲まれた図形の面積 S は

$$S = \int_0^1 x^2 dx$$

$$= \left[\frac{x^3}{3} \right]_0^1 = \frac{1}{3}$$

である。

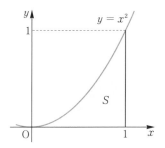

この図形の面積 S は，次のようにして求めることもできる。

区間 $0 \leqq x \leqq 1$ を n 等分して，n 個の小区間に分割する。

次に，それぞれの小区間を 1 辺とする n 個の長方形を右の図のようにつくる。

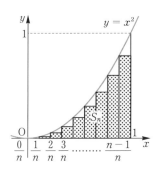

これらの長方形の面積の和を S_n とすると

$$S_n = \left(\frac{0}{n} \right)^2 \frac{1}{n} + \left(\frac{1}{n} \right)^2 \frac{1}{n} + \left(\frac{2}{n} \right)^2 \frac{1}{n} + \cdots$$

$$\cdots + \left(\frac{n-1}{n} \right)^2 \frac{1}{n}$$

$$= \sum_{k=0}^{n-1} \left(\frac{k}{n} \right)^2 \frac{1}{n}$$

$$= \frac{1}{n^3} \sum_{k=0}^{n-1} k^2 \qquad \sum_{k=1}^{n} k^2 = \frac{1}{6} n(n+1)(2n+1)$$

$$= \frac{1}{n^3} \cdot \frac{1}{6} (n-1) n (2n-1)$$

$$= \frac{1}{6} \left(1 - \frac{1}{n} \right) \left(2 - \frac{1}{n} \right) \quad \cdots\cdots ①$$

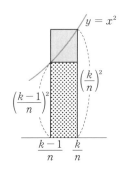

また，下の図のような n 個の長方形の面積の和を T_n とすると

$$T_n = \left(\frac{1}{n}\right)^2\frac{1}{n} + \left(\frac{2}{n}\right)^2\frac{1}{n} + \left(\frac{3}{n}\right)^2\frac{1}{n} + \cdots\cdots + \left(\frac{n}{n}\right)^2\frac{1}{n}$$

$$= \sum_{k=1}^{n}\left(\frac{k}{n}\right)^2\frac{1}{n}$$

$$= \frac{1}{n^3}\sum_{k=1}^{n}k^2$$

$$= \frac{1}{n^3}\cdot\frac{1}{6}n(n+1)(2n+1)$$

$$= \frac{1}{6}\left(1+\frac{1}{n}\right)\left(2+\frac{1}{n}\right) \quad\cdots\cdots②$$

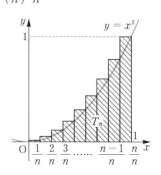

このとき，$S_n < S < T_n$ である。

①より　$\displaystyle\lim_{n\to\infty}S_n = \lim_{n\to\infty}\frac{1}{6}\left(1-\frac{1}{n}\right)\left(2-\frac{1}{n}\right) = \frac{1}{3}$，

②より　$\displaystyle\lim_{n\to\infty}T_n = \lim_{n\to\infty}\frac{1}{6}\left(1+\frac{1}{n}\right)\left(2+\frac{1}{n}\right) = \frac{1}{3}$

であるからはさみうちの原理より $S=\dfrac{1}{3}$ である。

このことから，n を限りなく大きくすると，区間の分割は限りなく細かくなり，S_n と T_n はこの図形の面積 S に限りなく近づいていくことがわかる。このように，区間を分割して，和の極限として面積や体積を求める方法を **区分求積法** という。

　区間 $a \leqq x \leqq b$ で連続な関数 $f(x)$ が $f(x) \geqq 0$ のとき，$y = f(x)$ のグラフと x 軸および 2 直線 $x = a$，$x = b$ で囲まれた図形の面積 S を，区分求積法の考え方を用いて求めてみよう。

　区間 $a \leqq x \leqq b$ を n 等分し，その分点の座標を小さい方から順に

$$a = x_0,\ x_1,\ x_2,\ \cdots\cdots,\ x_{n-1},\ x_n = b$$

とし，$\varDelta x = \dfrac{b-a}{n}$ とおくと

$$x_k = a + k\varDelta x \quad (k = 0,\ 1,\ 2,\ \cdots\cdots,\ n)$$

と表せる。

このとき，下の図1の斜線部分の長方形の面積の和 S_n は

$$S_n = f(x_0)\Delta x + f(x_1)\Delta x + f(x_2)\Delta x + \cdots\cdots + f(x_{n-1})\Delta x$$

$$= \sum_{k=0}^{n-1} f(x_k)\Delta x$$

また，図2の斜線部分の長方形の面積の和 T_n は

$$T_n = f(x_1)\Delta x + f(x_2)\Delta x + f(x_3)\Delta x + \cdots\cdots + f(x_n)\Delta x$$

$$= \sum_{k=1}^{n} f(x_k)\Delta x$$

図1

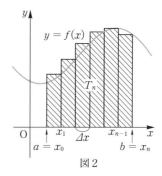
図2

ここで，n を限りなく大きくすると Δx は限りなく0に近づき，

$$\lim_{n \to \infty} S_n = \lim_{n \to \infty} T_n = S$$

となることが知られている。$S = \displaystyle\int_a^b f(x)\,dx$ であるから次のことが成り立つ。

⟹ **定積分と和の極限**

　　関数 $f(x)$ が区間 $a \leqq x \leqq b$ で連続であるとき

$$\lim_{n \to \infty} \sum_{k=0}^{n-1} f(x_k)\Delta x = \lim_{n \to \infty} \sum_{k=1}^{n} f(x_k)\Delta x = \int_a^b f(x)\,dx$$

$$\text{ただし}\quad \Delta x = \frac{b-a}{n}, \ \ x_k = a + k\Delta x$$

　上のことは，一般に関数 $f(x)$ が区間 $a \leqq x \leqq b$ で連続ならば，この区間で $f(x)$ が負の値をとることがあっても成り立つ。

　この式は定積分の値が，小さく分けた部分の面積の総和でいくらでも近似できることを示している。これが区分求積法の考えである。

また，一般に，$x_{k-1} \leqq c_k \leqq x_k$ を満たす c_k を任意に選んだとき

$$\lim_{n \to \infty} \sum_{k=1}^{n} f(c_k) \, \Delta x = \int_a^b f(x) \, dx$$

が成り立つことも知られている。

前ページの「定積分と和の極限」において，とくに $a = 0$，$b = 1$ とすると $\Delta x = \dfrac{1}{n}$ であり，$x_k = k\Delta x = \dfrac{k}{n}$ であるから，次のことが成り立つ。

$$\lim_{n \to \infty} \frac{1}{n} \sum_{k=0}^{n-1} f\left(\frac{k}{n}\right) = \lim_{n \to \infty} \frac{1}{n} \sum_{k=1}^{n} f\left(\frac{k}{n}\right) = \int_0^1 f(x) \, dx$$

例題
6

次の極限値を求めよ。

$$\lim_{n \to \infty} \frac{1}{n\sqrt{n}} \left(\sqrt{1} + \sqrt{2} + \cdots\cdots + \sqrt{n} \right)$$

解

$$\frac{1}{n\sqrt{n}} \left(\sqrt{1} + \sqrt{2} + \cdots\cdots + \sqrt{n} \right)$$

$\longleftarrow \dfrac{1}{n}$ でくくり $[0,\ 1]$ の定積分で表す

$$= \frac{1}{n} \left(\sqrt{\frac{1}{n}} + \sqrt{\frac{2}{n}} + \cdots\cdots + \sqrt{\frac{n}{n}} \right)$$

$$= \frac{1}{n} \sum_{k=1}^{n} \sqrt{\frac{k}{n}}$$

よって，求める極限値は

$$\lim_{n \to \infty} \frac{1}{n} \sum_{k=1}^{n} \sqrt{\frac{k}{n}}$$

$$= \int_0^1 \sqrt{x} \, dx = \left[\frac{2}{3} x^{\frac{3}{2}} \right]_0^1 = \frac{2}{3}$$

練習15　次の極限値を求めよ。

(1) $\displaystyle \lim_{n \to \infty} \frac{1}{n} \left\{ \left(1 + \frac{1}{n}\right)^2 + \left(1 + \frac{2}{n}\right)^2 + \left(1 + \frac{3}{n}\right)^2 + \cdots\cdots + \left(1 + \frac{n}{n}\right)^2 \right\}$

(2) $\displaystyle \lim_{n \to \infty} \frac{1}{n^5} (1^4 + 2^4 + 3^4 + \cdots\cdots + n^4)$

(3) $\displaystyle \lim_{n \to \infty} \left(\frac{1}{n+1} + \frac{1}{n+2} + \frac{1}{n+3} + \cdots\cdots + \frac{1}{n+n} \right)$

2 定積分と不等式

区分求積法の考え方から，次の性質が導かれる。

(1) 区間 $[a, b]$ で $f(x) \geqq 0$ ならば，$\displaystyle\int_a^b f(x)\,dx \geqq 0$

   等号は，つねに $f(x) = 0$ の場合に成り立つ。

(2) 区間 $[a, b]$ で $f(x) \geqq g(x)$ ならば，$\displaystyle\int_a^b f(x)\,dx \geqq \int_a^b g(x)\,dx$

   等号は，つねに $f(x) = g(x)$ の場合に成り立つ。

(3) 区間 $[a, b]$ で $m \leqq f(x) \leqq M$ ならば

$$m(b-a) \leqq \int_a^b f(x)\,dx \leqq M(b-a)$$

例題 **7**　$0 \leqq x \leqq 1$ のとき，$x^2 + 1 \leqq x + 1$ であることを用いて $\dfrac{\pi}{4} > \log 2$ であることを証明せよ。

解　$0 \leqq x \leqq 1$ のとき，$x^2 + 1 \leqq x + 1$ より $\dfrac{1}{x^2 + 1} \geqq \dfrac{1}{x + 1}$ である。

等号が成り立つのは $x = 0, 1$ のときだけであるから

$$\int_0^1 \frac{1}{x^2 + 1}\,dx > \int_0^1 \frac{1}{x + 1}\,dx$$

$x = \tan\theta$ とおくと　$\displaystyle\int_0^1 \frac{1}{1 + x^2}\,dx = \int_0^{\frac{\pi}{4}} \frac{1}{\tan^2\theta + 1} \cdot \frac{1}{\cos^2\theta}\,d\theta = \frac{\pi}{4}$

（p. 98 例題 14 より）

$$\int_0^1 \frac{1}{x + 1}\,dx = \Big[\log(x + 1)\Big]_0^1 = \log 2$$

よって，$\dfrac{\pi}{4} > \log 2$ である。

練習 **16**　$0 \leqq x \leqq 1$ のとき，不等式 $\dfrac{1}{2} \leqq \dfrac{1}{x + 1} \leqq 1 - \dfrac{x}{2}$ が成り立つことを示し，

$\dfrac{1}{2} < \log 2 < \dfrac{3}{4}$ であることを証明せよ。

<table>
</table>

例題
8

次の不等式を証明せよ。ただし，n は自然数とする。

$$\log(n+1) < 1 + \frac{1}{2} + \frac{1}{3} + \cdots + \frac{1}{n}$$

解 自然数 k に対して，$k \leqq x \leqq k+1$ のとき

$$\frac{1}{x} \leqq \frac{1}{k} \quad \text{であり}$$

等号が成り立つのは $x = k$ のときだけ
であるから

$$\int_k^{k+1} \frac{1}{x}\,dx < \int_k^{k+1} \frac{1}{k}\,dx$$

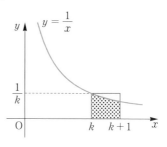

すなわち

$$\int_k^{k+1} \frac{1}{x}\,dx < \frac{1}{k}$$

$k = 1,\ 2,\ 3,\ \cdots,\ n$ として，辺々を加えると

$$\int_1^2 \frac{dx}{x} + \int_2^3 \frac{dx}{x} + \int_3^4 \frac{dx}{x} + \cdots + \int_n^{n+1} \frac{dx}{x} < \frac{1}{1} + \frac{1}{2} + \frac{1}{3} + \cdots + \frac{1}{n}$$

$$\text{左辺} = \int_1^{n+1} \frac{dx}{x} = \Big[\log x\Big]_1^{n+1} = \log(n+1)$$

よって $\log(n+1) < 1 + \frac{1}{2} + \frac{1}{3} + \cdots + \frac{1}{n}$

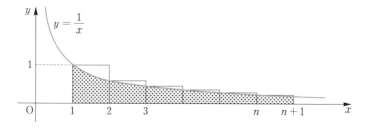

練習**17** 次の不等式を証明せよ。ただし，n は 2 以上の自然数とする。

$$\frac{1}{2} + \frac{1}{3} + \frac{1}{4} + \cdots + \frac{1}{n} < \log n$$

◀ 節|末|問|題

1. 放物線 $y = x^2$ 上の点 $(-1, 1)$, $(2, 4)$ における 2 本の接線と，放物線で囲まれた図形の面積を求めよ。

2. 曲線 $y = x^3 - 4x$ 上の点 $(1, -3)$ における接線と，この曲線で囲まれた図形の面積を求めよ。

3. 次の曲線や直線で囲まれた図形の面積 S を求めよ。

(1) $y = \cos x$, $y = \sin 2x$ $\left(-\dfrac{\pi}{2} \leqq x \leqq \dfrac{\pi}{2} \right)$

(2) $y = \dfrac{1}{x}$ $(x > 0)$, $y = \dfrac{1}{2}x$, $y = 4x$

(3) $y = \log(2 - x)$, $x = 0$, $y = 0$

4. 曲線 $\sqrt{x} + \sqrt{y} = 1$ と x 軸，y 軸で囲まれた図形の面積を求めよ。

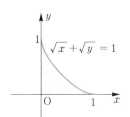

5. 2 つの領域 $x^2 + \dfrac{y^2}{3} \leqq 1$ と $\dfrac{x^2}{3} + y^2 \leqq 1$ の共通部分の面積を求めよ。

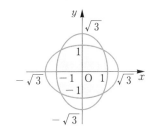

6. 次の極限値を求めよ。

(1) $\displaystyle \lim_{n \to \infty} \frac{1}{n} \sum_{k=1}^{n} \cos \frac{k}{2n}\pi$

(2) $\displaystyle \lim_{n \to \infty} \sum_{k=1}^{n} \frac{2k}{n^2 + k^2}$

7. 次の不等式を証明せよ。ただし，n は自然数とする。

$$\frac{1}{\sqrt{1}} + \frac{1}{\sqrt{2}} + \frac{1}{\sqrt{3}} + \cdots\cdots + \frac{1}{\sqrt{n}} > 2(\sqrt{n+1} - 1)$$

8. 次の曲線または直線で囲まれた部分を，x 軸のまわりに回転させてできる立体の体積を求めよ。

(1) $y = x - x^2$，x 軸 (2) $y^2 = x$，$x = 1$，$x = 4$

9. 次の曲線または直線で囲まれた部分を，y 軸のまわりに 1 回転させてできる立体の体積を求めよ。

(1) $y = x^2$，$y = 1$ (2) $y^2 = x$，$y = 2$，y 軸

10. 曲線 $y = x^2 - 2x$ と直線 $y = x$ で囲まれた部分を，x 軸のまわりに回転してできる立体の体積を求めよ。

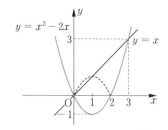

11. 半径 r の半球形の容器に水が満たしてある。この容器を静かに $30°$ だけ傾けるとき，こぼれ出る水の量はどれだけか。

12. 楕円 $\dfrac{x^2}{a^2} + \dfrac{y^2}{b^2} = 1$ を，x 軸のまわりに 1 回転してできる立体の体積を V_x，y 軸のまわりに 1 回転してできる立体の体積を V_y とするとき，体積の比 $V_x : V_y$ を求めよ。ただし，$a > 0$，$b > 0$ とする。

13. 曲線 $y = \sqrt{x}$ と直線 $y = mx$（$m > 0$）で囲まれた部分を，x 軸のまわりに 1 回転してできる立体の体積と，y 軸のまわりに 1 回転してできる立体の体積が等しくなるように m の値を定めよ。

第 3 章

微分法 II

··· 1 ···
いろいろな関数表示の微分法

··· 2 ···
平均値の定理とその応用

··· 3 ···
テイラーの定理とその応用

　$y = f(x)$ の形の関数だけでなく，もっと広い意味で1変数関数をとらえて媒介変数表示の関数，極座標表示の関数，陰関数といったものを扱うことも重要であり，その微分法について理解を深める。

　一方，微分係数の定義から1次近似式が得られる。これは n 次近似式へと続き，テイラー展開に至る。この考え方を理解し応用を考える。

◆ 1 ◆ いろいろな関数表示の微分法

1 ▶ 媒介変数表示の関数

1 ▶ 媒介変数表示の関数

座標平面上を点 $P(x, y)$ が運動すると，その x，y 座標は，時刻 t とともに変化し，時刻 t の関数として次の形に表せる。

$$x = x(t), \ y = y(t) \quad \cdots\cdots①$$

このように，ある変数 t を媒介にして，x と y の関係を定義したものを **媒介変数表示の関数** といい，t を **媒介変数** という。

例1　a を正の定数とし，原点を中心とする半径 a の円周上に動点 $P(x, y)$ を考える。動径 OP のなす角を θ とすると

$$x = a\cos\theta, \ y = a\sin\theta$$

という媒介変数表示の関数を得る。この場合，角 θ が媒介変数である。

例2　a を正の定数とする。媒介変数表示の関数

$$x = a(t - \sin t), \ y = a(1 - \cos t)$$

のグラフを **サイクロイド** という。その概形は，次のようになる。

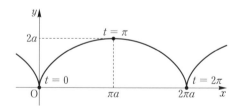

練習**1**　次の媒介変数表示の関数について，グラフの概形をかけ。

(1) $x = t^2, \ y = t$ 　　　　(2) $x = e^t, \ y = e^t$

(3) $x = t - 1, \ y = \log t$ 　　　(4) $x = 3\cos t, \ y = 4\sin t$

(5) $x = 2\sin\theta, \ y = 2\cos\theta$

一般に，座標平面上の点 P(x, y) が，関係式①を満たすとき，点 P はある曲線をえがく。このとき①を，その曲線の t を媒介変数とする **媒介変数表示** という。

例 3 次の 2 つの媒介変数表示の関数

(i) $x = t,\ y = t^2$　　(ii) $x = 2t,\ y = 4t^2$

は，同じ放物線 $y = x^2$ 上の異なる運動を表す。このように，1 つの曲線について，異なる媒介変数表示の関数が考えられる。下の図から，(i)より(ii)の方が速い運動であることがわかる。

(i)の図　　　　　　　　　　　(ii)の図

練習2 曲線 $y = x^2$ 上を運動する点 (x, y) について，次の(1), (2)に対応する媒介変数表示の関数を求めよ。

(1) 時刻 t における x 座標が $\dfrac{1}{2}t$ である運動

(2) 時刻 t における x 座標が $-t$ である運動

例 4 媒介変数表示の関数

$$x = t^2,\ y = t$$

について，t を消去すると $x = y^2$

よって右の図のような放物線を得る。$t \neq 0$ のとき，1 つの x に対応する y は，$y = \pm\sqrt{x}$ の 2 つある。

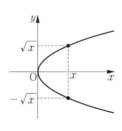

練習3 次の媒介変数表示の関数について，1 つの x に対応する y はいくつあるか。また，そのとき y を x の式で表せ。

(1) $x = t^2,\ y = t^3$　　　　　　(2) $x = 2\sin\theta,\ y = 2\cos\theta$

(3) $x = 3\cos\theta,\ y = 4\sin\theta$

2 **媒介変数表示の関数の微分法**

媒介変数表示の関数

$$x = x(t), \ y = y(t)$$

において，$x = x(t)$ の逆関数が存在すれば，t は x の関数であり，よって，y は x の関数となる。さらに，$x(t), y(t)$ が微分可能で $x'(t) \neq 0$ ならば，合成関数の微分法と逆関数の微分法により，次を得る。

$$\frac{dy}{dx} = \frac{dy}{dt} \cdot \frac{dt}{dx} = \frac{dy}{dt} \cdot \frac{1}{\dfrac{dx}{dt}} = \frac{y'(t)}{x'(t)}$$

媒介変数表示の関数の微分法

媒介変数表示の関数 $x = x(t), \ y = y(t)$ について

$$\frac{dy}{dx} = \frac{\dfrac{dy}{dt}}{\dfrac{dx}{dt}} = \frac{y'(t)}{x'(t)} \qquad \text{ただし} \quad x'(t) \neq 0$$

例5 例 3 では，放物線 $y = x^2$ の異なる媒介変数表示

(i)$x = t, \ y = t^2$ (ii)$x = 2t, \ y = 4t^2$

を考えた。媒介変数表示の関数の微分法により，$\dfrac{dy}{dx}$ を求めると

(i)$\dfrac{dy}{dx} = \dfrac{(t^2)'}{t'} = \dfrac{2t}{1} = 2t$

(ii)$\dfrac{dy}{dx} = \dfrac{(4t^2)'}{(2t)'} = \dfrac{8t}{2} = 4t$

となり，t の式としては異なる。しかし，t を消去すると，(i), (ii) とも

$$\frac{dy}{dx} = 2x$$

だから，x の式としては同じになる。

練習4 媒介変数表示の関数の微分法により，$\dfrac{dy}{dx}$ を求め，x の式で表せ。

(1)$x = t, \ y = \dfrac{1}{t}$ (2)$x = 2t, \ y = \dfrac{1}{2t}$

(3)$x = \cos 2t, \ y = \sin 2t \ \left(0 < t < \dfrac{\pi}{2} \right)$

例6 例4で考えた，媒介変数表示の関数

$$x = t^2, \ y = t$$

のグラフ $x = y^2$ について，t が増加すると，y
は増加し，点 $(x(t), \ y(t))$ は図の矢印の向き
に運動する。したがって

$t < 0$ の範囲では，x は減少し，$x'(t) < 0$

$t > 0$ の範囲では，x は増加し，$x'(t) > 0$

$t = 0$ のときは，$x'(t) = 0$ となり，$\dfrac{dy}{dx}$ の値が定まらない。

練習5 $0 \le t \le 2\pi$ とする。媒介変数表示の関数 $x = \sin t, \ y = t$ について，$\dfrac{dy}{dx}$ の
値が定まる t の範囲を求めよ。

例題 1 a を正の定数とし，$0 \le t \le 2\pi$ とする。サイクロイド

$$x = a(t - \sin t), \ y = a(1 - \cos t)$$

について，$\dfrac{dy}{dx} = 0$ となる x を求めよ。

解 $x'(t) = a(1 - \cos t) = 0$ のとき，すなわち，$t = 0, \ 2\pi$ のとき，$\dfrac{dy}{dx}$ の
値は定まらない。

$t \ne 0, \ 2\pi$ のとき，すなわち $0 < t < 2\pi$ のとき

$$\frac{dy}{dx} = \frac{a \sin t}{a(1 - \cos t)} = \frac{\sin t}{1 - \cos t} = 0$$

となるのは $\sin t = 0$ $\quad 0 < t < 2\pi$ より，$t = \pi$
だから，求める x は

$$x = a(\pi - \sin \pi) = \pi a$$

練習6 次の媒介変数表示の関数について，$\dfrac{dy}{dx} = 0$ となる x を求めよ。

$$x = \frac{1 - t^2}{1 + t^2}, \ y = \frac{2t}{1 + t^2}$$

2 極座標表示の関数

1 極座標

座標平面において，原点O以外の点Pに対し，線分OPの長さ r と，線分OPが x 軸となす角 θ の組

$$(r,\ \theta)$$

を点Pの **極座標** という。極座標と区別するとき，これまで用いてきた座標 $(x,\ y)$ を **直交座標** という。

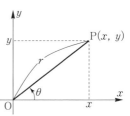

整数 n に対し，極座標 $(r,\ \theta+2n\pi)$ は，どれも座標平面上の同じ点を表している。このため，以下ではとくに断らない限り，$0\leqq\theta<2\pi$ の範囲で考える。

例7 点P，Qの直交座標がP$(1,\ 0)$，Q$(0,\ 1)$ とする。線分OPは長さ1，x 軸となす角は0より，Pの極座標は $(r,\ \theta)=(1,\ 0)$ である。また，線分OQは長さ1，x 軸となす角は $\dfrac{\pi}{2}$ より，Qの極座標は $(r,\ \theta)=\left(1,\ \dfrac{\pi}{2}\right)$ である。

練習7 次の直交座標 $(x,\ y)$ を極座標 $(r,\ \theta)$ に直せ。

(1) $(0,\ 3)$ (2) $(-1,\ 0)$ (3) $(0,\ -1)$

例8 直交座標 $(x,\ y)$ が

$$A(1,\ \sqrt{3})\qquad B(-1,\ 1)$$

の点A，Bの極座標 $(r,\ \theta)$ は，右の図より

$$A\left(2,\ \dfrac{\pi}{3}\right)\qquad B\left(\sqrt{2},\ \dfrac{3\pi}{4}\right)$$

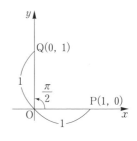

一方，極座標 $(r,\ \theta)$ が

$$C\left(1,\ \dfrac{\pi}{4}\right)\qquad D\left(2,\ \dfrac{7\pi}{6}\right)$$

の点C，Dの直交座標 $(x,\ y)$ は，右の図より

$$C\left(\dfrac{\sqrt{2}}{2},\ \dfrac{\sqrt{2}}{2}\right)\qquad D(-\sqrt{3},\ -1)$$

練習8　次の直交座標 (x, y) を極座標 (r, θ) に直せ。

   (1)　$(1, 1)$　　　　　(2)　$(-1, \sqrt{3})$　　　　(3)　$(3, \sqrt{3})$

練習9　次の極座標 (r, θ) を直交座標 (x, y) に直せ。

   (1)　$\left(2, \dfrac{\pi}{6}\right)$　　(2)　$\left(\sqrt{2}, \dfrac{7\pi}{4}\right)$　　(3)　$\left(1, \dfrac{2\pi}{3}\right)$　　　(4)　$(1, \pi)$

一般に，点 P の直交座標 (x, y) と極座標 (r, θ) の間に次の関係が成り立つ。

$$x = r\cos\theta$$
$$y = r\sin\theta$$

これらを用いると，極座標 (r, θ) が与えられたとき直交座標 (x, y) に変換できる。逆に，直交座標 (x, y) が与えられると

$$r = \sqrt{x^2 + y^2}$$
$$\tan\theta = \frac{y}{x}$$

で極座標の r と θ が得られる。

$(y \geqq 0 \iff 0 \leqq \theta \leqq \pi)$

また，$x \neq 0$ のとき $\tan\theta = \dfrac{y}{x}$ を満たす θ は，$0 \leqq \theta < 2\pi$ の範囲に2つあるが，y の符号で判別できる。$x = 0$ となる θ は，$\theta = \dfrac{\pi}{2}, \dfrac{3\pi}{2}$ であるが，これも y の符号で判別できる。

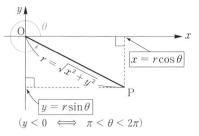

$(y < 0 \iff \pi < \theta < 2\pi)$

➡ 直交座標と極座標の関係

$$\begin{cases} x = r\cos\theta \\ y = r\sin\theta \end{cases} \qquad \begin{cases} r = \sqrt{x^2 + y^2} \\ \tan\theta = \dfrac{y}{x} \quad (\text{ただし，} x \neq 0) \end{cases}$$

2 極座標表示の関数

極座標が (r, θ) の点 P が，原点のまわりを運動するとき，r が θ の関数として次の形に表せる場合を考えよう。

$$r = f(\theta), \quad f(\theta) \geqq 0 \quad \cdots\cdots①$$

このように r と θ の関係を定義したものを **極座標表示の関数** といい，①を満たす点 P(r, θ) がえがく曲線を極座標表示の関数①のグラフという。

今までの $y = f(x)$ の形の場合は **xy 直交座標表示の関数** と表現して区別をし，$f(x, y) = 0$ の方程式の場合には，単に **xy 直交座標表示** という。

例❾ a を正の定数とするとき，極座標表示の関数

$$r = a\theta \quad (\theta \geqq 0)$$

のグラフを **アルキメデスの螺線** という。$0 \leqq \theta < 2\pi$ のとき，その概形は，右の図のような渦巻状の曲線となる。

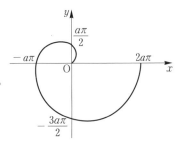

例❿ a を正の定数とするとき，極座標表示の関数

$$r = a(1 + \cos\theta) \quad (0 \leqq \theta \leqq 2\pi)$$

のグラフを **カージオイド（心臓形）** という。その概形は，右の図のような，x 軸について線対称な曲線となる。

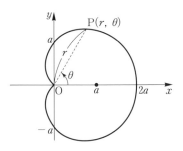

例 10 の $r = a(1 + \cos\theta)$ を xy 直交座標表示に直してみよう。両辺に r をかけると，$r^2 = a(r + r\cos\theta)$。ここで，p. 131 の $r = \sqrt{x^2 + y^2}$，$x = r\cos\theta$ を代入すると $x^2 + y^2 = a(\sqrt{x^2 + y^2} + x)$，よって $x^2 + y^2 - ax = a\sqrt{x^2 + y^2}$ より，

$$(x^2 + y^2 - ax)^2 - a^2(x^2 + y^2) = 0$$

練習❿ 次の(1)〜(3)の極座標表示の関数のグラフの概形を xy 平面上にかけ。また，xy 直交座標表示で表せ。また(4)，(5)の xy 直交座標表示を極座標表示で表せ。

(1) $r = a$ （a は正の定数）   (2) $r = \dfrac{1}{\cos\theta} \quad \left(-\dfrac{\pi}{2} < \theta < \dfrac{\pi}{2}\right)$

(3) $r = 2\sin\theta \quad (0 < \theta \leqq \pi)$ (4) $x^2 + y^2 = 4$ (5) $(x - 1)^2 + y^2 = 1$

3 極座標表示の関数の微分法

極座標表示の関数 $r = f(\theta)$ が与えられたとき，直交座標と極座標の関係より，次のような媒介変数表示の関数を得る。

$$\begin{cases} x = f(\theta)\cos\theta \\ y = f(\theta)\sin\theta \end{cases}$$

媒介変数表示の関数の微分法より，$\dfrac{dx}{d\theta} \neq 0$ のとき，次を得る。

$$\frac{dy}{dx} = \frac{\dfrac{dy}{d\theta}}{\dfrac{dx}{d\theta}} = \frac{f'(\theta)\sin\theta + f(\theta)\cos\theta}{f'(\theta)\cos\theta - f(\theta)\sin\theta}$$

例11 a を正の定数とする。

(1) 極座標表示の関数 $r = a\theta$ （アルキメデスの螺線）から

$$\begin{cases} x = a\theta\cos\theta \\ y = a\theta\sin\theta \end{cases}$$

という媒介変数表示の関数が得られ

$$\frac{dy}{dx} = \frac{a\sin\theta + a\theta\cos\theta}{a\cos\theta - a\theta\sin\theta} = \frac{\sin\theta + \theta\cos\theta}{\cos\theta - \theta\sin\theta}$$

(2) 極座標表示の関数 $r = a(1 + \cos\theta)$ （カージオイド）から

$$\begin{cases} x = a(1 + \cos\theta)\cos\theta \\ y = a(1 + \cos\theta)\sin\theta \end{cases}$$

という媒介変数表示の関数が得られ

$$\begin{aligned} \frac{dy}{dx} &= \frac{-a\sin\theta\sin\theta + a(1 + \cos\theta)\cos\theta}{-a\sin\theta\cos\theta - a(1 + \cos\theta)\sin\theta} \\ &= \frac{-\sin^2\theta + \cos\theta + \cos^2\theta}{-2\sin\theta\cos\theta - \sin\theta} = -\frac{\cos 2\theta + \cos\theta}{\sin 2\theta + \sin\theta} \end{aligned}$$

練習11 次の極座標表示の関数について，$\dfrac{dy}{dx}$ を求めよ。

(1) $r = a$ （a は正の定数）　　　　(2) $r = \dfrac{1}{\sin\theta}$ （$0 < \theta < \pi$）

3 陰関数

1 陰関数

方程式 $x^2 + y^2 - 1 = 0$ は，1つの x に2つの y が対応する場合があるため，関数ではない。しかし，$y \geqq 0$ として y について解くと

$$y = \sqrt{1 - x^2}$$

という関数が得られる。ここで

$$f(x,\ y) = x^2 + y^2 - 1,$$
$$\phi(x) = \sqrt{1 - x^2}$$

とおくと

$$f(x,\ \phi(x)) = x^2 + (\phi(x))^2 - 1 = x^2 + (1 - x^2) - 1 = 0$$

であるから，関数 $y = \phi(x)$ は方程式 $f(x,\ y) = 0$ を満たす。

このように，適当な定義域で定められた関数 $y = \phi(x)$ があって，

$$f(x,\ \phi(x)) = 0$$

が成り立つとき，$y = \phi(x)$ を方程式 $f(x,\ y) = 0$ の定める **陰関数** という。また，曲線の方程式が $f(x,\ y) = 0$ と表されるとき，これをその曲線の陰関数による表示という。

上の $y = \sqrt{1 - x^2}$ は，$x^2 + y^2 - 1 = 0$ の陰関数で，原点を中心とする半径1の円の上半分に対応し，$y = -\sqrt{1 - x^2}$ も $x^2 + y^2 - 1 = 0$ の陰関数で，円の下半分に対応する。このように，1つの方程式から複数の陰関数が考えられることもある。

例12 $x^2 + 4y^2 - 4 = 0$ を y について解くと，$y = \pm\dfrac{1}{2}\sqrt{4 - x^2}$ という2つの陰関数を得る。正・負の符号の違いは，2点 $(\pm\sqrt{3},\ 0)$ を焦点とする楕円の方程式 $\dfrac{x^2}{4} + y^2 = 1$ の上半分・下半分に対応する。　　　　←**13**

練習12 次の方程式について，条件 $y \geqq 0$ の下で，陰関数を求めよ。

(1) $(x - 1)^2 + y^2 = 4$ 　　(2) $x^2 + 9y^2 = 9$ 　　　(3) $x - y^2 = 0$

注意 (1)，(2)，(3)のグラフは公式集の **11**，**12**，**13** を参考にしてかける。

2 陰関数の微分法

方程式 $f(x, y) = 0$ の陰関数 $y = \phi(x)$ について，$\dfrac{dy}{dx}$ を求めよう。たとえば，円 $x^2 + y^2 = 1$ の陰関数 $y = \sqrt{1-x^2}$ の場合，次のように直接微分できる。

$$\frac{dy}{dx} = -\frac{x}{\sqrt{1-x^2}}$$

しかし，一般に，$f(x, y) = 0$ の陰関数を $y = \phi(x)$ の形に表さなくても，合成関数の微分法を使って，$\dfrac{dy}{dx}$ を求めることができる。

例13 方程式 $x^2 + y^2 = 1$ の陰関数を微分しよう。両辺を x で微分すると

$$2x + 2y\frac{dy}{dx} = 0 \qquad \text{よって} \quad \frac{dy}{dx} = -\frac{x}{y}$$

これは，$y = \phi(x)$ の形に表すのが難しい場合に有効な計算方法である。答えは x と y が混在する式で表される。

例14 a を正の定数とするとき，方程式 $x^3 - 3axy + y^3 = 0$ の陰関数を微分しよう。両辺を x で微分すると

$$3x^2 - 3a\left(y + x\frac{dy}{dx}\right) + 3y^2\frac{dy}{dx} = 0$$

ゆえに $(x^2 - ay) - (ax - y^2)\dfrac{dy}{dx} = 0$

よって $\dfrac{dy}{dx} = \dfrac{x^2 - ay}{ax - y^2}$ ……①

なお，曲線 $x^3 - 3axy + y^3 = 0$ は **デカルト**

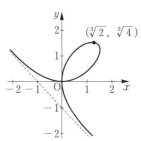

の正葉線 と呼ばれ，右の図は $a = 1$ の場合である。このとき $\dfrac{dy}{dx} = 0$（接線の傾きが0）となるのは①より $x^2 - y = 0$，つまり $y = x^2$ のときである。この条件をもつ曲線 $x^3 - 3xy + y^3 = 0$ 上の点の x 座標は，$x^3 - 3x \cdot x^2 + (x^2)^3 = 0$，つまり $x^3(x^3 - 2) = 0$ より $x = 0$，$\sqrt[3]{2}$ と求められる。極大点は $(\sqrt[3]{2}, \sqrt[3]{4})$ である。

練習13 次の方程式の陰関数について，$\dfrac{dy}{dx}$ を求めよ。

(1) $x^2 + 2xy - y^2 = 1$ 　　　(2) $\log(x^2 + y^2) + \mathrm{Tan}^{-1}\dfrac{x}{y} = 0$

例**15** a を正の定数とする。極座標表示の方程式 $r^2 = a^2\cos2\theta$ の陰関数について，$\dfrac{dr}{d\theta}$ を求めよう。両辺を θ で微分して $2r\dfrac{dr}{d\theta} = -2a^2\sin2\theta$

よって $\dfrac{dr}{d\theta} = -\dfrac{a^2\sin2\theta}{r}$

なお，曲線 $r^2 = a^2\cos2\theta$ は，**レムニスケート（連珠形）** とよばれる右の図のような曲線である。

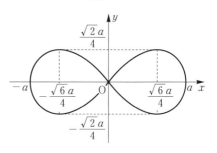

直交座標では，
$$(x^2+y^2)^2 - a^2(x^2-y^2) = 0$$
で表される。

注意 一般的に，与えられた方程式が成り立つ範囲で考える。例 15 の場合は，$\cos2\theta \geqq 0$ より次の範囲で考える。

$$0 \leqq \theta \leqq \frac{\pi}{4}, \qquad \frac{3\pi}{4} \leqq \theta \leqq \frac{5\pi}{4}, \qquad \frac{7\pi}{4} \leqq \theta < 2\pi$$

練習**14** 次の極座標の方程式の陰関数について，$\dfrac{dr}{d\theta}$ を求めよ。

(1) $r^2 = \sin2\theta$ (2) $r^2 = \cos4\theta$

◀COLUMN▶ 微分可能な陰関数の存在

関係式 $x^2 + y^2 - 1 = 0$ の陰関数として，p.134 では

(ⅰ) $y = \sqrt{1-x^2}$ (ⅱ) $y = -\sqrt{1-x^2}$

の2つをあげたが，極端な場合，次のような陰関数も考えられる。

(ⅲ) $\phi(x) = \begin{cases} \sqrt{1-x^2} & (x \text{ が有理数のとき}) \\ -\sqrt{1-x^2} & (x \text{ が無理数のとき}) \end{cases}$

(ⅰ)〜(ⅲ)はいずれも $-1 \leqq x \leqq 1$ を定義域とするが，(ⅲ)は定義域全体で連続でなく，したがって，p.139 で述べるように微分可能でもない。

本書では，$f(x, y) = 0$ の陰関数として，微分可能なものを考える。ある条件のもとで微分可能な陰関数 $\phi(x)$ の存在を保証するのが，5章で述べる「陰関数定理」である。

◀ 節末問題

1. 次の媒介変数表示の関数について，グラフの概形をかけ。$a > 0$ とする。

(1) $\begin{cases} x = t + 1 \\ y = 2t + 1 \end{cases}$　　(2) $\begin{cases} x = \sqrt{2}\sin t \\ y = \cos 2t \end{cases}$　　(3) $\begin{cases} x = a\cos^3\theta \\ y = a\sin^3\theta \end{cases}$

2. 次の媒介変数表示の関数について，$\dfrac{dy}{dx} = 0$ となる点 (x, y) を求めよ。

(1) $\begin{cases} x = t^3 + t \\ y = 1 - t^2 \end{cases}$　　　　　(2) $\begin{cases} x = e^t - e^{-t} \\ y = e^t + e^{-t} \end{cases}$

3. 次の極座標表示の関数のグラフの概形をかけ。また，xy 直交座標表示で表せ。

(1) $r = 1 - \cos\theta$　　　　　(2) $r = \dfrac{1}{\sin\theta}$　$(0 < \theta < \pi)$

(3) $r = 2\cos\theta$　$\left(-\dfrac{\pi}{2} \leqq \theta \leqq \dfrac{\pi}{2}\right)$

4. 次の xy 直交座標表示を極座標表示の関数に直せ。

(1) $(x^2 + y^2)^2 = x^2 - y^2$　　(2) $(x-1)^2 + (y-1)^2 = 2$

(3) $x^{\frac{2}{3}} + y^{\frac{2}{3}} = a^{\frac{2}{3}}$　$(a > 0)$

5. 次の極座標表示の関数について，$\dfrac{dy}{dx}$ を求めよ。

(1) $r = e^\theta$　　　　　(2) $r = \theta^\theta$　$(\theta > 0)$

6. 次の関係式の陰関数について，$\dfrac{dy}{dx}$ を求めよ。

(1) $y^2 = x(1-x)^2$　　　(2) $x^5 - 2xy + y^5 = 0$

7. 次の問いに答えよ。

(1) 媒介変数表示の関数 $x = x(t)$, $y = y(t)$ について，次を示せ。

$$\frac{d^2y}{dx^2} = \frac{\dfrac{d^2y}{dt^2}\dfrac{dx}{dt} - \dfrac{dy}{dt}\dfrac{d^2x}{dt^2}}{\left(\dfrac{dx}{dt}\right)^3}$$

(2) サイクロイド $x = t - \sin t$, $y = 1 - \cos t$ について，$\dfrac{d^2y}{dx^2}$ を求めよ。

◆ **2** ◆ 平均値の定理とその応用

1 連続関数の性質

1 連続関数

初めに，連続関数の定義を確認しておこう。

> **▶ 連続関数**
>
> [1]　関数 $f(x)$ が a を含む適当な開区間で定義されていて
>
> $$\lim_{x \to a} f(x) = f(a)$$
>
> が成り立つとき，$f(x)$ は **点 a で連続** または $x = a$ で連続という。
>
> [2]　関数 $f(x)$ が区間 I の任意の点で連続のとき，$f(x)$ は **区間 I で連続** という。

> **▶ 連続関数の基本性質**
>
> [1]　関数 $f(x)$, $g(x)$ が $x = a$ で連続ならば，次の関数も $x = a$ で連続である。
>
> ①　$cf(x)$　（c は定数）　　②　$f(x) \pm g(x)$
>
> ③　$f(x)g(x)$　　　　　　　④　$\dfrac{f(x)}{g(x)}$　（$g(a) \neq 0$）
>
> [2]　関数 $f(x)$ が $x = a$ で連続，関数 $g(u)$ が $u = f(a)$ で連続ならば，合成関数 $g(f(x))$ は $x = a$ で連続である。

例 1 (1)　定数関数および関数 $f(x) = x$ は，実数全体で連続

(2)　基本性質①，②，③と(1)より，x の整式は実数全体で連続

(3)　基本性質④と(2)より，x の有理式は，分母が 0 となる x 以外で連続

　これまでに学んだ無理関数，指数関数，対数関数，三角関数，逆三角関数は，それぞれの定義域で連続である。たとえば $y = \sqrt{x}$ は $x \geqq 0$ で，$y = 2^x$ は実数全体で，$y = \log x$ は $x > 0$ で，$y = \sin x$ は実数全体で，$y = \mathrm{Cos}^{-1} x$ は $-1 \leqq x \leqq 1$ でそれぞれ連続である。

➡ 微分可能ならば連続

関数 $f(x)$ が $x = a$ で微分可能ならば，$f(x)$ は $x = a$ で連続である。

証明 $f(a+h) = \dfrac{f(a+h) - f(a)}{h} \cdot h + f(a)$ より

$\displaystyle\lim_{h \to 0} f(a+h) = f'(a) \cdot 0 + f(a) = f(a)$ 終

逆は成り立たない。たとえば，$y = |x|$ は実数全体で連続だが，$x = 0$ では微分可能でない。微分可能性の方が連続性よりも強い条件である。

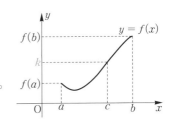

連続関数については，p.23 で学んだ次の重要な性質が成り立つ。

➡ 中間値の定理

関数 $f(x)$ は区間 I で連続で，I 内の異なる 2 点 a，b $(a < b)$ について，$f(a) \neq f(b)$ とする。このとき $f(a)$ と $f(b)$ の間の任意の実数 k について

$$f(c) = k$$

を満たす c $(a < c < b)$ が存在する。

中間値の定理は，両端の間の任意の高さ k に対し，グラフの高さが k になるような c が，a と b の間に存在するという主張である。そのような c は，1 つとは限らず，複数存在する可能性がある。

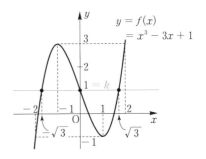

例2 関数 $y = f(x) = x^3 - 3x + 1$ は $I = [-3,\ 3]$ で連続である。I 内の 2 点 $a = -2$，$b = 2$ について $-1 = f(-2) \neq f(2) = 3$ であるが，$f(-2)$ と $f(2)$ の間の実数 $k = 1$ について，$f(c) = 1$ を満たす c $(-2 < c < 2)$ は 3 つ存在する。$c = 0$, $\pm\sqrt{3}$ である。

2 閉区間で連続な関数の性質

ある正の実数 M について，区間 I の任意の x に対し

$$|f(x)| \leqq M$$

となるとき，関数 $f(x)$ は I で **有界** であるという。

例3 任意の実数 x について $|\sin x| \leqq 1$ だから，$\sin x$ は実数全体で有界である。$\tan x$ は開区間 $\left(-\dfrac{\pi}{2},\ \dfrac{\pi}{2}\right)$ で有界ではない。

練習1 次の関数が実数全体で有界であることを示せ。

(1) $y = \mathrm{Tan}^{-1}x$ (2) $y = e^{-x^2}$ (3) $y = 1 - \cos x$

閉区間 I で連続な関数 $f(x)$ について，次の性質が成り立つ。証明は略す。

⇒ **閉区間で連続な関数の有界性**

関数 $f(x)$ が閉区間 I で連続ならば，$f(x)$ は I で有界である。

この性質から，次の重要性質が導かれる。証明は略す。

⇒ **閉区間で連続な関数の最大値・最小値**

関数 $f(x)$ が閉区間 I で連続ならば，$f(x)$ は I で最大値・最小値をもつ。

注意 I が開区間の場合，最大値・最小値を常にもつとは限らない。たとえば，$f(x) = \dfrac{1}{x}$ の場合，開区間 $(0,\ 1)$ で連続だが，$(0,\ 1)$ では最大値も最小値ももたない。

➡ **ロールの定理**

関数 $f(x)$ が閉区間 $[a, b]$ で連続，開区間 (a, b) で微分可能であり，$f(a) = f(b)$ ならば，次の式を満たす c が存在する。

$$f'(c) = 0 \quad (a < c < b)$$

証明 閉区間 $[a, b]$ で連続より，$f(x)$ は $[a, b]$ で最大値・最小値をもつ。

(i) $f(a) = f(b)$ が最大値かつ最小値の場合，$f(x)$ は定数関数であり，開区間 (a, b) の任意の x について $f'(x) = 0$ となる。

(ii) $f(a) = f(b)$ が最大値でない場合，ある c $(a < c < b)$ で $f(c)$ が最大値をとり，分母・分子の符号を考えると，右・左からの極限値について，次の不等式が成り立つ。

$$\lim_{h \to +0} \frac{f(c+h) - f(c)}{h} \leq 0 \qquad \lim_{h \to -0} \frac{f(c+h) - f(c)}{h} \geq 0$$

ここで，$f(x)$ は微分可能より，これら右・左からの極限値は存在し，どちらも $f'(c)$ に等しい。よって，$f'(c) = 0$ であり，これがロールの定理の c である。

$f(a) = f(b)$ が最小値でない場合も同様。　　　　　　　　　　　　　　終

注意 ロールの定理は，開区間 (a, b) において接線が水平になる c が存在するという主張である。右の図の場合，c_1 と c_2 の 2 つが存在する。

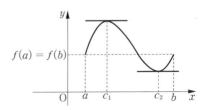

例題 1 関数 $f(x) = x^3 - 3x$，閉区間 $[-\sqrt{3}, \sqrt{3}]$ についてロールの定理が成り立つことを確かめよ。

解 $f(x)$ は閉区間 $[-\sqrt{3}, \sqrt{3}]$ で連続，開区間 $(-\sqrt{3}, \sqrt{3})$ で微分可能であり，$f(\sqrt{3}) = f(-\sqrt{3}) = 0$ である。また

$f'(c) = 3c^2 - 3 = 3(c+1)(c-1) = 0$ を解くと　$c = \pm 1$

これらの値は，開区間 $(-\sqrt{3}, \sqrt{3})$ に含まれる。

練習2 関数 $f(x) = x^3 - 2x^2$，閉区間 $[0, 2]$ についてロールの定理が成り立つことを確かめよ。

2 平均値の定理

ここでは平均値の定理（p.69）をもう少し掘り下げて考えてみよう。

⇒ **平均値の定理（Ⅰ）**

関数 $f(x)$ が閉区間 $[a,\ b]$ で連続，開区間 $(a,\ b)$ で微分可能ならば，

$$\frac{f(b)-f(a)}{b-a}=f'(c)$$

を満たす $c\ (a<c<b)$ が存在する。

証明 関数 $y=f(x)$ と1次関数 $y=\dfrac{f(b)-f(a)}{b-a}(x-a)+f(a)$ （グラフは下図

の直線 AB）の差の関数 $F(x)$ を

$$F(x)=f(x)-\left\{\frac{f(b)-f(a)}{b-a}(x-a)+f(a)\right\}$$

で定めると，$F(x)$ は閉区間 $[a,\ b]$ で連続，開区間 $(a,\ b)$ で微分可能であり，

$$F(a)=f(a)-\{0+f(a)\}=0,$$

$$F(b)=f(b)-\{f(b)-f(a)+f(a)\}=0$$

だから，$F(x)$ はロールの定理の仮定を満たしている。

$$F'(x)=f'(x)-\frac{f(b)-f(a)}{b-a}$$

であるから，ロールの定理より $F'(c)=f'(c)-\dfrac{f(b)-f(a)}{b-a}=0$ を満たす c

$(a<c<b)$ が存在する。　　　　　　　　　　　　　　　　　　　　　終

　平均値の定理は，接線の傾きが，a から b までの平均変化率に等しくなる c が a と b の間に存在するという主張である。すなわち，右図のように，グラフ両端を結ぶ線分に平行な接線は $x=c$ で引ける。

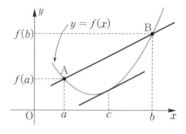

　平均値の定理の c は，1つとは限らず，複数存在する可能性がある。

例題 2

a, b は定数で $a < b$ とする。関数 $f(x) = x^2$ について，区間 $[a, b]$ における平均値の定理(I)が成り立つような c の値を求めよ。

解 $f(x)$ は閉区間 $[a, b]$ で連続，開区間 (a, b) で微分可能だから，平均

値の定理(I)より，$\dfrac{f(b) - f(a)}{b - a} = f'(c)$ とな

る c が存在する。このとき $f'(x) = 2x$ だから

$$\frac{b^2 - a^2}{b - a} = 2c \qquad \text{より} \quad c = \frac{a + b}{2}$$

注意 c は区間 (a, b) の中点である。

練習 3 関数 $f(x) = x^3$ について，区間 $[-1, 2]$ における平均値の定理(I)が成り立つような c の値を求めよ。

$h = b - a$, $\theta = \dfrac{c - a}{b - a}$ とおいて，平均値の定理(I)を書き直そう。

➡ 平均値の定理 (II)

　関数 $f(x)$ が区間 I で微分可能ならば，I 内の点 a, $a + h$ について
$$\boldsymbol{f(a + h) = f(a) + f'(a + \theta h)h}$$
を満たす θ $(0 < \theta < 1)$ が存在する。

注意 $f(x)$ が微分可能ならば，$f(x)$ は連続である（p.139）。よって，平均値の定理を考える区間 $[a, a + h]$ あるいは $[a + h, a]$ については，それを含む適当な開区間で微分可能性の仮定があればよい。

さらに，$x = a + h$ とおくことで，次のようにも述べられる。

➡ 平均値の定理 (III)

　関数 $f(x)$ が区間 I で微分可能ならば，I 内の点 a, x について
$$\boldsymbol{f(x) = f(a) + f'(a + \theta(x - a))(x - a)}$$
を満たす θ $(0 < \theta < 1)$ が存在する。

▶ **関数の増加・減少**

> 区間 I で常に $f'(x) > 0$ ならば，$f(x)$ は I で単調増加
>
> 区間 I で常に $f'(x) < 0$ ならば，$f(x)$ は I で単調減少

証明　I 内に 2 点 $x_1 < x_2$ を任意にとる。平均値の定理 (I) より

$$f(x_2) - f(x_1) = f'(c)(x_2 - x_1)$$

を満たす c $(x_1 < c < x_2)$ が存在する。I で $f'(x) > 0$ ならば，$f'(c) > 0$ だから $f(x_2) > f(x_1)$ となる。x_1, x_2 は任意だから，$f(x)$ は I で増加する。$f'(x) < 0$ の場合も同様にして減少が示される。　　終

　さらに，平均値の定理 (I) から，次の重要な定理が得られる。

▶ **定数関数であるための条件**

> 任意の x について $f'(x) = 0$ $\iff$ $f(x)$ は定数関数

証明　($\implies$) $x_1 < x_2$ であるような任意の x_1, x_2 について平均値の定理 (I) より

$$f(x_2) = f(x_1) + f'(c)(x_2 - x_1)$$

を満たす c $(x_1 < c < x_2)$ が存在する。仮定より，$f'(c) = 0$ だから，$f(x_2) = f(x_1)$ であり，x_1, x_2 は任意だから，$f(x)$ は定数関数である。

　($\impliedby$) $f(x)$ が定数関数なので任意の x, h $(\neq 0)$ について $f(x) = f(x+h)$ であるから　$f'(x) = \lim\limits_{h \to 0} \dfrac{f(x+h) - f(x)}{(x+h) - x} = 0$　　終

例題 **3**　「任意の x について $f'(x) = g'(x) \iff f(x) - g(x)$ は定数関数」を証明せよ。

証明　$F(x) = f(x) - g(x)$ とおくと，$F(x)$ が定数関数である必要十分条件は，任意の x について $F'(x) = 0$，すなわち，$f'(x) = g'(x)$　　終

練習 **4**　a を定数とする。例題 3 を利用して $f'(x) = a$ ならば，$f(x) = ax + b$ （b は定数）であることを証明せよ。

3 不定形の極限値

1 コーシーの平均値の定理

コーシーの平均値の定理

関数 $f(x)$, $g(x)$ について，閉区間 $[a, b]$ で連続，開区間 (a, b) で微分可能かつ $f'(x) \neq 0$ ならば

$$\frac{g(b)-g(a)}{f(b)-f(a)} = \frac{g'(c)}{f'(c)}$$

を満たす c $(a < c < b)$ が存在する。

証明 平均値の定理(I)より，$\dfrac{f(b)-f(a)}{b-a} = f'(d)$ となる d $(a < d < b)$ が存在し，開区間 (a, b) で $f'(x) \neq 0$ なので $f(b)-f(a) \neq 0$

ここで，$\dfrac{g(b)-g(a)}{f(b)-f(a)} = k$ ……① とおくと

$\qquad g(b)-g(a)-k\{f(b)-f(a)\}=0$ ……②

これより，$F(x) = g(b)-g(x)-k\{f(b)-f(x)\}$ ……③ とおくと，$F(b) = 0$ かつ $F(a) = 0$ なので，ロールの定理より，$F'(c) = 0$ となる c $(a < c < b)$ が存在する。

③より $F'(x) = -g'(x)+kf'(x)$ だから $F'(c) = -g'(c)+kf'(c) = 0$

よって $k = \dfrac{g'(c)}{f'(c)}$ となり，①より定理を得る。 終

注意 コーシーの平均値の定理は，平均値の定理の媒介変数表示版である。$t = a$ から $t = b$ まで変化するときの x に対する y の平均変化率が，$\dfrac{g(b)-g(a)}{f(b)-f(a)}$（図の直線ABの傾き）であり，$t = c$ に対応する点

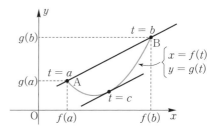

$(f(c), g(c))$ における接線の傾き $\dfrac{dy}{dx}$ が，$\dfrac{g'(c)}{f'(c)}$ である。

2   **ロピタルの定理**

$\lim_{x\to 0}\dfrac{\sin x}{x}$ のような極限値は，分母も分子も 0 に収束する，いわば $\dfrac{0}{0}$ の形であるため，何か工夫しないと求められない。同じことが $\dfrac{\infty}{\infty}$, $\infty-\infty$, $\infty\cdot 0$, 0^0, ∞^0 などの形になる関数の極限値についてもいえる。これらを **不定形の極限値** という。不定形の極限値を求めるには，下で述べる**ロピタルの定理** が便利である。

$\dfrac{0}{0}$ の不定形について考えてみよう。

関数 $f(x)$, $g(x)$ は，a を含む適当な区間で連続，a 以外で微分可能で，a 以外で $f'(x)\neq 0$ とする。a の十分近くの b について，コーシーの平均値の定理より $\dfrac{g(b)-g(a)}{f(b)-f(a)}=\dfrac{g'(c)}{f'(c)}$ となる c が a と b の間に存在する。さらに，$f(a)=g(a)=0$ と仮定すると，$\dfrac{g(b)}{f(b)}=\dfrac{g'(c)}{f'(c)}$ $(a<c<b)$ となる。

$b\to a$ のとき $c\to a$ だから，$\lim\limits_{c\to a}\dfrac{g'(c)}{f'(c)}$ が存在すれば

$$\lim_{b\to a}\frac{g(b)}{f(b)}=\lim_{c\to a}\frac{g'(c)}{f'(c)}$$

となる。左辺の b を x に，右辺の c を x に取り換えると，次の定理を得る。

> ➡ **ロピタルの定理** $\left(\dfrac{0}{0}\right.$ の不定形の場合$\left.\right)$
>
> 関数 $f(x)$, $g(x)$ が，a を含む適当な区間で連続，a 以外で微分可能であり，a 以外で $f'(x)\neq 0$ とする。このとき，$f(a)=g(a)=0$，したがって $\lim\limits_{x\to a}f(x)=0$, $\lim\limits_{x\to a}g(x)=0$ であり，極限値 $\lim\limits_{x\to a}\dfrac{g'(x)}{f'(x)}$ が存在するならば
>
> $$\lim_{x\to a}\frac{g(x)}{f(x)}=\lim_{x\to a}\frac{g'(x)}{f'(x)}$$

注意   次の場合にも定理が成り立ち，これらもまとめて **ロピタルの定理** という。

(1) $\lim\limits_{x\to a}f(x)=\pm\infty$, $\lim\limits_{x\to a}g(x)=\pm\infty$ で，$\lim\limits_{x\to a}\dfrac{g'(x)}{f'(x)}$ が存在する場合

(2) 定理の $\lim\limits_{x\to a}$ が $\lim\limits_{x\to\infty}$, $\lim\limits_{x\to-\infty}$, $\lim\limits_{x\to a+0}$, $\lim\limits_{x\to a-0}$ の場合

例題
4

次の不定形の極限値を求めよ。

(1) $\displaystyle\lim_{x\to 0}\frac{1-\cos x}{x}$　　(2) $\displaystyle\lim_{x\to\infty}\frac{x^2}{e^x}$　　(3) $\displaystyle\lim_{x\to+0}x\log x$

解 (1) $x\to 0$ のとき分母 $\to 0$，分子 $\to 0$ なので，ロピタルの定理より

$$\lim_{x\to 0}\frac{1-\cos x}{x}=\lim_{x\to 0}\frac{(1-\cos x)'}{(x)'}=\lim_{x\to 0}\frac{\sin x}{1}=0$$

(2) $x\to\infty$ のとき，次の第 1，2 式とも分母 $\to\infty$，分子 $\to\infty$ なので，ロ
ピタルの定理より

$$\lim_{x\to\infty}\frac{x^2}{e^x}=\lim_{x\to\infty}\frac{2x}{e^x}=\lim_{x\to\infty}\frac{2}{e^x}=0$$

(3) $x\to+0$ のとき，次の第 2 式で分母 $\to\infty$，分子 $\to\infty$ なので，ロピタ
ルの定理より

$$\lim_{x\to+0}x\log x=\lim_{x\to+0}\frac{\log x}{\dfrac{1}{x}}=\lim_{x\to+0}\frac{\dfrac{1}{x}}{-\dfrac{1}{x^2}}=\lim_{x\to+0}(-x)=0$$

練習5 次の不定形の極限値を求めよ。

(1) $\displaystyle\lim_{x\to\infty}\frac{\log x}{x}$　　(2) $\displaystyle\lim_{x\to 0}\frac{\mathrm{Sin}^{-1}x}{x}$　　(3) $\displaystyle\lim_{x\to 0}\frac{1-\cos x}{x^2}$

◀ 節末問題 ▶

1. a を定数とする。関数 $f(x)=x^2-(2a+1)x+a^2$ について，区間 $[a,\ a+1]$ におけるロールの定理が成り立つ c の値を求めよ。

2. a を定数とする。$f'(x)=ax$ ならば，$f(x)=\dfrac{1}{2}ax^2+b$ （b は定数）を証明せよ。

3. 関数 $f(x)=3x+1$，$g(x)=x^2$ について，区間 $[0,1]$ におけるコーシーの平均値の定理が成り立つ c の値を求めよ。

4. 次の不定形の極限値を求めよ。

(1) $\displaystyle\lim_{x\to 0}\frac{\sin 2x}{e^x-e^{-x}}$　　(2) $\displaystyle\lim_{x\to\infty}\frac{\sqrt{x^3}}{e^x}$　　(3) $\displaystyle\lim_{x\to\infty}xe^{-x^2}$

◆ 3 ◆ テイラーの定理とその応用

1 ▶ 関数の近似

1 ▶ 微分係数

初めに，微分係数の定義を確認しておこう。$f(x)$ は，a を含む適当な開区間で定義された関数とする。

> **▶微分係数(Ⅰ)**
>
> 次の極限値が存在するとき，$f(x)$ は $x = a$ で微分可能 といい，$f'(a)$ を $f(x)$ の $x = a$ における 微分係数 という。
>
> $$f'(a) = \lim_{h \to 0} \frac{f(a+h) - f(a)}{h}$$

微分係数の定義は次の関数 $R(x)$ を用いて書き直せる。A を定数とする。

$$R(x) = f(x) - \{f(a) + A(x-a)\} \quad \cdots\cdots ①$$

条件 $\displaystyle\lim_{x \to a} \frac{R(x)}{x-a} = 0$，すなわち，$\displaystyle\lim_{h \to 0} \frac{R(a+h)}{h} = 0$ を満たせば，① より

$R(a+h) = f(a+h) - \{f(a) + Ah\}$ なので

$$\lim_{h \to 0} \frac{f(a+h) - f(a)}{h} = \lim_{h \to 0} \frac{R(a+h) + Ah}{h} = A + \lim_{h \to 0} \frac{R(a+h)}{h} = A$$

極限値が存在することから，$f(x)$ は $x = a$ で微分可能であり，$f'(a) = A$ である。逆に，$f(x)$ が $x = a$ で微分可能で，$A = f'(a)$ ならば，

$$\lim_{x \to a} \frac{R(x)}{x-a} = \lim_{x \to a} \frac{f(x) - f(a) - A(x-a)}{x-a} = \lim_{x \to a} \left(\frac{f(x) - f(a)}{x-a} - A \right)$$

$$= \lim_{x \to a} \{f'(a) - A\} = 0$$

> **▶微分係数(Ⅱ)**
>
> ある数 A が存在し，関数 $R(x) = f(x) - \{f(a) + A(x-a)\}$ が次の条件を満たすとき，A を $f'(a)$ で表し，$f(x)$ の a における 微分係数 という。
>
> $$\lim_{x \to a} \frac{R(x)}{x-a} = 0$$

<h2>2　1次近似式</h2>

関数 $f(x)$ は区間 I で微分可能で，a, x は I 内の点とする。

$$R_2(x) = f(x) - \{f(a) + f'(a)(x-a)\} \quad \cdots\cdots①$$

で関数 $R_2(x)$ を定めると，$f(x)$ の微分可能性から微分係数(II)の条件を満たし

$$\lim_{x \to a} R_2(x) = \lim_{x \to a} \frac{R_2(x)}{x-a}(x-a) = 0\cdot 0 = 0 \quad \cdots\cdots①'$$

これは，x が a に十分近ければ $R_2(x)$ は 0 に近いことを意味するから

$$\boldsymbol{f(x) \doteqdot f(a) + f'(a)(x-a)} \quad \cdots\cdots②$$

この式の右辺を $f(x)$ の $x=a$ における **1次近似式** という。$R_2(x)$ は，1次近似の誤差を表す関数に相当する。

注意　1次近似式については，1章3節（p.71）でも述べた。

例1　$\sqrt{x}$ の $x=1$ における1次近似式は

$$\sqrt{x} \doteqdot 1 + \frac{1}{2}(x-1)$$

である。これによって $\sqrt{1.1}$ の近似値を求めると

$$\sqrt{1.1} \doteqdot 1 + \frac{1}{2} \times (1.1-1) = \frac{21}{20} = \boldsymbol{1.05}$$

となる。なお，実際の値は $\sqrt{1.1} = \boldsymbol{1.048808\cdots}$ であるから，小数第1位まで一致している。

練習1　$\sqrt{x}$ の $x=1$ における1次近似式を用いて，次の近似値を求めよ。

(1) $\sqrt{1.2}$　　　(2) $\sqrt{1.01}$　　　(3) $\sqrt{0.9}$

練習2　次の関数について，$x=1$ における1次近似式を求めよ。

(1) e^x　　　(2) $\log x$　　　(3) $\mathrm{Tan}^{-1}x$

①, ②より $R_2(x)$ は1次近似式の誤差であるが，これを2次関数で表すことを以下で考えてみよう。$f(x)$ は I で2回微分可能とする。$R_2(x)$ を①で定めると，$R_2(a) = 0$ であり，$R_2(x)$ は微分可能で　$R_2'(x) = f'(x) - f'(a)$　$\cdots\cdots③$

また，$P_1(x) = x-a$, $P_2(x) = (x-a)^2$　$\cdots\cdots④$　とおく。

コーシーの平均値の定理より，c_1，c が存在して，次のように式変形できる。

$$\frac{R_2(x)}{P_2(x)} = \frac{R_2(x) - R_2(a)}{P_2(x) - P_2(a)} = \frac{R_2'(c_1)}{P_2'(c_1)} \quad (a < c_1 < x) \quad \longleftarrow \text{①，④より}$$
$$\phantom{\frac{R_2(x)}{P_2(x)}} \quad P_2(a) = R_2(a) = 0$$

$$= \frac{1}{2} \cdot \frac{R_2'(c_1) - R_2'(a)}{P_1(c_1) - P_1(a)} \quad \longleftarrow P_2'(x) = 2(x-a) = 2P_1(x)$$
$$\text{③，④より } P_1(a) = R_2'(a) = 0$$

$$= \frac{1}{2} \cdot \frac{R_2''(c)}{P_1'(c)} \quad (a < c < c_1)$$

$$= \frac{1}{2} f''(c) \quad \longleftarrow \text{③より } R_2''(x) = f''(x),$$
$$\text{④より } P_1'(x) = 1$$

よって，

$$R_2(x) = \frac{1}{2} f''(c) P_2(x) = \frac{1}{2} f''(c)(x-a)^2 \quad \cdots\cdots⑤$$

これが 1 次近似式②の誤差である。ただし $a < c < x$ である。

◀ 3 ▶ **2 次近似式**

関数 $f(x)$ は区間 I で 2 回微分可能で，a，x は I 内の点とする。①，⑤より

$$f(x) = f(a) + f'(a)(x-a) + \frac{f''(c)}{2}(x-a)^2 \quad (a < c < x)$$

と表せるが，c は a の近くの点だから，右辺の c を a にかえたものが $f(x)$ の近似になると考えられる。そこで，その誤差を $R_3(x)$ とおき，$x \to a$ のとき $R_3(x) \to 0$ となることを確かめてみよう。

$$R_3(x) = f(x) - \left\{ f(a) + f'(a)(x-a) + \frac{f''(a)}{2}(x-a)^2 \right\} \quad \cdots\cdots⑥$$

①より $\quad R_3(x) = R_2(x) - \dfrac{f''(a)}{2}(x-a)^2$

$f(x)$ の微分可能性から①′より $\lim\limits_{x \to a} R_2(x) = 0$ なので

$$\lim_{x \to a} R_3(x) = \lim_{x \to a} \left\{ R_2(x) - \frac{f''(a)}{2}(x-a)^2 \right\} = 0 - 0 = 0$$

よって，x が a に十分近ければ誤差 $R_3(x)$ は 0 に近く，⑥より次の近似が成り立つ。

$$f(x) \fallingdotseq f(a) + f'(a)(x-a) + \frac{f''(a)}{2}(x-a)^2 \quad \cdots\cdots⑦$$

この式の右辺を $f(x)$ の $x = a$ における **2 次近似式** という。

例2 ⑦より $\sqrt{x}$ の $x=1$ における2次近似式は次のようになる。

$$\sqrt{x} \fallingdotseq 1 + \frac{1}{2}(x-1) - \frac{1}{8}(x-1)^2$$

$x=1.1$ として $\sqrt{1.1}$ の近似値を求めると

$$\sqrt{1.1} \fallingdotseq 1 + \frac{1}{2}\times 0.1 - \frac{1}{8}\times 0.01 = \frac{839}{800} = \mathbf{1.04875}$$

なお，実際の値は $\sqrt{1.1} = \mathbf{1.048808\cdots}$ なので，小数第3位まで一致している。例1（p.149）の1次近似より，2次近似の方が，精度が高い。

練習3 $\sqrt{x}$ の $x=1$ における2次近似式を用いて，次の近似値を求めよ。

(1) $\sqrt{1.2}$ (2) $\sqrt{0.9}$

練習4 次の関数について，$x=0$ における2次近似式を求めよ。

(1) e^x (2) $\sin x$ (3) $\cos x$

⑥より $R_3(x)$ は2次近似式の誤差であるが，これを3次関数で表すことを以下で考えてみよう。$f(x)$ は I で3回微分可能で，$a,\ x$ は I 内の点とする。⑥より

$$R_3(a) = R_3'(a) = R_3''(a) = 0 \quad \cdots\cdots⑧$$

また $n=1,\ 2,\ 3$ について $P_n(x)=(x-a)^n \cdots\cdots⑨$ とおくと，コーシーの平均値の定理より，$c_1,\ c_2,\ c$ が存在して，次のように式変形できる。

$$\frac{R_3(x)}{P_3(x)} = \frac{R_3(x)-R_3(a)}{P_3(x)-P_3(a)} = \frac{R_3'(c_1)}{P_3'(c_1)} \quad (a<c_1<x)$$

$$= \frac{1}{3}\cdot\frac{R_3'(c_1)-R_3'(a)}{P_2(c_1)-P_2(a)} \quad \text{←⑨より } P_3'(x)=3(x-a)^2=3P_2(x) \\ \text{⑧, ⑨より } R_3'(a)=P_2(a)=0$$

$$= \frac{1}{3}\cdot\frac{R_3''(c_2)}{P_2'(c_2)} \quad (a<c_2<c_1)$$

$$= \frac{1}{3\cdot2}\cdot\frac{R_3''(c_2)-R_3''(a)}{P_1(c_2)-P_1(a)} \quad \text{←⑨より } P_2'(x)=2(x-a)=2P_1(x) \\ \text{⑧, ⑨より } R_3''(a)=P_1(a)=0$$

$$= \frac{1}{3!}\cdot\frac{R_3'''(c)}{P_1'(c)} \quad (a<c<c_2)$$

$$= \frac{1}{3!}f'''(c) \quad \text{←⑥より } R_3'''(x)=f'''(x)，⑨より } P_1'(x)=1$$

よって $R_3(x) = \dfrac{1}{3!}f'''(c)P_3(x) = \dfrac{1}{3!}f'''(c)(x-a)^3$

これが2次近似式⑦の誤差である。ただし $a<c<x$ である。

2 テイラーの定理

　関数 $f(x)$ は区間 I で n 回微分可能で，a, x は I 内の点とする。p. 149, 150 で 1 次近似式，2 次近似式を得たのと同様にして，3 次近似式，4 次近似式，……，n 次近似式が得られる。実際，$(k-1)$ 次近似式 $(2 \leqq k \leqq n)$

$$f(x) \fallingdotseq f(a) + \frac{f'(a)}{1!}(x-a) + \frac{f''(a)}{2!}(x-a)^2$$
$$+ \cdots + \frac{f^{(k-1)}(a)}{(k-1)!}(x-a)^{k-1} \qquad \cdots\cdots ①$$

まで得たとき，$(k-1)$ 次近似の誤差関数 $R_k(x)$ が次の②式で定義される。ここで，②式の右辺は①式の左辺と右辺の差である。ただし，②式の第 3 項は①式右辺の第 2 項以降をまとめたもので，$\dfrac{f^{(r)}(a)}{r!}(x-a)^r$ の r に，1, 2, $\cdots$, $k-1$ を代入した式の総和を表す。

$$R_k(x) = f(x) - \left\{ f(a) + \sum_{r=1}^{k-1} \frac{f^{(r)}(a)}{r!}(x-a)^r \right\} \qquad \cdots\cdots ②$$

$R_k(a) = R_k'(a) = \cdots = R_k^{(k)}(a) = 0$ に注意し，$P_k(x) = (x-a)^k$ とすると，コーシーの平均値の定理より，c_1, c_2, $\cdots$, c_{k-1}, c が存在し

$$\frac{R_k(x)}{P_k(x)} = \frac{R_k(x) - R_k(a)}{P_k(x) - P_k(a)} = \frac{R_k'(c_1)}{P_k'(c_1)} \qquad (a < c_1 < x)$$

$$= \frac{1}{k} \cdot \frac{R_k'(c_1) - R_k'(a)}{P_{k-1}(c_1) - P_{k-1}(a)} = \frac{1}{k} \cdot \frac{R_k''(c_2)}{P_{k-1}'(c_2)} \qquad (a < c_2 < c_1)$$

$$= \frac{1}{k(k-1)} \cdot \frac{R_k''(c_2) - R_k''(a)}{P_{k-2}(c_2) - P_{k-2}(a)}$$

$$= \frac{1}{k(k-1)} \cdot \frac{R_k^{(3)}(c_3)}{P_{k-2}'(c_3)} \qquad (a < c_3 < c_2)$$

$$= \cdots\cdots = \frac{1}{k!} \cdot \frac{R_k^{(k)}(c)}{P_1'(c)} = \frac{1}{k!} f^{(k)}(c) \qquad (a < c < c_{k-1})$$

のように式変形できる。よって

$$R_k(x) = \frac{f^{(k)}(c)}{k!}(x-a)^k$$

となる c が a と x の間に存在する。右辺の c を a にかえ，$(k-1)$ 次近似式①に加えると，k 次近似式が得られる。

⇨ **テイラーの定理**(I)

  関数 $f(x)$ が区間 I で n 回微分可能ならば，I 内の点 a，x について

$$f(x) = f(a) + f'(a)(x-a) + \frac{f''(a)}{2!}(x-a)^2$$

$$+ \cdots + \frac{f^{(n-1)}(a)}{(n-1)!}(x-a)^{n-1} + R_n(x)$$

  ただし，$R_n(x) = \dfrac{f^{(n)}(c)}{n!}(x-a)^n$

を満たす c が a と x の間に存在する。

|注意| 　上記の形に表された誤差関数 $R_n(x)$ は，**ラグランジュの剰余** とよばれる。

　　　これ以外には，コーシーの剰余の形式がよく知られている。

　テイラーの定理で，$n = 1$ の場合を考えると

$$f(x) = f(a) + f'(c)(x-a)$$

となり，p.142 の平均値の定理(I)で b を x におきかえた式を得る。

　テイラーの定理において，$n = 2$，3 の場合，右辺から $R_n(x)$ を除いたものが，$f(x)$ の $x = a$ における 1 次近似式，2 次近似式である。

　平均値の定理のときと同様，$\theta = \dfrac{c-a}{x-a}$ とおくと，次のように書き直せる。$n = 1$ の場合は p.143 の平均値の定理(III)である。

⇨ **テイラーの定理**(II)

  関数 $f(x)$ が a を含む適当な開区間で n 回微分可能ならば

$$f(x) = f(a) + f'(a)(x-a) + \frac{f''(a)}{2!}(x-a)^2$$

$$+ \cdots + \frac{f^{(n-1)}(a)}{(n-1)!}(x-a)^{n-1} + R_n(x)$$

  ただし，$R_n(x) = \dfrac{f^{(n)}(a + \theta(x-a))}{n!}(x-a)^n$

を満たす θ $(0 < \theta < 1)$ が存在する。

例 3 $f(x) = \sqrt{x}$, $a = 1$, $n = 4$ としてテイラーの定理(II)を考えると

$$\sqrt{x} = 1 + \frac{1}{2}(x-1) - \frac{1}{8}(x-1)^2 + \frac{1}{16}(x-1)^3 + R_4(x)$$

ただし, $R_4(x) = -\dfrac{5}{128(\sqrt{1+\theta(x-1)}\,)^7}(x-1)^4$ $(0 < \theta < 1)$

$\sqrt{x}$ の $x = 1$ における 4 次近似式として最初の 4 項を用い, $x = 1.1$ とすると

$$\sqrt{1.1} \fallingdotseq 1 + \frac{1}{20} - \frac{1}{800} + \frac{1}{16000} = \frac{16781}{16000} = 1.0488125$$

という近似値を得る。このとき誤差を評価すると

$$|R_4(1.1)| = \frac{5}{128\left(\sqrt{1+\dfrac{\theta}{10}}\right)^7}\left(\frac{1}{10}\right)^4 < \frac{5}{128 \times 10^4} = 0.00000390625$$

ゆえに   **1.04880859375** $< \sqrt{1.1} <$ **1.0488125**

この近似値は小数点以下第 4 位まで正しく, 例 2 (p. 151) より精度が高い。

練習 5 $f(x) = \sqrt{x}$, $a = 1$, $n = 3$ としてテイラーの定理を考えることにより, $\sqrt{1.1}$ の近似値を求め, さらに誤差を評価せよ。

テイラーの定理で, とくに, $a = 0$ の場合を **マクローリンの定理** という。

▶ **マクローリンの定理**

関数 $f(x)$ が $x = 0$ を含む適当な開区間で n 回微分可能ならば

$$f(x) = f(0) + f'(0)x + \frac{f''(0)}{2!}x^2 + \cdots + \frac{f^{(n-1)}(0)}{(n-1)!}x^{n-1} + R_n(x)$$

ただし, $R_n(x) = \dfrac{f^{(n)}(\theta x)}{n!}x^n$

を満たす θ $(0 < \theta < 1)$ が存在する。

注意   たとえば $f(x) = \sqrt{x}$ や $f(x) = \sqrt{2x-x^2}$ の場合は $x = 0$ で微分可能ではないので, マクローリンの定理は適用できない。

3 テイラー展開

1 無限級数

数を 1 列に並べたものを数列といい，数列の個々の数を項という。また，項の個数が有限である数列を有限数列，項が限りなく続く数列を無限数列という。

無限級数　次の無限数列

$$a_1, \ a_2, \ a_3, \ a_4, \ \cdots\cdots, \ a_n, \ \cdots\cdots \qquad\qquad \cdots\cdots①$$

の各項を ＋ の記号で結んだ次のような式を無限級数という。

$$a_1 + a_2 + a_3 + a_4 + \cdots\cdots + a_n + \cdots\cdots$$

この無限級数は記号 $\sum$ を用いて $\displaystyle\sum_{n=1}^{\infty} a_n$ とも表す。すなわち

$$\sum_{n=1}^{\infty} a_n = a_1 + a_2 + a_3 + \cdots\cdots + a_n + a_{n+1} + a_{n+2} + \cdots\cdots \qquad \cdots\cdots②$$

である。ここで，初項 a_1 から第 n 項 a_n までの総和の部分を①における初項から第 n 項までの部分和とよぶ。すなわち

$$\sum_{k=1}^{n} a_k = a_1 + a_2 + a_3 + \cdots\cdots + a_n \qquad\qquad \cdots\cdots③$$

である。左辺は a_k の k のところに $1, \ 2, \ 3, \ \cdots\cdots, \ n$ を代入したものをすべて加えたものという意味である。

無限級数の和　一般に数列①において，n を限りなく大きくするとき，第 n 項 a_n が限りなく一定の値 α に近づくならば数列①は α に収束する，または，数列①の極限値は α である，という。このことを次のように表す。

$$\lceil \lim_{n\to\infty} a_n = \alpha \rfloor \ \text{または} \ \lceil n \to \infty \ \text{のとき} \ a_n \to \alpha \rfloor$$

一方，数列①が収束しないとき，数列①は発散するという。

ここで，②の右辺を S_n とおいてみよう。$S_1 = a_1$，$S_2 = a_1 + a_2$，$S_3 = a_1 + a_2 + a_3$，$\cdots\cdots$ という意味になるが，$S_1, \ S_2, \ S_3, \ S_4, \ \cdots\cdots, \ S_n, \ \cdots\cdots$ もまた一つの無限数列である。この数列において

$$n \to \infty \quad \text{のとき} \quad S_n = a_1 + a_2 + a_3 + \cdots\cdots + a_n \to S$$

ならば，無限級数②は S に収束するといい，次のように表す。

$$a_1 + a_2 + a_3 + \cdots\cdots + a_n + \cdots\cdots = S$$

この S のことを無限級数②の和，という。

無限等比級数　数列①において，とくに $a_{i+1}=a_i r\ (i=1,2,3,\cdots)$ が成り立つとき，数列①は**等比数列**であるという。$a_1=a$ とすると①は次のようになる。

$$a,\ ar,\ ar^2,\ \cdots\cdots,\ ar^{n-1},\ \cdots\cdots\quad(r\neq0)\qquad\qquad\cdots\cdots①'$$

これらを ＋ の記号で結んだ次のような式を**無限等比級数**という。

$$\sum_{n=1}^{\infty}ar^{n-1}=a+ar+ar^2+\cdots\cdots+ar^{n-1}+ar^n+ar^{n+1}+\cdots\cdots\quad\cdots\cdots②'$$

ここで，$a\neq0$ のとき，無限等比級数②′ の収束，発散について調べよう。それには無限等比級数②′ の，初項から第 n 項までの部分和

$$\sum_{k=1}^{n}ar^{k-1}=a+ar+ar^2+\cdots\cdots+ar^{n-1}\qquad\qquad\cdots\cdots③'$$

の収束，発散を調べればよい。そのために③′ の右辺を

$$S_n=a+ar+ar^2+\cdots\cdots+ar^{n-1}\qquad\text{とおくと,}$$

$$rS_n=\quad ar+ar^2+\cdots\cdots+ar^{n-1}+ar^n\quad\text{であるから，辺々減じると}$$

$$(1-r)S_n=a-ar^n\qquad\text{となり次の結果が得られる。}$$

$$S_n=\begin{cases}\dfrac{a(1-r^n)}{1-r}&(r\neq1\ \text{のとき})\\[2mm]na&(r=1\ \text{のとき})\end{cases}\qquad\qquad\leftarrow\boxed{21}$$

したがって，とくに $-1<r<1$ のときには「$n\to\infty$ のとき $r^n\to0$」であるから，無限等比級数②′ の初項から第 n 項までの部分和③′ つまり S_n は $n\to\infty$ のとき　$S_n\ \to\ \dfrac{a}{1-r}$　となり，無限等比級数②′ の値は $\dfrac{a}{1-r}$ である。

例4　無限等比級数 $1+\dfrac{1}{2}+\dfrac{1}{4}+\dfrac{1}{8}+\cdots\cdots+\left(\dfrac{1}{2}\right)^{n-1}+\cdots\cdots$ は，初項から第

n 項までの部分和 S_n が③′ で $a=1,\ r=\dfrac{1}{2}$ としたものなので，

$n\to\infty$ のとき $S_n\to\dfrac{1}{1-\dfrac{1}{2}}$　つまり　$1+\dfrac{1}{2}+\dfrac{1}{4}+\cdots+\left(\dfrac{1}{2}\right)^{n-1}+\cdots=2$

例5　無限等比級数 $1+x+x^2+x^3+\cdots\cdots+x^{n-1}+\cdots\cdots\ (-1<x<1)$ は，初項から第 n 項までの部分和 S_n が③′ で $a=1,\ r=x$ としたものなので，

$n\to\infty$ のとき $S_n\to\dfrac{1}{1-x}$　つまり　$1+x+x^2+\cdots+x^{n-1}+\cdots=\dfrac{1}{1-x}$

2 ▶ テイラー展開

関数 $f(x)$ は a を含む適当な開区間で，任意の自然数 n について，n 回微分可能とする。$f(x)$ の $x = a$ における n 次近似式を

$$S_n(x) = f(a) + f'(a)(x-a) + \cdots + \frac{f^{(n)}(a)}{n!}(x-a)^n$$

とおくと，テイラーの定理より，次のような c が a と x の間に存在する。

$$f(x) = S_n(x) + R_{n+1}(x) \qquad \text{ただし，} \ R_{n+1}(x) = \frac{f^{(n+1)}(c)}{(n+1)!}(x-a)^{n+1}$$

$S_n(x)$ は無限級数 $\sum\limits_{n=0}^{\infty} \dfrac{f^{(n)}(a)}{n!}(x-a)^n$ の部分和だから，

$$\lim_{n \to \infty} R_{n+1}(x) = 0 \quad \cdots\cdots \text{①}$$

ならば $\displaystyle\sum_{n=0}^{\infty} \frac{f^{(n)}(a)}{n!}(x-a)^n = \lim_{n \to \infty} S_n(x) = \lim_{n \to \infty}\{f(x) - R_{n+1}(x)\} = f(x)$

が成り立つ。すなわち，$f(x)$ を無限級数の形に表すことができる。これを $f(x)$ の $x = a$ における **テイラー展開** という。

▶**テイラー展開**

$$f(x) = f(a) + f'(a)(x-a)$$
$$+ \frac{f''(a)}{2!}(x-a)^2 + \cdots + \frac{f^{(n)}(a)}{n!}(x-a)^n + \cdots\cdots$$

例6 $f(x) = \log x$ について $f'(x) = \dfrac{1}{x}$, $f''(x) = -\dfrac{1}{x^2}$, $f'''(x) = \dfrac{2}{x^3}$,

$f^{(4)}(x) = -\dfrac{3!}{x^4}$, $\cdots\cdots$ より $f'(1) = 1$, $f''(1) = -1$, $f'''(1) = 2$,

$f^{(4)}(1) = -6$ だから，$\log x$ の $x = 1$ におけるテイラー展開は，①が既知より

$$\log x = (x-1) - \frac{1}{2}(x-1)^2 + \frac{1}{3}(x-1)^3 - \frac{1}{4}(x-1)^4$$
$$+ \cdots + \frac{(-1)^{n+1}}{n}(x-1)^n + \cdots\cdots$$

練習6 $f(x) = e^{x-1}$ の $x = 1$ におけるテイラー展開を，①を既知として求めよ。

テイラー展開で，とくに $a=0$ の場合を **マクローリン展開** という。

▶ **マクローリン展開**

$$f(x) = f(0) + f'(0)x + \frac{f''(0)}{2!}x^2 + \cdots + \frac{f^{(n)}(0)}{n!}x^n + \cdots\cdots$$

例7　$f(x) = \dfrac{1}{1-x}$ のとき，$f'(x) = \dfrac{1}{(1-x)^2}$，$f''(x) = \dfrac{2}{(1-x)^3}$，

$f'''(x) = \dfrac{3!}{(1-x)^4}$，$\cdots\cdots$ すなわち，$f^{(n)}(x) = \dfrac{n!}{(1-x)^{n+1}}$ であり，

$f^{(n)}(0) = n!$ である。よって，$\dfrac{1}{1-x}$ のマクローリン展開は，前ページの

①が既知なので次のようになる。

$$\frac{1}{1-x} = 1 + x + x^2 + x^3 + \cdots\cdots \quad (|x| < 1)$$

練習7　$f(x) = \dfrac{1}{x+1}$（$-1 < x < 1$）のマクローリン展開を，前ページの①を既知と
して求めよ。

例7のマクローリン展開 $\dfrac{1}{1-x} = 1 + x + x^2 + x^3 + \cdots$ は，初項 1，公比 x の
等比級数の和であり，x の範囲によって次のようになる。

x の範囲	右辺の級数	$\dfrac{1}{1-x}$ のマクローリン展開
$\|x\| \geqq 1$	収束しない	定義されない
$\|x\| < 1$	収束する	定義される

一般に，$f(x)$ のマクローリン展開について，次のいずれかが成り立つ。

(ⅰ)　$x = 0$ でのみ収束

(ⅱ)　任意の x で収束

(ⅲ)　$|x| < R$ で収束，かつ，$|x| > R$ で発散となるような実数 $R > 0$ が
存在する

(ⅲ)のとき，このような R を **収束半径** という。なお，(ⅰ)，(ⅱ)の場合は，収束半径
をそれぞれ $R = 0$，$R = \infty$ と定める。

(1) $f(x) = e^x$

任意の n について $f^{(n)}(x) = e^x$ であり

$$f(0) = f'(0) = f''(0) = \cdots = 1$$

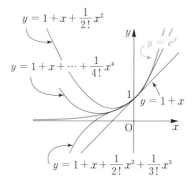

だから，e^x のマクローリン展開は

$$e^x = 1 + x + \frac{1}{2!}x^2 + \frac{1}{3!}x^3 + \cdots\cdots$$

なお，収束半径は $R = \infty$ である。

(2) $f(x) = \sin x$

$$f'(x) = \cos x,\ f''(x) = -\sin x,\ f'''(x) = -\cos x,\ f^{(4)}(x) = \sin x$$

のように 4 回微分するともとに戻り，以下，この 4 つの繰り返しである。

$$\sin 0 = 0,\ \cos 0 = 1,\ -\sin 0 = 0,\ -\cos 0 = -1$$

だから，$\sin x$ のマクローリン展開は次のようになる。

$$\sin x = x - \frac{1}{3!}x^3 + \frac{1}{5!}x^5 - \frac{1}{7!}x^7 + \cdots\cdots$$

なお，収束半径は $R = \infty$ である。

(3) $f(x) = \cos x$

$$f'(x) = -\sin x,\ f''(x) = -\cos x,\ f'''(x) = \sin x,\ f^{(4)}(x) = \cos x$$

のように 4 回微分するともとに戻り，以下，この 4 つの繰り返しである。

$$\cos 0 = 1,\ -\sin 0 = 0,\ -\cos 0 = -1,\ \sin 0 = 0$$

だから，$\cos x$ のマクローリン展開は次のようになる。

$$\cos x = 1 - \frac{1}{2!}x^2 + \frac{1}{4!}x^4 - \frac{1}{6!}x^6 + \cdots\cdots$$

なお，この $f(x)$ の収束半径も $R = \infty$ である。

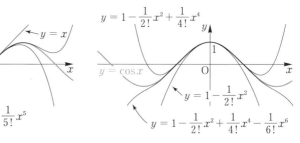

➡️ **いろいろなマクローリン展開**

$$e^x = 1 + x + \frac{1}{2!}x^2 + \frac{1}{3!}x^3 + \cdots = \sum_{n=0}^{\infty} \frac{1}{n!}x^n$$

$$\sin x = x - \frac{1}{3!}x^3 + \frac{1}{5!}x^5 - \frac{1}{7!}x^7 + \cdots = \sum_{n=0}^{\infty} \frac{(-1)^n}{(2n+1)!}x^{2n+1}$$

$$\cos x = 1 - \frac{1}{2!}x^2 + \frac{1}{4!}x^4 - \frac{1}{6!}x^6 + \cdots = \sum_{n=0}^{\infty} \frac{(-1)^n}{(2n)!}x^{2n}$$

$$\frac{1}{1-x} = 1 + x + x^2 + x^3 + \cdots = \sum_{n=0}^{\infty} x^n \quad (|x| < 1)$$

$$\log(1+x) = x - \frac{1}{2}x^2 + \frac{1}{3}x^3 - \frac{1}{4}x^4 + \cdots = \sum_{n=1}^{\infty} (-1)^{n-1}\frac{x^n}{n}$$

$$(-1 < x \leqq 1)$$

すでにわかっているマクローリン展開を利用することで，与えられた関数のマクローリン展開を求められる場合がある。

例8 $\sqrt{e^x}$ のマクローリン展開を求めよう。$\sqrt{e^x} = e^{\frac{x}{2}}$ だから

$$e^t = 1 + t + \frac{1}{2!}t^2 + \frac{1}{3!}t^3 + \cdots\cdots$$

に $t = \frac{x}{2}$ を代入すると

$$\sqrt{e^x} = e^{\frac{x}{2}} = 1 + \frac{x}{2} + \frac{1}{2!}\left(\frac{x}{2}\right)^2 + \frac{1}{3!}\left(\frac{x}{2}\right)^3 + \cdots\cdots$$

$$= 1 + \frac{1}{2}x + \frac{1}{2^2 \cdot 2!}x^2 + \frac{1}{2^3 \cdot 3!}x^3 + \cdots\cdots$$

例9 $\sin^2 x$ のマクローリン展開を求めよう。半角の公式より

$$\sin^2 x = \frac{1 - \cos 2x}{2}$$

$$= \frac{1}{2}\left\{1 - \left(1 - \frac{1}{2!}(2x)^2 + \frac{1}{4!}(2x)^4 - \frac{1}{6!}(2x)^6 + \cdots\right)\right\}$$

$$= \frac{2}{2!}x^2 - \frac{2^3}{4!}x^4 + \frac{2^5}{6!}x^6 + \cdots\cdots$$

練習8 次の関数のマクローリン展開を求めよ。

(1) $\dfrac{1}{e^x}$ (2) $\cos^2 x$ (3) $2\sin x \cos x$ (4) $\dfrac{1}{2-x}$

4 関数の極値の判定

1 極値の判定

次の定理により，増減表を作成することなく極値の判定ができる。

> **極値の判定**
>
> 　関数 $f(x)$ は a を含む開区間で n 回微分可能，$f^{(n)}(x)$ が $x = a$ で連続，$f'(a) = f''(a) = \cdots = f^{(n-1)}(a) = 0$, $f^{(n)}(a) \neq 0$ とする。
>
> (ⅰ) **n が偶数** のとき，$f(x)$ は極値をもち
>
> $$f^{(n)}(a) > 0 \text{ ならば } f(a) \text{ が 極小値}$$
> $$f^{(n)}(a) < 0 \text{ ならば } f(a) \text{ が 極大値}$$
>
> (ⅱ) **n が奇数** のとき，$f(a)$ は **極値でない**

証明　$f'(a) = f''(a) = \cdots = f^{(n-1)}(a) = 0$ より，テイラーの定理で $x = a + h$ の場合を考えると，次を満たす θ $(0 < \theta < 1)$ が存在する。

$$f(a+h) - f(a) = \frac{f^{(n)}(a+\theta h)}{n!} h^n \quad \cdots\cdots ①$$

$f^{(n)}(x)$ は $x = a$ で連続で，$f^{(n)}(a) \neq 0$ だから，$|h|$ が十分小さいとき，$f^{(n)}(a + \theta h)$ は $f^{(n)}(a)$ と同符号である。よって

(ⅰ) n が偶数のとき

　$f^{(n)}(a) > 0$ ならば①の右辺は正だから，$f(a + h) > f(a)$，すなわち，$f(a)$ は極小値である。

　$f^{(n)}(a) < 0$ ならば①の右辺は負だから，$f(a + h) < f(a)$，すなわち，$f(a)$ は極大値である。

(ⅱ) n が奇数のとき

　$f^{(n)}(a) > 0$ ならば①の右辺は h と同符号である。つまり $h > 0$ のときは $f(a + h) - f(a) > 0$，となり $f(x)$ は $x = a$ で増加である。$h < 0$ のときは $f(a + h) - f(a) < 0$ となり，やはり $f(x)$ は $x = a$ で増加である。

　一方，$f^{(n)}(a) < 0$ ならば①の右辺は h と異符号だから，$f^{(n)}(a) > 0$ のときと同様にして $f(x)$ は $x = a$ で減少であるといえる。

　よって，$f(a)$ は極値でない。　　　　　　　　　　　　　　　　　　　　終

とくに，$n = 2$ の場合，次のようになる。

> **極値の判定（$n = 2$ の場合）**
>
> 　関数 $f(x)$ は a を含む開区間で 2 回微分可能，$f''(x)$ が $x = a$ で連続，$f'(a) = 0$，$f''(a) \neq 0$ とする。このとき，
> $$f''(a) > 0 \text{ ならば } f(a) \text{ が 極小値}$$
> $$f''(a) < 0 \text{ ならば } f(a) \text{ が 極大値}$$

例10　$f(x) = 2x^3 - 3x^2 + 2$ の極値を調べよう。
$$f'(x) = 6x^2 - 6x = 6x(x - 1)$$
したがって，$f'(x) = 0$ となるのは，$x = 0,\ 1$ のときである。また，
$$f''(x) = 12x - 6 = 6(2x - 1)$$
より，$x = 0,\ 1$ における $f''(x)$ の符号と $f(x)$ の値は
$$f''(0) = -6 < 0 \qquad f(0) = 2$$
$$f''(1) = 6 > 0 \qquad f(1) = 1$$
よって，$f(x)$ は，$x = 0$ のとき極大値 2，$x = 1$ のとき極小値 1 をとる。

練習9　次の関数の極値を調べよ。

(1)　$f(x) = x^2 - 4x$ 　　　　　(2)　$f(x) = x^3 - 3x + 2$

(3)　$f(x) = xe^x$ 　　　　　　(4)　$f(x) = \dfrac{1}{x^2 + 1}$

2　凹凸の判定

凹凸についても同様の判定法がある。

> **凹凸の判定**
>
> 　n を 2 以上の偶数とする。関数 $f(x)$ は a を含む開区間で n 回微分可能，$f^{(n)}(x)$ が $x = a$ で連続，$f''(a) = f'''(a) = \cdots = f^{(n-1)}(a) = 0$ とする。このとき，$y = f(x)$ のグラフは
> $$f^{(n)}(a) > 0 \text{ ならば } x = a \text{ で 下に凸}$$
> $$f^{(n)}(a) < 0 \text{ ならば } x = a \text{ で 上に凸}$$

証明 $f''(a) = f'''(a) = \cdots = f^{(n-1)}(a) = 0$ より，テイラーの定理(II)で $x = a + h$ の場合を考えると，次を満たす θ $(0 < \theta < 1)$ が存在する。

$$f(a+h) - f(a) - f'(a)h = \frac{f^{(n)}(a+\theta h)}{n!}h^n \quad \cdots\cdots ②$$

$f^{(n)}(x)$ は $x = a$ で連続で，$f^{(n)}(a) \neq 0$ だから，$|h|$ が十分小さいとき $f^{(n)}(a+\theta h)$ は $f^{(n)}(a)$ と同符号である。

(i) $f^{(n)}(a) > 0$ の場合，n は偶数より，②の右辺は正である。すなわち

$$f(a+h) - f(a) - f'(a)h > 0$$

よって

$$f(x) > f'(a)(x-a) + f(a) \quad \cdots\cdots ③$$

不等式③は，接線 $y = f'(a)(x-a) + f(a)$ よりも曲線 $y = f(x)$ が上側にあることを意

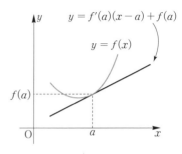

味している。このとき曲線 $y = f(x)$ は，図のように，$x = a$ で下に凸である。

(ii) $f^{(n)}(a) < 0$ の場合も，同様にして，次のことがいえる。

$$f(x) < f'(a)(x-a) + f(a)$$

つまり，$f(x)$ は $x = a$ で上に凸であることが示せる。 終

とくに，$n = 2$ の場合，次のようになる。

> ▶ **凹凸の判定（$n = 2$ の場合）**
>
> 関数 $f(x)$ は a を含む開区間で2回微分可能，$f''(x)$ は $x = a$ で連続とする。このとき，$y = f(x)$ のグラフは
> $$f''(a) > 0 \text{ ならば } x = a \text{ で 下に凸}$$
> $$f''(a) < 0 \text{ ならば } x = a \text{ で 上に凸}$$

練習⑩ 次の関数について，$x = 0$ におけるグラフの凹凸を調べよ。

(1) $f(x) = x^2 - x$ 　　(2) $f(x) = x^3 - 3x^2 + 1$

(3) $f(x) = \sqrt{x+1}$ 　　(4) $f(x) = \cos x - x\sin x$

(5) $f(x) = x\log(x+1)$ 　　(6) $f(x) = e^{-x^2+1}$

◀ 節|末|問|題 ▶

1. 次の関数の $x=1$ における 2 次近似式を求めよ。

(1) $f(x)=\dfrac{1}{x}$　　　　　　　(2) $f(x)=\sqrt[3]{x}$

2. テイラーの定理において，$f(x)=\log x$, $a=1$, $n=4$ の場合を考えることにより，$\log 1.1$ の近似値を求め，さらに誤差を評価せよ。

3. 次の関数の極値を調べよ。

(1) $f(x)=\log(x^2+1)$　　　　　(2) $f(x)=\sqrt{x}+\dfrac{1}{\sqrt{x}}$

4. 次の関数について，カッコ内の x における凹凸を判定せよ。

(1) $f(x)=\dfrac{1}{1+\sqrt{x}}$　$(x=1)$　　(2) $f(x)=\dfrac{e^x}{x}$　$(x=-1)$

5. 次の関数について，$x=1$ におけるテイラー展開を求めよ。

(1) $f(x)=e^{-x}$　　　(2) $f(x)=\dfrac{1}{x^2}$　　　(3) $f(x)=\dfrac{1}{\sqrt{x}}$

6. 次の関数のマクローリン展開を求めよ。

(1) $f(x)=\dfrac{1}{\sqrt{e^x}}$　　　　　(2) $f(x)=\dfrac{1}{1-x}+\dfrac{1}{1+x}$

(3) $f(x)=\dfrac{1}{2x+3}$　　　　　(4) $f(x)=\sqrt{2}\sin\left(x+\dfrac{\pi}{4}\right)$

研究 **オイラーの公式**

e^z のマクローリン展開

$$e^z=1+z+\frac{1}{2!}z^2+\frac{1}{3!}z^3+\frac{1}{4!}z^4+\frac{1}{5!}z^5+\cdots$$

において，z が複素数の場合を考える。とくに，純虚数 $z=iy$ の場合，$\sin y$, $\cos y$ のマクローリン展開を利用すると次のように表せる。

$$e^{iy} = 1 + iy + \frac{1}{2!}(iy)^2 + \frac{1}{3!}(iy)^3 + \frac{1}{4!}(iy)^4 + \frac{1}{5!}(iy)^5 + \cdots$$

$$= 1 + iy - \frac{1}{2!}y^2 - i\frac{1}{3!}y^3 + \frac{1}{4!}y^4 + i\frac{1}{5!}y^5 - \cdots$$

$$= \left(1 - \frac{1}{2!}y^2 + \frac{1}{4!}y^4 - \cdots\right) + i\left(y - \frac{1}{3!}y^3 + \frac{1}{5!}y^5 - \cdots\right)$$

$$= \cos y + i\sin y$$

これを **オイラーの公式** という。

⇒ **オイラーの公式**

任意の実数 y に対し $\qquad e^{iy} = \cos y + i\sin y$

続いて，複素数 z, w に対し，積

$$e^z e^w = \left(1 + z + \frac{z^2}{2} + \frac{z^3}{3!} + \cdots\right)\left(1 + w + \frac{w^2}{2} + \frac{w^3}{3!} + \cdots\right)$$

を考えてみる。右辺を展開すると，左右のカッコから項を1つずつとって積を作ったものが並ぶ。そのうち，z と w の掛かっている個数が合わせて n 個であるものは

$$\frac{z^r}{r!} \cdot \frac{w^{n-r}}{(n-r)!} = \frac{1}{n!} \cdot \frac{n!}{r!(n-r)!} \cdot z^r w^{n-r} = \frac{1}{n!}\,{}_n\mathrm{C}_r z^r w^{n-r}$$

$$(ただし，\ r = 0,\ 1,\ 2,\ \cdots,\ n)$$

の形に表せる。これら $n+1$ 個の和は，二項定理より　　　　　　　　　　← **17**

$$\sum_{r=0}^{n} \frac{1}{n!}\,{}_n\mathrm{C}_r z^r w^{n-r} = \frac{1}{n!}(z+w)^n$$

となる。これを $n = 0,\ 1,\ 2,\ \cdots$ として和をとったものが $e^z e^w$ だから

$$e^z e^w = 1 + (z+w) + \frac{(z+w)^2}{2} + \frac{(z+w)^3}{3!} + \cdots = e^{z+w}$$

すなわち，複素数 z, w についても，指数法則が成り立つ。

指数法則とオイラーの公式により，複素数 $z = x + iy$ については

$$e^z = e^{x+iy} = e^x e^{iy} = e^x(\cos y + i\sin y)$$

と表される。

演習　次の値を求めよ。

(1) $e^{\pi i}$ $\qquad\qquad$ (2) $e^{\frac{\pi}{4}i}$ $\qquad\qquad\qquad$ (3) $e^{1+\frac{\pi}{2}i}$

研究 正項級数の収束・発散

　任意の n について $a_n \geqq 0$ である級数 $\sum\limits_{n=1}^{\infty} a_n$ を **正項級数** という。正項級数の収束・発散の判定について，以下のことが知られている。

▶ 比較判定法

　2つの正項級数 $\sum\limits_{n=1}^{\infty} a_n$，$\sum\limits_{n=1}^{\infty} b_n$ について，任意の n に対し $a_n \leqq kb_n$ であるような正数 k が存在するとき

$$\sum_{n=1}^{\infty} b_n \text{ が収束するならば } \sum_{n=1}^{\infty} a_n \text{ は収束}$$

$$\sum_{n=1}^{\infty} a_n \text{ が発散するならば } \sum_{n=1}^{\infty} b_n \text{ は発散}$$

▶ コーシーの根号判定法

　正項級数 $\sum\limits_{n=1}^{\infty} a_n$ について，$\lim\limits_{n\to\infty} \sqrt[n]{a_n} = r$ が存在するとき

$$r < 1 \text{ ならば } \sum_{n=1}^{\infty} a_n \text{ は収束}$$

$$r > 1 \text{ ならば } \sum_{n=1}^{\infty} a_n \text{ は発散}$$

▶ ダランベールの判定法

　正項級数 $\sum\limits_{n=1}^{\infty} a_n$ について，$a_n \neq 0$ で，$\lim\limits_{n\to\infty} \dfrac{a_{n+1}}{a_n} = r$ が存在するとき

$$r < 1 \text{ ならば } \sum_{n=1}^{\infty} a_n \text{ は収束}$$

$$r > 1 \text{ ならば } \sum_{n=1}^{\infty} a_n \text{ は発散}$$

注意　コーシー，ダランベールの判定法において $r = 1$ の場合，級数が収束することも発散することもあって，この方法では判定できない。

積分法 Ⅱ

··· 1 ···
定積分と不定積分
··· 2 ···
定積分の応用

　　長方形の和による近似の極限値によって面積を定義するアイ
デアがリーマン積分である。面積，長さ，体積は，ここにおい
て初めて定義されるものである。

　　リーマン積分は Σ と $\lim$ の面倒な計算であるが，微分積分
法の基本定理により，定積分へと書き換えられることを理解し
応用を考える。

◆ 1 ◆ 定積分と不定積分

1 ▶ リーマン積分

ここで学ぶリーマン積分の考え方は，区分求積法 (p. 117) の考え方を一般化したものである。

1 ▶ リーマン積分

曲線 $y = f(x)$ と x 軸および 2 直線 $x = a$, $x = b$ で囲まれた図形 D の面積 S について考えよう。ただし，$a < b$ とする。

関数 $f(x)$ は閉区間 $[a, b]$ で $f(x) \geqq 0$ とする。閉区間 $[a, b]$ を n 分割したものを $\varDelta$ で表し，その分点を順に

$$a = x_0 < x_1 < x_2 < \cdots < x_{n-1} < x_n = b$$

とおく。各小区間 $[x_{k-1}, x_k]$ $(k = 1, 2, \cdots, n)$ から任意に 1 つずつ代表点 ξ_k をとり，図のように，n 個の長方形を考える（図は 4 分割の例）。

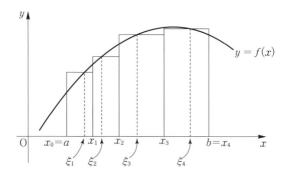

各小区間 $[x_{k-1}, x_k]$ の幅を $\varDelta x_k = x_k - x_{k-1}$ とおくと，k 番目の長方形の面積は $f(\xi_k) \varDelta x_k$ である。n 個の長方形の面積の和を $S(\varDelta)$ とおくと，$S(\varDelta)$ は D の面積 S の近似となる。すなわち次のように表せる。

$$S \fallingdotseq S(\varDelta) = \sum_{k=1}^{n} f(\xi_k) \varDelta x_k$$

右辺を $f(x)$ の区間 $[a, b]$ の分割 $\varDelta$ についての **リーマン和** という。

この近似の誤差は，図形 D から長方形がはみ出たり，欠けたりしていることが原因である。

分割 $\varDelta$ を細かくすれば誤差は限りなく 0 に近づき，面積の値が定まると予想される。

たとえば，次の図は，x_{k-1} と x_k の間に新しい分点をとることで分割を細かくしていったものだが，このような図形について，誤差が 0 に近づく様子がわかる。

$n = 4$

$n = 8$

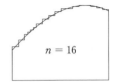
$n = 16$

分割 $\varDelta$ における各小区間の幅 $\varDelta x_k$ の最大値を $|\varDelta|$ とする。極限値

$$\lim_{|\varDelta| \to 0} S(\varDelta) = \lim_{|\varDelta| \to 0} \sum_{k=1}^{n} f(\xi_k) \varDelta x_k$$

が存在するとき，$f(x)$ は区間 $[a, b]$ で **リーマン積分可能** といい，その極限値 S_f を関数 $f(x)$ の区間 $[a, b]$ における **リーマン積分**，または a から b までの **リーマン積分** という。

➡ リーマン積分

$$S_f = \lim_{|\varDelta| \to 0} \sum_{k=1}^{n} f(\xi_k) \varDelta x_k$$

$f(x) \leqq 0$ の場合も，上の式でリーマン積分が定義される。ただし，この場合，$S_f \leqq 0$ となるから，リーマン積分は，x 軸より下側の面積を負値とする，符号つき面積を表す。通常の意味の面積は，次のように絶対値をつけて考えればよい。

➡ 図形の面積

曲線 $y = f(x)$ と x 軸および 2 直線 $x = a$, $x = b$ で囲まれた図形 D の面積 S は

$$S = \lim_{|\varDelta| \to 0} \sum_{k=1}^{n} |f(\xi_k)| \varDelta x_k$$

$b < a$ の場合，b から a までのリーマン積分 S_f が存在するときには，a から b までのリーマン積分を $-S_f$ と定める。また，$a = b$ の場合，リーマン積分は 0 と定める。

　リーマン積分の性質

　a, b, c は定数で $a < b < c$ とする。$f(x)$ は閉区間 $[a, c]$, $[a, b]$, $[b, c]$ でリーマン積分可能とし，そのリーマン積分をそれぞれ S_f, S_{f_1}, S_{f_2} とおく。区間 $[a, b]$, $[b, c]$ をそれぞれ m, n 分割したものを

$$\Delta_1 : a = x_0, \; x_1, \; \cdots, \; x_{m-1}, \; x_m = b$$

$$\Delta_2 : b = x_m, \; x_{m+1}, \; \cdots, \; x_{m+n-1}, \; x_{m+n} = c$$

とし，$[a, c]$ の分割 Δ は，Δ_1 と Δ_2 を合わせたものを考えると

$$S_f = \lim_{|\Delta| \to 0} \sum_{k=1}^{m+n} f(\xi_k) \Delta x_k$$

$$= \lim_{|\Delta| \to 0} \left\{ \sum_{k=1}^{m} f(\xi_k) \Delta x_k + \sum_{k=m+1}^{m+n} f(\xi_k) \Delta x_k \right\}$$

$$= S_{f_1} + S_{f_2}$$

すなわち，次の性質が成り立つ。

➡ **リーマン積分の性質(Ⅰ)**

$$S_f = S_{f_1} + S_{f_2}$$

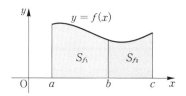

　いま，閉区間 $[a, b]$ における $f(x)$ のリーマン積分を S_f のように表すと，$cf(x)$ のリーマン積分 S_{cf}, $f(x) \pm g(x)$ のリーマン積分 $S_{f \pm g}$, $g(x)$ のリーマン積分 S_g について次の性質が成り立つ。

➡ **リーマン積分の性質(Ⅱ)**

　[1]　$S_{cf} = cS_f$　（c は定数）

　[2]　$S_{f \pm g} = S_f \pm S_g$　（複号同順）

　[3]　$f(x) \geqq g(x)$ ならば $S_f \geqq S_g$

証明 [1] $\quad S_{cf} = \displaystyle\lim_{|\Delta|\to 0} \sum_{k=1}^{n} cf(\xi_k)\,\Delta x_k = c\lim_{|\Delta|\to 0} \sum_{k=1}^{n} f(\xi_k)\,\Delta x_k = cS_f$

[2] $\quad S_{f\pm g} = \displaystyle\lim_{|\Delta|\to 0} \sum_{k=1}^{n} \{f(\xi_k) \pm g(\xi_k)\}\Delta x_k$

$\qquad\qquad = \displaystyle\lim_{|\Delta|\to 0}\left\{\sum_{k=1}^{n} f(\xi_k)\,\Delta x_k \pm \sum_{k=1}^{n} g(\xi_k)\,\Delta x_k\right\} = S_f \pm S_g$ 終

練習1 リーマン積分の性質(II)の[3]を証明せよ。

◀3▶ 連続関数のリーマン積分

閉区間 $[a,\ b]$ で連続な関数 $f(x)$ はリーマン積分可能である。これは証明すべきことがらではあるが省略する。連続関数のようにリーマン積分の存在があらかじめわかる場合には，次の方法で計算を簡略化してよい。

(1) 分割を n 等分で考える

(2) 代表点 ξ_k のとり方を小区間 $[x_{k-1},\ x_k]$ の右端 x_k とする

(1)では，任意の k について $\Delta x_k = \dfrac{b-a}{n}$ だから，番号 k を省き Δx で表してよい。よって，$\Delta x = \dfrac{b-a}{n}$ となる。

また，$|\Delta| \to 0$ と $n \to \infty$ は同じことだから，分割数 n を増やしたときの極限として考えてよい。

さらに，(1), (2)を組み合わせて，代表点 ξ_k を次のようにとってよい。

$$\xi_k = x_k = a + k\Delta x = a + \frac{k(b-a)}{n}$$

➡ 連続関数のリーマン積分

$$S_f = \lim_{n\to\infty} \sum_{k=1}^{n} f(x_k)\,\Delta x$$

例1 定数関数 $f(x) = c$ の場合，任意の k について $f(x_k) = c$ だから，区間 $[a, b]$ におけるリーマン積分 S_f は

$$S_f = \lim_{n \to \infty} \sum_{k=1}^{n} f(x_k) \Delta x = \lim_{n \to \infty} \sum_{k=1}^{n} \left\{ c \cdot \frac{b-a}{n} \right\}$$

$$= \lim_{n \to \infty} \left\{ \frac{c(b-a)}{n} \cdot n \right\} = c(b-a)$$

例2 $f(x) = x$ について，区間 $[a, b]$ におけるリーマン積分は

$$\Delta x = \frac{b-a}{n}, \ x_k = a + \frac{k(b-a)}{n} \quad \text{より}$$

$$\sum_{k=1}^{n} f(x_k) \Delta x = \sum_{k=1}^{n} \left\{ a + \frac{k(b-a)}{n} \right\} \frac{b-a}{n}$$

$$= \frac{a(b-a)}{n} \cdot n + \frac{(b-a)^2}{n^2} \cdot \frac{1}{2} n(n+1) \qquad \leftarrow \boxed{18}$$

$$= a(b-a) + \frac{(b-a)^2}{2} \left(1 + \frac{1}{n} \right)$$

これから

$$S_f = \lim_{n \to \infty} \sum_{k=1}^{n} f(x_k) \Delta x = a(b-a) + \frac{(b-a)^2}{2} = \frac{b^2 - a^2}{2}$$

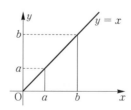

練習2 定義に基づき，$f(x)$ の区間 $[a, b]$ におけるリーマン積分 S_f を求めよ。

(1) $f(x) = x + 1$　　　　　　　　(2) $f(x) = 2x$

例3 $f(x) = x^2$ の区間 $[0,\ 1]$ におけるリーマン積分を求めよう。

$$\Delta x = \frac{1-0}{n} = \frac{1}{n},\ \ x_k = 0 + \frac{k}{n} = \frac{k}{n}\ \ \text{より}$$

$$S_f = \lim_{n \to \infty} \sum_{k=1}^{n} f(x_k)\, \Delta x = \lim_{n \to \infty} \sum_{k=1}^{n} \left(\frac{k}{n}\right)^2 \frac{1}{n}$$

$$= \lim_{n \to \infty} \left\{ \frac{1}{n^3} \cdot \frac{1}{6} n\,(n+1)(2n+1) \right\} \qquad \leftarrow \boxed{19}$$

$$= \lim_{n \to \infty} \frac{1}{6} \left(1 + \frac{1}{n}\right)\left(2 + \frac{1}{n}\right) = \frac{1}{3}$$

練習3 定義に基づき，$f(x)$ の区間 $[0,\ 1]$ におけるリーマン積分を求めよ。

(1) $f(x) = x^2 + 1$ 　　　　　(2) $f(x) = (x+1)^2$

練習4 累乗の和の公式 $\displaystyle \sum_{k=1}^{n} k^3 = \left\{ \frac{1}{2} n\,(n+1) \right\}^2$ を利用して，$f(x) = x^3$ の次の区間

における　リーマン積分を求めよ。

(1) $[0,\ 1]$ 　　　　　(2) $[1,\ 2]$

次の定理がいえる。

➡積分の平均値の定理

> 関数 $f(x)$ が閉区間 $[a,\ b]$ で連続ならば，$[a,\ b]$ におけるリーマン積分 S_f について
>
> $$S_f = f(c)(b-a)$$
>
> を満たす $c\ (a < c < b)$ が存在する。

証明 $f(x)$ は，区間 $[a,\ b]$ で連続より，最大値 M，最小値 m をもつ（p. 140 参照）。$m \leqq f(x) \leqq M$ だから，リーマン積分の性質(II)の[3]より，$S_m \leqq S_f \leqq S_M$，すなわち $m\,(b-a) \leqq S_f \leqq M\,(b-a)$ となり，$m \leqq \dfrac{S_f}{b-a} \leqq M$ である。よって，中間値の定理（p. 139）より，$f(c) = \dfrac{S_f}{b-a}$ となる c，すなわち $S_f = f(c)(b-a)$ となる $c\ (a < c < b)$ が存在する。　　　**終**

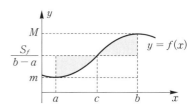

2 微分積分法の基本定理

1 定積分の定義の確認

定積分の定義を確認しておこう。第2章では，$f(x)$ を連続関数，その原始関数の1つを $F(x)$ とするとき，$F(x)$ の a から b までの変化量 $F(b) - F(a)$ を関数 $f(x)$ の a から b までの **定積分** といい，次の式で表した。

$$\int_a^b f(x)\,dx$$

ここで，定積分 $\displaystyle\int_a^b f(x)\,dx$ は，原始関数 $F(x)$ のとり方によらず定まる。実際，$f(x)$ の原始関数 $G(x)$ を任意にとると，ある定数 C によって

$$G(x) = F(x) + C$$

と表される（p.144 例題3）。よって

$$G(b) - G(a) = \{F(b) + C\} - \{F(a) + C\} = F(b) - F(a)$$

2 微分積分法の基本定理

$f(x)$ を閉区間 $[a,\ b]$ で連続な関数とする。$[a,\ b]$ 内の x に対し，$f(x)$ の a から x までのリーマン積分を $S_f(x)$ とする。開区間 $(a,\ b)$ 内の x に対し，$|h|$ が十分小さければ $a < x + h < b$ であり，$S_f(x+h)$ が考えられる。

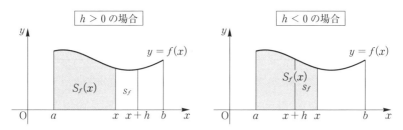

$f(x)$ の x から $x+h$ までのリーマン積分を s_f とおくと，リーマン積分の性質 (I)（p.170）より

(i) $h > 0$ のとき $\quad S_f(x+h) = S_f(x) + s_f$

(ii) $h < 0$ のとき $\quad S_f(x) = S_f(x+h) - s_f$

よって，h の符号によらず $S_f(x+h) - S_f(x) = s_f$ が成り立つ。積分の平均値の定理 (p.173) より，$s_f = f(c)h$ を満たす c が x と $x+h$ の間に存在するから

$$\frac{S_f(x+h) - S_f(x)}{h} = f(c)$$

とすると，$h \to 0$ のとき $c \to x$ であり，関数 $f(x)$ は連続だから

$$S_f'(x) = \lim_{h \to 0} \frac{S_f(x+h) - S_f(x)}{h} = \lim_{c \to x} f(c)$$
$$= f(x) \qquad\qquad \cdots\cdots①$$

となる。すなわち，$f(x)$ の区間 $[a, x]$ におけるリーマン積分 $S_f(x)$ は $f(x)$ の原始関数であるという重要な事実を得る。これを **微分積分法の基本定理** という。

$S_f(x)$ の定義より $S_f(a) = 0$ だから，定積分の定義より

$$S_f(b) = S_f(b) - S_f(a) = \left[S_f(x) \right]_a^b$$
$$= \int_a^b f(x)\,dx \qquad\qquad \cdots\cdots②$$

すなわち，関数 $f(x)$ の区間 $[a, b]$ におけるリーマン積分は，その定積分に等しい。よって，以後，このリーマン積分と定積分を区別しない。どちらも

$$\int_a^b f(x)\,dx$$

で表す。このとき，微分積分法の基本定理は①，②に対応してそれぞれ次のように表される。

➡ 微分積分法の基本定理

[1]　関数 $f(x)$ が a を含む区間 I で連続とする。x が I 内の任意の点であるとき

$$\frac{d}{dx}\int_a^x f(x)\,dx = f(x)$$

[2]　関数 $F(x)$ が a を含む区間 I で連続な導関数 $F'(x)$ をもつとする。x が I 内の任意の点であるとき

$$\int_a^x F'(x)\,dx = F(x) - F(a) = \left[F(x) \right]_a^x$$

したがって，リーマン積分は，微分積分法の基本定理により，定積分を計算して求めればよいことになる。すなわち次の例 4 のように計算してよい。

例 4 (1) 定数関数 $f(x) = c$ の区間 $[a, b]$ におけるリーマン積分 S_f は

$$S_f = \lim_{n \to \infty} \sum_{k=1}^{n} f(x_k) \Delta x = \int_a^b c\,dx = \Big[cx\Big]_a^b = c(b-a)$$

(2) $f(x) = x$ の区間 $[a, b]$ におけるリーマン積分 S_f は

$$S_f = \lim_{n \to \infty} \sum_{k=1}^{n} f(x_k) \Delta x = \int_a^b x\,dx = \Big[\frac{1}{2}x^2\Big]_a^b = \frac{b^2 - a^2}{2}$$

(3) $f(x) = x^2$ の区間 $[0, 1]$ におけるリーマン積分 S_f は

$$S_f = \lim_{n \to \infty} \sum_{k=1}^{n} f(x_k) \Delta x = \int_0^1 x^2\,dx = \Big[\frac{1}{3}x^3\Big]_0^1 = \frac{1}{3}$$

練習 5 次の $f(x)$ について，区間 $[1, 2]$ におけるリーマン積分を求めよ。

(1) $f(x) = x^3$ (2) $f(x) = \dfrac{1}{x^2}$ (3) $f(x) = \sqrt{x}$

◀ 3 ▶ 偶関数・奇関数の定積分

偶関数 $y = f(x)$ のグラフは，y 軸について線対称である。よって

$$\int_{-a}^{a} f(x)\,dx = 2\int_0^a f(x)\,dx$$

奇関数 $y = f(x)$ のグラフは，原点について点対称である。よって

$$\int_{-a}^{a} f(x) = 0$$

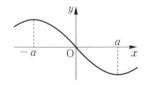

まとめると次のようになる。

➡ 偶関数・奇関数の定積分

$$\int_{-a}^{a} f(x)\,dx = \begin{cases} 2\displaystyle\int_0^a f(x)\,dx & (f(x) \text{ が偶関数のとき}) \\ 0 & (f(x) \text{ が奇関数のとき}) \end{cases}$$

練習 6 次の定積分を求めよ。

(1) $\displaystyle\int_{-2}^{2} (x^2 + 2x + 1)\,dx$ (2) $\displaystyle\int_{-\frac{\pi}{2}}^{\frac{\pi}{2}} \cos x\,dx$

3 いろいろな不定積分

ここでは，第 2 章「積分法Ⅰ」に引き続いて，少し複雑な関数の不定積分の計算を紹介する。

◀ 1 ▶ 有理関数の不定積分

整式 $A(x)$，$B(x)$ により，$f(x) = \dfrac{A(x)}{B(x)}$ という有理式の形に表される関数 $f(x)$ を **有理関数** という。いま，$A(x)$ を $B(x)$ で割ったときの商を $Q(x)$，余りを $R(x)$ とすると

$$A(x) = B(x)\,Q(x) + R(x) \quad (R(x) \text{ の次数} < B(x) \text{ の次数})$$

によって，有理関数は次のように一意的に表すことができる。

$$f(x) = \frac{A(x)}{B(x)} = \frac{B(x)\,Q(x) + R(x)}{B(x)} = Q(x) + \frac{R(x)}{B(x)}$$

有理関数の積分を計算するときには，このことを利用して，分子の次数を分母の次数より小さくしてから計算する。

例題 1

(1) $\displaystyle \int \frac{x^2 + 2x + 2}{x + 1}\,dx$ 　　　　(2) $\displaystyle \int \frac{x^3 + 3x}{x^2 + 1}\,dx$

解

(1) $\dfrac{x^2 + 2x + 2}{x + 1} = \dfrac{(x+1)^2 + 1}{x + 1} = x + 1 + \dfrac{1}{x + 1}$ 　だから

$$\int \frac{x^2 + 2x + 2}{x + 1}\,dx = \int \left(x + 1 + \frac{1}{x + 1} \right) dx$$

$$= \frac{1}{2}x^2 + x + \log|x + 1| + C \qquad \leftarrow \boxed{25}$$

(2) $\dfrac{x^3 + 3x}{x^2 + 1} = x + \dfrac{2x}{x^2 + 1}$ 　だから

$$\int \frac{x^3 + 3x}{x^2 + 1}\,dx = \int \left(x + \frac{2x}{x^2 + 1} \right) dx = \frac{1}{2}x^2 + \log(x^2 + 1) + C$$

$$\leftarrow \boxed{30}$$

練習 7 次の不定積分を求めよ。

(1) $\displaystyle \int \frac{x^3 - 4x - 1}{x - 2}\,dx$ 　　　　(2) $\displaystyle \int \frac{2x^3 - x^2 + 2x}{x^2 + 1}\,dx$

例題 2

(1) $\displaystyle\int \frac{x-2}{x^2-x}\,dx$　　　　　　(2) $\displaystyle\int \frac{x^2-x}{x^3+x^2+x+1}\,dx$

解

(1) $\dfrac{x-2}{x^2-x} = \dfrac{x-2}{x(x-1)} = \dfrac{a}{x} + \dfrac{b}{x-1}$ とおく。

分母を払うと $x-2 = a(x-1) + bx$ であり，両辺を比較すると

$a+b=1$, $a=2$, すなわち $a=2$, $b=-1$ を得る。よって

$\dfrac{x-2}{x^2-x} = \dfrac{2}{x} - \dfrac{1}{x-1}$ と部分分数に分解できる。したがって

$$\int \frac{x-2}{x^2-x}\,dx = \int\left(\frac{2}{x} - \frac{1}{x-1}\right)dx$$

$$= 2\log|x| - \log|x-1| + C$$

$$= \log\frac{x^2}{|x-1|} + C$$

(2) $P(x) = x^3 + x^2 + x + 1$ とおく。$P(-1)=0$ だから因数定理より，

$P(x)$ は $x+1$ で割り切れ，$P(x) = (x+1)(x^2+1)$ となる。

$\dfrac{x^2-x}{x^3+x^2+x+1} = \dfrac{a}{x+1} + \dfrac{bx+c}{x^2+1}$ とおき，分母を払うと

$x^2 - x = a(x^2+1) + (bx+c)(x+1)$　……①

右辺 $= (a+b)x^2 + (b+c)x + a+c$ であるから，両辺を比較して，

$a+b=1$, $b+c=-1$, $a+c=0$ すなわち $a=1$, $b=0$, $c=-1$

（a, b, c は次のように求めることもできる。①に $x=-1$ を代入すると

$2 = 2a$ より $a=1$, $x=0$ を代入すると $0 = a+c$ より $c=-1$, $x=1$

を代入すると $0 = 2a + 2(b+c)$ より $b=0$）

よって $\dfrac{x^2-x}{x^3+x^2+x+1} = \dfrac{1}{x+1} - \dfrac{1}{x^2+1}$ が成り立つ。したがって

$$\int \frac{x^2-x}{x^3+x^2+x+1}\,dx = \int\left(\frac{1}{x+1} - \frac{1}{x^2+1}\right)dx$$

$$= \log|x+1| - \mathrm{Tan}^{-1}x + C \qquad \text{←} \boxed{28}$$

練習 8 　次の不定積分を求めよ。

(1) $\displaystyle\int \frac{3}{x^2+x-2}\,dx$　　　　　　(2) $\displaystyle\int \frac{x^2-4x-1}{x^3-2x^2+x-2}\,dx$

例題 3　(1) $\displaystyle\int \frac{x^2+3x-3}{(x+1)(x^2-2x+2)}\,dx$　　(2) $\displaystyle\int \frac{1}{(x-1)(x-2)^2}\,dx$

解　(1)　$\dfrac{x^2+3x-3}{(x+1)(x^2-2x+2)} = \dfrac{a}{x+1} + \dfrac{bx+c}{x^2-2x+2}$　とおく。分母を払い,

両辺を比較すると, $a=-1$, $b=2$, $c=-1$, よって

$$\frac{x^2+3x-3}{(x+1)(x^2-2x+2)} = -\frac{1}{x+1} + \frac{2x-1}{x^2-2x+2}$$

$$= -\frac{1}{x+1} + \frac{2x-2}{x^2-2x+2} + \frac{1}{(x-1)^2+1}$$

$$\int \frac{x^2+3x-3}{(x+1)(x^2-2x+2)}\,dx$$

$$= -\log|x+1| + \log(x^2-2x+2) + \mathrm{Tan}^{-1}(x-1) + C \quad\leftarrow\boxed{28}$$

$$= \log\frac{x^2-2x+2}{|x-1|} + \mathrm{Tan}^{-1}(x-1) + C$$

(2)　$\dfrac{1}{(x-1)(x-2)^2} = \dfrac{a}{x-1} + \dfrac{b}{x-2} + \dfrac{c}{(x-2)^2}$　とおく。分母を払い,

両辺を比較すると, $a=1$, $b=-1$, $c=1$, よって

$$\int \frac{1}{(x-1)(x-2)^2}\,dx = \int\left\{\frac{1}{x-1} - \frac{1}{x-2} + \frac{1}{(x-2)^2}\right\}dx$$

$$= \log|x-1| - \log|x-2| - \frac{1}{x-2} + C$$

$$= \log\left|\frac{x-1}{x-2}\right| - \frac{1}{x-2} + C$$

練習9　次の不定積分を求めよ。

(1) $\displaystyle\int \frac{-x^2+3x+3}{(x-1)(x^2+2x+2)}\,dx$　　(2) $\displaystyle\int \frac{-3x+1}{(x+1)(x-1)^2}\,dx$

(3) $\displaystyle\int \frac{2x+1}{x(x-1)(x-2)}\,dx$

練習10　$a \neq 0$ のとき, 公式 $\boxed{28}$ を用いて次の公式を証明せよ。

$$\int \frac{1}{x^2+a^2}\,dx = \frac{1}{a}\mathrm{Tan}^{-1}\frac{x}{a} + C$$

2 **三角関数の有理式の不定積分**

　三角関数と定数に四則演算を行って得られる式 (すなわち，三角関数の有理式) の不定積分は，変数変換により，有理関数の不定積分に直すことができる。ここでは $\tan\dfrac{x}{2}=t$ とおき，三角関数を t の有理式で表す方法を考えよう。

[1] 　　$\sin x = \sin\left(2\cdot\dfrac{x}{2}\right) = 2\sin\dfrac{x}{2}\cos\dfrac{x}{2}$

$$= 2\cdot\dfrac{\sin\dfrac{x}{2}}{\cos\dfrac{x}{2}}\cdot\cos^2\dfrac{x}{2}$$

$$= 2\tan\dfrac{x}{2}\cdot\dfrac{1}{1+\tan^2\dfrac{x}{2}}$$

$$= \dfrac{2t}{1+t^2}$$

[2] 　　$\cos x = \cos\left(2\cdot\dfrac{x}{2}\right) = 2\cos^2\dfrac{x}{2}-1$

$$= 2\cdot\dfrac{1}{1+\tan^2\dfrac{x}{2}}-1$$

$$= \dfrac{2}{1+t^2}-\dfrac{1+t^2}{1+t^2}$$

$$= \dfrac{1-t^2}{1+t^2}$$

[3] 　　$\tan x = \dfrac{\sin x}{\cos x} = \dfrac{\dfrac{2t}{1+t^2}}{\dfrac{1-t^2}{1+t^2}} = \dfrac{2t}{1-t^2}$

[4] 　　$\dfrac{dt}{dx} = \left(\tan\dfrac{x}{2}\right)' = \dfrac{1}{2}\cdot\dfrac{1}{\cos^2\dfrac{x}{2}} = \dfrac{1}{2}\left(1+\tan^2\dfrac{x}{2}\right) = \dfrac{1+t^2}{2}$

以上のことから，次の式の成り立つことがわかった。

$$\sin x = \dfrac{2t}{1+t^2}, \quad \cos x = \dfrac{1-t^2}{1+t^2}, \quad \tan x = \dfrac{2t}{1-t^2},$$

$$dx = \dfrac{2}{1+t^2}\,dt$$

例題 4 不定積分 $\displaystyle\int \frac{1}{\cos x}\,dx$ を求めよ。

解 $t = \tan\dfrac{x}{2}$ とおくと，$\cos x = \dfrac{1-t^2}{1+t^2}$，$dx = \dfrac{2}{1+t^2}\,dt$ より

$$\int \frac{1}{\cos x}\,dx = \int \frac{1+t^2}{1-t^2}\cdot\frac{2}{1+t^2}\,dt = \int \frac{2}{1-t^2}\,dt$$

$$= \int \left(\frac{1}{1-t} + \frac{1}{1+t}\right)dt$$

$$= -\log|1-t| + \log|1+t| + C$$

$$= \log\left|\frac{1+t}{1-t}\right| + C = \log\left|\frac{1+\tan\dfrac{x}{2}}{1-\tan\dfrac{x}{2}}\right| + C$$

練習11 次の不定積分を求めよ。

(1) $\displaystyle\int \frac{1}{\sin x}\,dx$ (2) $\displaystyle\int \frac{1}{1+\sin x}\,dx$

◀ 3 ▶　無理関数の不定積分

　無理関数の不定積分を具体的に計算することは，つねにできるとは限らない。
ここでは，置換積分や部分積分によって計算できるようないくつかの例をあげる。

　まず，a を正の定数とするとき

$$\left(\mathrm{Sin}^{-1}\frac{x}{a}\right)' = \frac{1}{\sqrt{1-\left(\dfrac{x}{a}\right)^2}}\cdot\left(\frac{x}{a}\right)' = \frac{1}{a}\cdot\frac{1}{\sqrt{1-\left(\dfrac{x}{a}\right)^2}} \qquad \leftarrow \boxed{28}$$

$$= \frac{1}{\sqrt{a^2-x^2}}$$

よって，次の公式を得る。

➡ 不定積分の公式 (I)

$$\int \frac{1}{\sqrt{a^2-x^2}}\,dx = \mathrm{Sin}^{-1}\frac{x}{a} + C$$

> **例題 5**　不定積分 $I = \displaystyle\int \frac{1}{\sqrt{4x - 4x^2}}\, dx$ を求めよ。

> **解**　$\displaystyle\int \frac{1}{\sqrt{4x - 4x^2}}\, dx = \int \frac{1}{\sqrt{1 - (2x-1)^2}}\, dx$ より，$t = 2x - 1$ とおくと，
>
> $\dfrac{dt}{dx} = 2$ だから　$dx = \dfrac{1}{2}dt$
>
> よって　$I = \displaystyle\int \frac{1}{\sqrt{1 - t^2}} \cdot \frac{1}{2}\, dt = \frac{1}{2}\mathrm{Sin}^{-1} t + C$
>
> $\qquad\qquad = \dfrac{1}{2}\mathrm{Sin}^{-1}(2x - 1) + C$

練習12　次の不定積分を求めよ。

(1) $\displaystyle\int \frac{1}{\sqrt{2x - x^2}}\, dx$　　　　　　　(2) $\displaystyle\int \frac{1}{\sqrt{3 - 2x - x^2}}\, dx$

次に，不定積分 $I = \displaystyle\int \sqrt{a^2 - x^2}\, dx$ を求めよう（a は正の定数）。

$I = \displaystyle\int 1 \cdot \sqrt{a^2 - x^2}\, dx$

$\quad = x\sqrt{a^2 - x^2} - \displaystyle\int x \cdot \frac{-x}{\sqrt{a^2 - x^2}}\, dx$　　　　　$\leftarrow$ **31**

$\quad = x\sqrt{a^2 - x^2} - \displaystyle\int \frac{(a^2 - x^2) - a^2}{\sqrt{a^2 - x^2}}\, dx$

$\quad = x\sqrt{a^2 - x^2} - \displaystyle\int \left\{ \sqrt{a^2 - x^2} - \frac{a^2}{\sqrt{a^2 - x^2}} \right\} dx$

$\quad = x\sqrt{a^2 - x^2} - I + a^2 \mathrm{Sin}^{-1} \dfrac{x}{a}$　　　　　$\longleftarrow$ p.181 不定積分の公式(1)

よって　$I = \dfrac{1}{2}\left\{ x\sqrt{a^2 - x^2} + a^2 \mathrm{Sin}^{-1} \dfrac{x}{a} \right\} + C$

➡ 不定積分の公式 (Ⅱ)

$$\int \sqrt{a^2 - x^2}\, dx = \frac{1}{2}\left\{ x\sqrt{a^2 - x^2} + a^2 \mathrm{Sin}^{-1} \frac{x}{a} \right\} + C \quad (a > 0)$$

例題 6 不定積分 $I = \displaystyle\int \sqrt{3+4x-4x^2}\,dx$ を求めよ。

解 $\displaystyle\int \sqrt{3+4x-4x^2}\,dx = \int \sqrt{4-(2x-1)^2}\,dx$ より，$t = 2x-1$ とおくと，

$\dfrac{dt}{dx} = 2$ だから $dx = \dfrac{1}{2}dt$

$$I = \int \sqrt{4-t^2}\cdot\dfrac{1}{2}\,dt = \dfrac{1}{4}\left\{ t\sqrt{4-t^2} + 4\mathrm{Sin}^{-1}\dfrac{t}{2} \right\} + C$$

$$= \dfrac{1}{4}\left\{ (2x-1)\sqrt{3+4x-4x^2} + 4\mathrm{Sin}^{-1}\dfrac{2x-1}{2} \right\} + C$$

練習13 次の不定積分を求めよ。

(1) $\displaystyle\int \sqrt{2x-x^2}\,dx$ (2) $\displaystyle\int \sqrt{8-2x-x^2}\,dx$

さらに，不定積分 $\displaystyle\int \dfrac{1}{\sqrt{x^2+A}}\,dx$ を求める $(A \neq 0)$。

$\sqrt{x^2+A} = t-x$ とおき，両辺を 2 乗して x について解くと $x = \dfrac{t^2-A}{2t}$

だから，$\dfrac{dx}{dt} = \dfrac{2t\cdot2t-(t^2-A)\cdot2}{4t^2} = \dfrac{t^2+A}{2t^2}$ であり，

$$dx = \dfrac{t^2+A}{2t^2}\,dt$$

を得る。また，$\sqrt{x^2+A} = t-x = t - \dfrac{t^2-A}{2t} = \dfrac{t^2+A}{2t}$ であるから

$$\int \dfrac{1}{\sqrt{x^2+A}}\,dx = \int \dfrac{2t}{t^2+A}\cdot\dfrac{t^2+A}{2t^2}\,dt$$

$$= \int \dfrac{1}{t}\,dt = \log|t| + C = \log|x+\sqrt{x^2+A}| + C$$

不定積分の公式 (Ⅲ)

$$\int \dfrac{1}{\sqrt{x^2+A}}\,dx = \log|x+\sqrt{x^2+A}| + C \quad (A \neq 0)$$

例題
7

不定積分 $I = \displaystyle\int \dfrac{1}{\sqrt{9x^2 + 6x + 2}}\, dx$ を求めよ。

解

$\displaystyle\int \dfrac{1}{\sqrt{9x^2+6x+2}}\, dx = \int \dfrac{1}{\sqrt{(3x+1)^2+1}}\, dx$ より, $t = 3x+1$ とおく

と $\dfrac{dt}{dx} = 3$ だから $dx = \dfrac{1}{3}dt$

$$I = \int \dfrac{1}{\sqrt{t^2+1}}\cdot\dfrac{1}{3}\, dt = \dfrac{1}{3}\log|t+\sqrt{t^2+1}\,| + C$$

$$= \dfrac{1}{3}\log|3x+1+\sqrt{9x^2+6x+2}\,| + C$$

練習14 次の不定積分を求めよ。

(1) $\displaystyle\int \dfrac{1}{\sqrt{x^2-4x+5}}\, dx$　　　　(2) $\displaystyle\int \dfrac{1}{\sqrt{x^2+2x-1}}\, dx$

最後に不定積分 $I = \displaystyle\int \sqrt{x^2+A}\, dx$ を求めよう $(A \neq 0)$。

$$I = \int 1\cdot\sqrt{x^2+A}\, dx$$

$$= x\sqrt{x^2+A} - \int x\cdot\dfrac{x}{\sqrt{x^2+A}}\, dx$$

$$= x\sqrt{x^2+A} - \int \dfrac{(x^2+A)-A}{\sqrt{x^2+A}}\, dx$$

$$= x\sqrt{x^2+A} - \int \left\{\sqrt{x^2+A} - \dfrac{A}{\sqrt{x^2+A}}\right\} dx$$

$$= x\sqrt{x^2+A} - I + A\log|x+\sqrt{x^2+A}\,| \qquad \text{←── p.183 不定積分の公式(Ⅲ)}$$

よって $I = \dfrac{1}{2}\left\{x\sqrt{x^2+A} + A\log|x+\sqrt{x^2+A}\,|\right\} + C$

➡ 不定積分の公式 (Ⅳ)

$$\int \sqrt{x^2+A}\, dx = \dfrac{1}{2}\left\{x\sqrt{x^2+A} + A\log|x+\sqrt{x^2+A}\,|\right\} + C \quad (A \neq 0)$$

例題
8

不定積分 $I = \displaystyle\int \sqrt{4x^2 + 8x + 12}\, dx$ を求めよ。

解

$\displaystyle\int \sqrt{4x^2 + 8x + 12}\, dx = 2\int \sqrt{(x+1)^2 + 2}\, dx$ より，$t = x + 1$ とおくと

$\dfrac{dt}{dx} = 1$ だから　$dx = dt$

$$I = 2\int \sqrt{t^2 + 2}\, dt = 2 \cdot \dfrac{1}{2}\left\{ t\sqrt{t^2 + 2} + 2\log|t + \sqrt{t^2 + 2}| \right\} + C$$

$$= (x+1)\sqrt{x^2 + 2x + 3} + 2\log|x + 1 + \sqrt{x^2 + 2x + 3}| + C$$

練習15　次の不定積分を求めよ。

(1) $\displaystyle\int \sqrt{x^2 + 2x + 4}\, dx$　　　　　(2) $\displaystyle\int \sqrt{4x(x-2)}\, dx$

◀ 節｜末｜問｜題

1. 次の $f(x)$ について，指定された区間におけるリーマン積分を求めよ。

(1) $f(x) = \dfrac{1}{x}$　　$[1,\ 2]$　　　　(2) $f(x) = e^x$　　$[0,\ 1]$

2. 次の定積分を求めよ。

(1) $\displaystyle\int_{-\frac{\pi}{4}}^{\frac{\pi}{4}} \tan x\, dx$　　　(2) $\displaystyle\int_{-\pi}^{\pi} |\sin x|\, dx$　　　(3) $\displaystyle\int_{-\frac{\pi}{2}}^{\frac{\pi}{2}} x\cos x\, dx$

3. 次の不定積分を求めよ。

(1) $\displaystyle\int \dfrac{x^4 + 5x^2 + 5}{x^2 + 4}\, dx$　　　　(2) $\displaystyle\int \dfrac{2x^3 + x^2 - 2x}{x^2 - 1}\, dx$

(3) $\displaystyle\int \dfrac{1}{1 + \cos x}\, dx$　　　　(4) $\displaystyle\int \dfrac{1}{4\sin x + 3\cos x}\, dx$

(5) $\displaystyle\int \dfrac{10 - x^2}{\sqrt{9 - x^2}}\, dx$　　　　(6) $\displaystyle\int \dfrac{x^2 + 3}{\sqrt{x^2 + 2}}\, dx$

4. $a > 0$ のとき次の公式を証明せよ。

$$\int \dfrac{1}{x^2 - a^2}\, dx = \dfrac{1}{2a}\log\left| \dfrac{x - a}{x + a} \right| + C$$

◆ 2 ◆ 定積分の応用

1 図形の面積

1 直交座標による図形の面積

曲線 $y = f(x)$ と x 軸および 2 直線 $x = a$, $x = b$ で囲まれた図形の面積 S

は $S = \lim\limits_{|\varDelta| \to 0} \sum\limits_{k=1}^{n} |f(\xi_k)| \varDelta x_k$ で与えられた (p.169)。ここで，$f(x)$ は連続とする。

$|f(x)|$ も連続だからリーマン積分可能で (p.171)，右辺は次のような定積分で表

される。

> **図形の面積**
> $$S = \int_a^b |f(x)|\,dx = \int_a^b |y|\,dx \quad (a < b)$$

練習1 曲線 $y = x^2 - 1$ と x 軸および 2 直線 $x = 0$, $x = 2$ で囲まれた図形の面積
を求めよ。

2 媒介変数表示の図形の面積

媒介変数表示の曲線

$$x = f(t), \ y = g(t)$$

の $t = \alpha$ から $t = \beta$ までの部分と x 軸および
直線 $x = f(\alpha)$, $x = f(\beta)$ で囲まれた図形の面
積 S について考えよう。

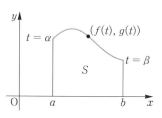

関数 $f'(t)$, $g(t)$ は α, β $(\alpha < \beta)$ を含む区間で連続で，$f'(t)$ の符号は一定と
する。また，$a = f(\alpha)$, $b = f(\beta)$ とする。

(ⅰ) $f'(t) > 0$ ならば，$x = f(t)$ は増加するから $a < b$ である。よって，定積
分の置換積分法により

$$S = \int_a^b |y|\,dx = \int_\alpha^\beta |g(t)| f'(t)\,dt$$

$$= \int_\alpha^\beta |g(t) f'(t)|\,dt$$

(ii) $f'(t) < 0$ ならば，$x = f(t)$ は減少するから $a > b$ であり，同様にして

$$S = \int_b^a |y| dx = \int_\beta^\alpha |g(t)| f'(t) dt = -\int_\alpha^\beta |g(t)| f'(t) dt$$

$$= \int_\alpha^\beta |g(t) f'(t)| dt$$

(i), (ii) より，次の公式が成り立つ。

媒介変数表示の図形の面積

$$S = \int_\alpha^\beta |g(t) f'(t)| dt = \int_\alpha^\beta \left| y \frac{dx}{dt} \right| dt \quad (\alpha < \beta)$$

例1 a を正の定数とするとき，サイクロイド (p.126)

$$x = a(t - \sin t), \ y = a(1 - \cos t)$$

の $t = 0$ から $t = 2\pi$ までの部分と x 軸で囲まれた図形の面積 S を求めよう。$\dfrac{dx}{dt} = a(1 - \cos t)$ だから

$$S = \int_0^{2\pi} a^2 (1 - \cos t)^2 dt$$

$$= a^2 \int_0^{2\pi} (1 - 2\cos t + \cos^2 t) dt$$

$$= a^2 \int_0^{2\pi} \left(1 - 2\cos t + \frac{1 + \cos 2t}{2} \right) dt$$

$$= a^2 \left[t - 2\sin t + \frac{1}{2} \left(t + \frac{1}{2} \sin 2t \right) \right]_0^{2\pi}$$

$$= 3\pi a^2$$

練習2 a を正の定数とするとき，次の媒介変数表示の図形の面積を求めよ。

(1) 曲線 $x = \dfrac{1}{2} t^2$, $y = t$ $(1 \le t \le \sqrt{2})$ と x 軸および 2 直線 $x = \dfrac{1}{2}$, $x = 1$ で囲まれた図形

(2) 曲線 $x = a\cos t$, $y = a\sin t$ $(0 \le t \le \pi)$ と x 軸で囲まれた図形

(3) 曲線 $x = 1 - t$, $y = \log t$ $(1 \le t \le e)$ と x 軸および $x = 1 - e$ で囲まれた図形

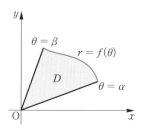

3 極座標表示の図形の面積

極座標表示の曲線 $r = f(\theta)$ の，$\theta = \alpha$ から $\theta = \beta$ までの部分と半直線 $\theta = \alpha$，$\theta = \beta$ で囲まれた図形 D の面積 S を考えよう。

関数 $f(\theta)$ は連続とする。閉区間 $[\alpha, \beta]$ を n 等分し，その分点を順に

$$\alpha = \theta_0 < \theta_1 < \theta_2 < \cdots < \theta_{n-1} < \theta_n = \beta$$

とする。θ_k に対応する曲線上の点を P_k とすると，D は，右の図の $\mathrm{OP}_{k-1}\mathrm{P}_k$ のような n 個の図形 D_1，$\cdots$，D_n に分割される。各小区間 $[\theta_{k-1}, \theta_k]$ の幅は k によらず等しいので，これを $\Delta\theta$ とおく。各 D_k の面積は，半径 $f(\theta_k)$，中心角 $\Delta\theta$ の扇形の面積

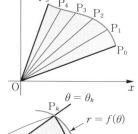

$$\frac{1}{2}\{f(\theta_k)\}^2\Delta\theta$$

で近似できるから，次の近似を得る。

$$S \fallingdotseq \frac{1}{2}\sum_{k=1}^{n}\{f(\theta_k)\}^2\Delta\theta$$

この近似の誤差は，曲線と扇形の弧との隙間が原因であり，n を大きくすれば誤差は限りなく 0 に近づくと考えられる。

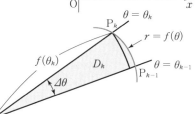

そこで，次の極限を考える。

$$\lim_{n\to\infty}\frac{1}{2}\sum_{k=1}^{n}\{f(\theta_k)\}^2\Delta\theta$$

$f(\theta)$ の連続性から，$\frac{1}{2}\{f(\theta)\}^2$ はリーマン積分可能で (p.169)，右辺は次のような定積分で表される。この値が，求める面積 S である。

➡ 極座標表示の図形の面積

$$S = \frac{1}{2}\int_{\alpha}^{\beta}\{f(\theta)\}^2\,d\theta$$

例2 a を正の定数とする。アルキメデスの螺線（p.132）

$$r = a\theta \quad (0 \leqq \theta \leqq \pi)$$

と x 軸で囲まれた図形の面積 S を求めると

$$S = \frac{1}{2}\int_0^{\pi}(a\theta)^2 d\theta = \frac{a^2}{2}\left[\frac{1}{3}\theta^3\right]_0^{\pi} = \frac{1}{6}\pi^3 a^2$$

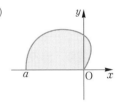

例題 1 a を正の定数とする。カージオイド（p.132）

$$r = a(1+\cos\theta) \quad (0 \leqq \theta \leqq 2\pi)$$

で囲まれる図形の面積 S を求めよ。

....

解

$$S = \frac{1}{2}\int_0^{2\pi} a^2(1+\cos\theta)^2 d\theta$$

$$= \frac{a^2}{2}\int_0^{2\pi}(1+2\cos\theta+\cos^2\theta)\,d\theta$$

$$= \frac{a^2}{2}\int_0^{2\pi}\left(1+2\cos\theta+\frac{1+\cos 2\theta}{2}\right)d\theta$$

$$= \frac{a^2}{2}\left[\theta+2\sin\theta+\frac{1}{2}\left(\theta+\frac{1}{2}\sin 2\theta\right)\right]_0^{2\pi}$$

$$= \frac{3}{2}\pi a^2$$

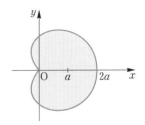

練習3 次の極座標表示の図形の面積を求めよ。ただし，a は正の定数である。

(1) 曲線 $r = a$ $(0 \leqq \theta \leqq 2\pi)$ で囲まれた図形

(2) 曲線 $r = \dfrac{1}{\cos\theta}$ $\left(-\dfrac{\pi}{4} \leqq \theta \leqq \dfrac{\pi}{4}\right)$ と 2 つの半直線 $\theta = \pm\dfrac{\pi}{4}$ で囲まれた図形

(3) 曲線 $r = \sin 2\theta$ $\left(0 \leqq \theta \leqq \dfrac{\pi}{2}\right)$ で囲まれた図形

(4) 曲線 $r = \dfrac{1}{1+\cos\theta}$ $\left(0 \leqq \theta \leqq \dfrac{\pi}{2}\right)$ と x 軸，y 軸で囲まれた図形

2 曲線の長さ

1 直交座標による曲線の長さ

曲線 $y = f(x)$ の $x = a$ から $x = b$ までの長さ L について考えよう。

関数 $f(x)$ は a, b を含む区間で連続な導関数をもつとする。$a < b$ とし, 閉区間 $[a, b]$ を n 分割したものを $\varDelta$ で表し, その分点を順に

$$a = x_0 < x_1 < x_2 < \cdots < x_{n-1} < x_n = b$$

とおく。分点 x_k に対応する曲線上の点を $\mathrm{P}_k(x_k, f(x_k))$ とし, 図のように, n 個の線分を考える (図では 4 分割)。

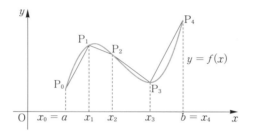

各小区間 $[x_{k-1}, x_k]$ の幅を $\varDelta x_k = x_k - x_{k-1}$ とおく。k 番目の線分 $\mathrm{P}_{k-1}\mathrm{P}_k$ の長さ $|\mathrm{P}_{k-1}\mathrm{P}_k|$ は, 2 点間の距離の公式より

$$|\mathrm{P}_{k-1}\mathrm{P}_k| = \sqrt{(x_k - x_{k-1})^2 + \{f(x_k) - f(x_{k-1})\}^2}$$
$$= \sqrt{1 + \left\{\frac{f(x_k) - f(x_{k-1})}{x_k - x_{k-1}}\right\}^2} \varDelta x_k$$

である。さらに, p. 142 の平均値の定理(I)より

$$\frac{f(x_k) - f(x_{k-1})}{x_k - x_{k-1}} = f'(c_k)$$

となる c_k が x_{k-1} と x_k の間に存在するから, 次のように表せる。

$$|\mathrm{P}_{k-1}\mathrm{P}_k| = \sqrt{1 + \{f'(c_k)\}^2} \varDelta x_k$$

これら n 個の線分の長さの和 $L(\varDelta)$ は L の近似となる, すなわち

$$L \fallingdotseq L(\varDelta) = \sum_{k=1}^{n} \sqrt{1 + \{f'(c_k)\}^2} \varDelta x_k$$

ここで, 分割 $\varDelta$ を細かくするとき誤差が限りなく 0 に近づくならば, 折れ線の長さは曲線の長さのよい近似となる。そこで, 分割 $\varDelta$ における小区間の幅 $\varDelta x_k$

の最大値を $|\varDelta|$ とし，次の極限を考える。

$$\lim_{|\varDelta|\to 0} L(\varDelta) = \lim_{|\varDelta|\to 0} \sum_{k=1}^{n} \sqrt{1+\{f'(c_k)\}^2}\,\varDelta x_k$$

右辺は関数 $\sqrt{1+\{f'(x)\}^2}$ の a から b までのリーマン積分であり，次のような定積分で表される。この値を，曲線 $y=f(x)$ の $x=a$ から $x=b$ までの長さ L と定める。

> **直交座標による曲線の長さ**
>
> $$L = \int_a^b \sqrt{1+\{f'(x)\}^2}\,dx$$

例 3　a を正の定数とするとき，曲線 $y=\dfrac{a}{2}(e^{\frac{x}{a}}+e^{-\frac{x}{a}})$ を **カテナリー（懸垂線）** という。b を正の定数とし，カテナリーの $x=-b$ から $x=b$ までの長さ L を求めよう。

$y'=\dfrac{1}{2}(e^{\frac{x}{a}}-e^{-\frac{x}{a}})$ だから

$$1+(y')^2 = \frac{4}{4}+\frac{1}{4}(e^{\frac{2x}{a}}-2e^{\frac{x}{a}-\frac{x}{a}}+e^{-\frac{2x}{a}})$$

$$= \frac{1}{4}(e^{\frac{2x}{a}}+2+e^{-\frac{2x}{a}})$$

$$= \frac{1}{4}(e^{\frac{x}{a}}+e^{-\frac{x}{a}})^2$$

よって　$L = \displaystyle\int_{-b}^{b}\sqrt{1+(y')^2}\,dx$

$$= \frac{1}{2}\int_{-b}^{b}(e^{\frac{x}{a}}+e^{-\frac{x}{a}})\,dx$$

$$= \frac{1}{2}\left[a(e^{\frac{x}{a}}-e^{-\frac{x}{a}})\right]_{-b}^{b}$$

$$= a(e^{\frac{b}{a}}-e^{-\frac{b}{a}})$$

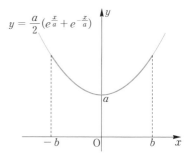

$y=\dfrac{a}{2}(e^{\frac{x}{a}}+e^{-\frac{x}{a}})$

注意　カテナリーは，線密度一定な紐を，両端を固定して，自然に垂らしたときにできる曲線である。

例題 2 $y = \dfrac{1}{2}x^2$ について, $x = 0$ から $x = 1$ までの長さ L を求めよ。

解 $y' = x$ だから, 不定積分の公式(Ⅳ)(p.184)より

$$L = \int_0^1 \sqrt{1+x^2}\,dx = \frac{1}{2}\Big[x\sqrt{x^2+1} + \log|x+\sqrt{x^2+1}\,|\Big]_0^1$$

$$= \frac{1}{2}\{\sqrt{2} + \log(1+\sqrt{2}\,)\}$$

練習 4　次の曲線について, $x = 0$ から $x = 1$ までの長さ L を求めよ。

(1)　$y = x$　　　　　(2)　$y = x^2$　　　　　(3)　$y = \dfrac{e^x + e^{-x}}{2}$

次の式で定義される関数 $\sinh x$, $\cosh x$, $\tanh x$ をそれぞれ **ハイパボリックサイン, ハイパボリックコサイン, ハイパボリックタンジェント** という。

$$\sinh x = \frac{e^x - e^{-x}}{2}, \qquad \cosh x = \frac{e^x + e^{-x}}{2}, \qquad \tanh x = \frac{\sinh x}{\cosh x}$$

さらに, 次のような関数もまとめて **双曲線関数** という。順にハイパボリックコセカント, ハイパボリックセカント, ハイパボリックコタンジェントという。

$$\operatorname{cosech} x = \frac{1}{\sinh x}, \qquad \operatorname{sech} x = \frac{1}{\cosh x}, \qquad \coth x = \frac{\cosh x}{\sinh x}$$

前ページ例3のカテナリーは, 双曲線関数 $y = a\cosh\dfrac{x}{a}$ のグラフである。

練習 5　次の関係式を証明せよ。

(1)　$(\sinh x)' = \cosh x$　　　　　(2)　$(\cosh x)' = \sinh x$

(3)　$(\tanh x)' = \dfrac{1}{\cosh^2 x}$　　　　　(4)　$\cosh^2 x - \sinh^2 x = 1$

注意　$y = \sinh x$, $y = \tanh x$ は奇関数で, $y = \cosh x$ は偶関数となる。

　　媒介変数表示の曲線の長さ ────────────

媒介変数表示の曲線

$$x = f(t), \ y = g(t)$$

の $t = \alpha$ から $t = \beta$ までの長さ L について考えよう。

　関数 $f(t)$, $g(t)$ は α, β を含む区間で連続な導関数をもつとする。閉区間 $[\alpha, \beta]$ を n 分割したものを $\varDelta$ で表し，その分点を順に

$$\alpha = t_0 < t_1 < t_2 < \cdots < t_{n-1} < t_n = \beta$$

とし，t_k に対応する曲線上の点を $\mathrm{P}_k(x(t_k), \ y(t_k))$ とする。

　$\varDelta t_k = t_k - t_{k-1}$ とおくと，p. 142 の平均値の定理(I)より

$$f(t_k) - f(t_{k-1}) = f'(\xi_k)\varDelta t_k \qquad g(t_k) - g(t_{k-1}) = g'(\eta_k)\varDelta t_k$$

となる ξ_k, η_k が t_{k-1} と t_k の間に存在し，k 番目の線分の長さ $|\mathrm{P}_{k-1}\mathrm{P}_k|$ は，次のように表せる。

$$\begin{aligned} |\mathrm{P}_{k-1}\mathrm{P}_k| &= \sqrt{\{f(t_k) - f(t_{k-1})\}^2 + \{g(t_k) - g(t_{k-1})\}^2} \\ &= \sqrt{\{f'(\xi_k)\}^2 + \{g'(\eta_k)\}^2} \, \varDelta t_k \end{aligned}$$

　さらに，$g'(t)$ の連続性より，$\varDelta t_k$ が十分小さければ $g'(\xi_k) \fallingdotseq g'(\eta_k)$ であるから，次の近似を得る。

$$|\mathrm{P}_{k-1}\mathrm{P}_k| \fallingdotseq \sqrt{\{f'(\xi_k)\}^2 + \{g'(\xi_k)\}^2}\,\varDelta t_k$$

これらの和 $L(\varDelta)$ は L の近似で，分割 $\varDelta$ を細かくすると誤差が限りなく 0 に近づくとしよう。このとき，$\varDelta t_k$ の最大値を $|\varDelta|$ とし，次の極限を考える。

$$\lim_{|\varDelta| \to 0} L(\varDelta) = \lim_{|\varDelta| \to 0} \sum_{k=1}^{n} \sqrt{\{f'(\xi_k)\}^2 + \{g'(\xi_k)\}^2}\,\varDelta t_k$$

右辺は，$f'(t)$, $g'(t)$ の連続性から，次のような定積分で表される。この値を，媒介変数表示の曲線 $x = f(t)$, $y = g(t)$ の $t = \alpha$ から $t = \beta$ までの長さ L と定める。

媒介変数表示の曲線の長さ

$$L = \int_\alpha^\beta \sqrt{\{f'(t)\}^2 + \{g'(t)\}^2}\,dt$$

例 4 a を正の定数とする。サイクロイド (p.126)
$$x = a(t - \sin t), \quad y = a(1 - \cos t)$$
の $t = 0$ から $t = 2\pi$ までの長さ L を求めよう。

$$\frac{dx}{dt} = a(1 - \cos t), \quad \frac{dy}{dt} = a\sin t$$

だから，半角の公式より

$$L = \int_0^{2\pi} \sqrt{a^2(1-\cos t)^2 + a^2\sin^2 t}\, dt = a\int_0^{2\pi} \sqrt{2(1-\cos t)}\, dt$$

$$= a\int_0^{2\pi} \sqrt{4\sin^2 \frac{t}{2}}\, dt$$

ここで，$0 \leqq t \leqq 2\pi$ のとき，$\sin\dfrac{t}{2} \geqq 0$ だから

$$L = 2a\int_0^{2\pi} \sin\frac{t}{2}\, dt = 2a\left[-2\cos\frac{t}{2}\right]_0^{2\pi} = 8a$$

練習 6 a を正の定数とする。次の媒介変数表示の曲線の長さを求めよ。

(1) $x = a\cos t,\ y = a\sin t \quad (0 \leqq t \leqq 2\pi)$

(2) $x = \dfrac{1}{2}t^2,\ y = \dfrac{1}{3}t^3 \quad (0 \leqq t \leqq 1)$

(3) $x = e^t\cos t,\ y = e^t\sin t \quad (0 \leqq t \leqq 2\pi)$

◀ 3 ▶ 極座標表示の曲線の長さ

極座標表示の曲線 $r = f(\theta)$ の $\theta = \alpha$ から $\theta = \beta$ までの長さ L について考えよう。

関数 $f(\theta)$ は $\alpha,\ \beta$ を含む区間で連続な導関数をもつとする。直交座標と極座標の関係 $x = r\cos\theta,\ y = r\sin\theta$ より

$$x = f(\theta)\cos\theta, \quad y = f(\theta)\sin\theta$$

という媒介変数表示の関数を得る。これをもとに，曲線の長さを求めると

$$\frac{dx}{d\theta} = f'(\theta)\cos\theta - f(\theta)\sin\theta, \quad \frac{dy}{d\theta} = f'(\theta)\sin\theta + f(\theta)\cos\theta$$

より

$$\left(\frac{dx}{d\theta}\right)^2 + \left(\frac{dy}{d\theta}\right)^2 = \{f'(\theta)\}^2 + \{f(\theta)\}^2$$

したがって，次を得る。

⟹ **極座標変数表示の曲線の長さ**

$$L = \int_\alpha^\beta \sqrt{\{f(\theta)\}^2 + \{f'(\theta)\}^2}\, d\theta$$

例5 a を正の定数とする。アルキメデスの螺線 (p.132) $r = a\theta$ の $\theta = 0$ から $\theta = 2\pi$ までの長さ L を求めよう。$f'(\theta) = a$ だから,

$$L = \int_0^{2\pi} \sqrt{(a\theta)^2 + a^2}\, d\theta = a\int_0^{2\pi} \sqrt{\theta^2 + 1}\, d\theta$$

$$= \frac{a}{2}\left[\theta\sqrt{\theta^2 + 1} + \log|\theta + \sqrt{\theta^2 + 1}|\right]_0^{2\pi} \quad \longleftarrow \text{p.184 不定積分の公式(IV)}$$

$$= \frac{a}{2}\{2\pi\sqrt{4\pi^2 + 1} + \log(2\pi + \sqrt{4\pi^2 + 1})\}$$

例題 3 a を正の定数とする。カージオイド (p.132)

$$r = a(1 + \cos\theta) \quad (0 \leqq \theta \leqq 2\pi)$$

の長さ L を求めよ。

解 カージオイドは x 軸について線対称だから,$0 \leqq \theta \leqq \pi$ の長さを 2 倍すればよい。$r' = -a\sin\theta$ だから,

$$L = 2\int_0^\pi \sqrt{a^2(1 + \cos\theta)^2 + a^2\sin^2\theta}\, d\theta$$

$$= 2a\int_0^\pi \sqrt{2(1 + \cos\theta)}\, d\theta = 2a\int_0^\pi \sqrt{4\cos^2\frac{\theta}{2}}\, d\theta$$

ここで,$0 \leqq \theta \leqq \pi$ のとき,$\cos\dfrac{\theta}{2} \geqq 0$ だから

$$L = 4a\int_0^\pi \cos\frac{\theta}{2}\, d\theta = 4a\left[2\sin\frac{\theta}{2}\right]_0^\pi = 8a$$

練習7 次の極座標表示の曲線の長さを求めよ。ただし,a は正の定数である。

(1) $r = a \quad (0 \leqq \theta \leqq 2\pi)$ (2) $r = \dfrac{1}{\cos\theta} \quad \left(-\dfrac{\pi}{4} \leqq \theta \leqq \dfrac{\pi}{4}\right)$

(3) $r = e^{-\theta} \quad (0 \leqq \theta \leqq \pi)$

3 立体の体積

1 断面積が与えられた立体の体積

下図のように，x 軸に垂直な平面による断面積 $S(x)$ が与えられた立体の体積 V について考えよう。

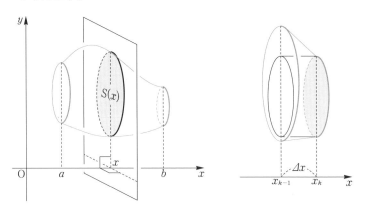

関数 $S(x)$ は連続とする。閉区間 $[a,\ b]$ を n 等分し，その分点を順に

$$a = x_0 < x_1 < x_2 < \cdots < x_{n-1} < x_n = b$$

とする。各小区間 $[x_{k-1},\ x_k]$ の幅は k によらず等しいので，これを $\varDelta x$ とおく。このとき，小区間 $[x_{k-1},\ x_k]$ にある小立体の体積は，底面積 $S(x_k)$，高さ $\varDelta x$ の柱体（上右図）の体積 $S(x_k)\varDelta x$ で近似できるから，次の近似を得る。

$$V \fallingdotseq \sum_{k=1}^{n} S(x_k)\varDelta x$$

この近似の誤差は，小立体と柱体との隙間が原因であり，n を大きくするとき誤差が限りなく 0 に近づくならば，体積が定まる。そこで，次の極限を考える。

$$\lim_{n \to \infty} \sum_{k=1}^{n} S(x_k)\varDelta x$$

$S(x)$ の連続性から，$S(x)$ はリーマン積分可能で (p.171)，上のリーマン積分は次のような定積分で表される。この値が，求める体積 V である。

▶ **断面積が与えられた立体の体積**

$$V = \int_a^b S(x)\,dx$$

練習8 ある立体を x 軸に垂直な平面で切ると，その断面は，曲線 $y=1-x^2$ 上の点 $(x,\ 1-x^2)$ と x 軸上の点 $(x,\ 0)$ とを直径の両端とする円である。この立体の $0 \leqq x \leqq 1$ の部分の体積 V を求めよ。

2 　回転体の体積

$f(x)$ は連続で，$f(x) \geqq 0$ とする。曲線 $y=f(x)$ と x 軸および 2 直線 $x=a$，$x=b$ で囲まれる図形を x 軸のまわりに回転して得られる回転体の体積を V とする。この場合，x 軸に垂直な平面による断面は円であり，その断面積は $\pi\{f(x)\}^2$ だから，次の公式を得る。

▶ 回転体の体積

$$V = \pi \int_a^b \{f(x)\}^2 dx$$

例題 4 $a \geqq 1$ とする。円 $x^2+(y-a)^2=1$ を x 軸のまわりに回転して得られる回転体の体積 V を求めよ。

解 円の方程式を y について解くと，$y=a\pm\sqrt{1-x^2}$ となる。この回転体はドーナツ形で，$y=a+\sqrt{1-x^2}$ の回転体の体積から $y=a-\sqrt{1-x^2}$ の回転体の体積を引けばよい。

$$V = \pi \int_{-1}^1 (a+\sqrt{1-x^2})^2 dx - \pi \int_{-1}^1 (a-\sqrt{1-x^2})^2 dx$$

$$= 4\pi a \int_{-1}^1 \sqrt{1-x^2}\,dx = 4\pi a \cdot \frac{1}{2}\Big[x\sqrt{1-x^2}+\mathrm{Sin}^{-1}x\Big]_{-1}^1 \quad \text{←p. 182 不定積分の公式(II)}$$

$$= 2\pi a\Big(\frac{\pi}{2}+\frac{\pi}{2}\Big) = 2\pi^2 a$$

練習9 次の図形を x 軸のまわりに回転して得られる回転体の体積を求めよ。

(1) 2つの曲線 $y=x^2$，$y=\sqrt{x}$ で囲まれた図形

(2) 半円 $y=\sqrt{1-x^2}$ と放物線 $y=1-x^2$ で囲まれた図形

(3) p. 191 のカテナリー $y=e^{\frac{x}{2}}+e^{-\frac{x}{2}}$，$x$ 軸，$x=1$，$x=-1$ で囲まれた図形

3 媒介変数表示の回転体の体積

媒介変数表示の曲線

$$x = f(t), \quad y = g(t)$$

の $t = \alpha$ から $t = \beta$ までの部分と x 軸および直線 $x = f(\alpha)$, $x = f(\beta)$ で囲まれた図形を x 軸のまわりに回転して得られる回転体の体積 V について考えよう。関数 $f'(t)$, $g(t)$ は α, β を含む区間で連続で，$f'(t)$ の符号は一定とする。また，$a = f(\alpha)$, $b = f(\beta)$ とおく。

(ⅰ) $f'(t) > 0$ ならば，$x = f(t)$ は増加するから $a < b$ である。よって，定積分の置換積分法により

$$V = \pi \int_a^b y^2 dx = \pi \int_\alpha^\beta \{g(t)\}^2 f'(t) dt$$

$$= \pi \int_\alpha^\beta \{g(t)\}^2 |f'(t)| dt$$

(ⅱ) $f'(t) < 0$ のとき，$x = f(t)$ は減少するから $a > b$ であり，同様にして

$$V = \pi \int_b^a y^2 dx = \pi \int_\beta^\alpha \{g(t)\}^2 f'(t) dt$$

$$= -\pi \int_\alpha^\beta \{g(t)\}^2 f'(t) dt$$

$$= \pi \int_\alpha^\beta \{g(t)\}^2 |f'(t)| dt$$

> **媒介変数表示の回転体の体積**
>
> $$V = \pi \int_\alpha^\beta \{g(t)\}^2 |f'(t)| dt = \pi \int_\alpha^\beta y^2 \left| \frac{dx}{dt} \right| dt$$

サイクロイド (p. 126)

$$x = a(t - \sin t), \quad y = a(1 - \cos t)$$

の回転体の体積を，次の例題で求めてみよう。

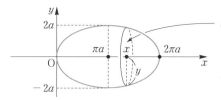

x での断面は
半径 $y (= a(1 - \cos t))$ の円
よって断面積は
$\pi \{g(t)\}^2 = \pi \{a(1 - \cos t)\}^2$

例題 5　a を正の定数とする。サイクロイド
$$x = a(t - \sin t), \qquad y = a(1 - \cos t)$$
の $t = 0$ から $t = 2\pi$ までの部分と x 軸で囲まれた図形を x 軸のまわりに回転して得られる回転体の体積 V を求めよ。

解　$\dfrac{dx}{dt} = a(1 - \cos t) \geqq 0$ であり，

$$V = \pi \int_0^{2\pi} a^2(1 - \cos t)^2 \cdot a(1 - \cos t)\, dt$$

$$= 8\pi a^3 \int_0^{2\pi} \sin^6 \frac{t}{2}\, dt$$

ここで，$u = \dfrac{t}{2}$ とおくと，$dt = 2du$ だから

t	$0 \longrightarrow 2\pi$
u	$0 \longrightarrow \pi$

$$V = 16\pi a^3 \int_0^{\pi} \sin^6 u\, du$$

さらに，関数 $v = \sin^6 u$ のグラフは直線 $u = \dfrac{\pi}{2}$ について線対称より，

区間 $\left[0,\ \dfrac{\pi}{2}\right]$ で積分したものを 2 倍すればよいから

$$V = 32\pi a^3 \int_0^{\frac{\pi}{2}} \sin^6 u\, du$$

$$= 32\pi a^3 \cdot \frac{5}{6} \cdot \frac{3}{4} \cdot \frac{1}{2} \cdot \frac{\pi}{2} \qquad \leftarrow \boxed{32}$$

$$= 5\pi^2 a^3$$

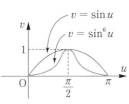

練習10　次の図形を x 軸のまわりに回転して得られる回転体の体積を求めよ。

(1)　媒介変数表示の曲線 $x = a(t + \sin t)$, $y = a(1 + \cos t)$ の $t = -\pi$ から $t = \pi$ までの部分と x 軸で囲まれた図形。ただし，a は正の定数。

(2)　媒介変数表示の曲線 $x = a\sin t$, $y = a\cos t$ の $t = -\dfrac{\pi}{2}$ から $t = \dfrac{\pi}{2}$ までの部分と x 軸で囲まれた図形。ただし，a は正の定数。

4 ▶ 広義積分

1 ▶ 有限区間における広義積分

これまでは，$f(x)$ が閉区間 $[a,\ b]$ で連続な場合に定積分 $\int_a^b f(x)\,dx$ を考えてきた。ここでは，端点 a，b で不連続な場合を考えてみる。

(ⅰ)　左端 a で不連続な場合

ε を十分小さい正数とし，左端 a から幅 ε だけ余白をとって定積分 $\int_{a+\varepsilon}^b f(x)\,dx$ を考える（右図の青色の部分）。この余白の面積が限りなく 0 に近づくとき，すなわち，$\varepsilon \to +0$ のとき $\int_{a+\varepsilon}^b f(x)\,dx$ の極限値が存在するならば，その値を $\int_a^b f(x)\,dx$ で表す。すなわち

$$\int_a^b f(x)\,dx = \lim_{\varepsilon \to +0} \int_{a+\varepsilon}^b f(x)\,dx$$

(ⅱ)　右端 b で不連続な場合

右端 b から幅 ε だけ余白をとった定積分 $\int_a^{b-\varepsilon} f(x)\,dx$ を考え（右図の青色の部分），これが $\varepsilon \to +0$ のとき極限値をもつならば，その値を $\int_a^b f(x)\,dx$ で表す。すなわち

$$\int_a^b f(x)\,dx = \lim_{\varepsilon \to +0} \int_a^{b-\varepsilon} f(x)\,dx$$

(ⅰ)，(ⅱ)のように拡張された定積分を，有限区間における **広義積分** という。

注意　広義積分が定義されない場合もある。たとえば，$\int_\varepsilon^1 \dfrac{1}{x}\,dx = -\log \varepsilon$ は，$\varepsilon \to +0$ のとき ∞ に発散するので $\int_0^1 \dfrac{1}{x}\,dx$ は存在しない。

例6 (1) $\displaystyle\int_0^1 \frac{1}{\sqrt{x}}\,dx = \lim_{\varepsilon\to+0}\int_\varepsilon^1 \frac{1}{\sqrt{x}}\,dx$ ← $\frac{1}{\sqrt{x}}$ は $x=0$ で不連続

$\displaystyle\qquad\qquad = \lim_{\varepsilon\to+0}\left[2\sqrt{x}\,\right]_\varepsilon^1 = \lim_{\varepsilon\to+0}(2-2\sqrt{\varepsilon}\,) = 2$

(2) $\displaystyle\int_0^1 \frac{1}{\sqrt{1-x}}\,dx = \lim_{\varepsilon\to+0}\int_0^{1-\varepsilon} \frac{1}{\sqrt{1-x}}\,dx$ ← $\frac{1}{\sqrt{1-x}}$ は $x=1$ で不連続

$\displaystyle\qquad\qquad = \lim_{\varepsilon\to+0}\left[-2\sqrt{1-x}\,\right]_0^{1-\varepsilon} = \lim_{\varepsilon\to+0}(-2\sqrt{\varepsilon}\,+2) = 2$

練習11 次の広義積分を求めよ。

(1) $\displaystyle\int_{-1}^0 \frac{1}{\sqrt{x+1}}\,dx$ (2) $\displaystyle\int_0^1 \frac{1}{\sqrt{1-x^2}}\,dx$

例題 6 広義積分 $\displaystyle\int_0^1 x\log x\,dx$ を求めよ。

解 ε を小さい正数とする。部分積分法により

$$\int_\varepsilon^1 x\log x\,dx = \left[\frac{1}{2}x^2\log x\right]_\varepsilon^1 - \int_\varepsilon^1 \frac{1}{2}x\,dx$$

$$= \frac{1}{2}\left(-\varepsilon^2\log\varepsilon - \left[\frac{1}{2}x^2\right]_\varepsilon^1\right)$$

$$= \frac{1}{2}\left(-\varepsilon^2\log\varepsilon - \frac{1}{2} + \frac{1}{2}\varepsilon^2\right)$$

ここで，$\displaystyle\lim_{\varepsilon\to+0}\varepsilon^2\log\varepsilon = \lim_{\varepsilon\to+0}\frac{\log\varepsilon}{\varepsilon^{-2}} = \lim_{\varepsilon\to+0}\frac{\varepsilon^{-1}}{-2\varepsilon^{-3}}$ ← ロピタルの定理 (p.146)

$$= \lim_{\varepsilon\to+0}\frac{\varepsilon^2}{-2} = 0$$

$$\int_0^1 x\log x\,dx = \lim_{\varepsilon\to+0}\int_\varepsilon^1 x\log x\,dx$$

$$= \lim_{\varepsilon\to+0}\frac{1}{2}\left(-\varepsilon^2\log\varepsilon - \frac{1}{2} + \frac{1}{2}\varepsilon^2\right) = -\frac{1}{4}$$

練習12 広義積分 $\displaystyle\int_0^1 \log x\,dx$ を求めよ。

2 　無限区間における広義積分

有限区間における手法と同様に，無限区間における広義積分を考える。

(i)　積分区間が $[a, \infty)$ の場合

　K を大きい正数とし，右端を K とした定積分 $\int_a^K f(x)\,dx$ を考える（右図の青色部分）。K 以降の余白の面積が限りなく 0 に近づくとき，すなわち $K \to \infty$ のとき，$\int_a^K f(x)\,dx$ の極限値が存在するならば，それを $\int_a^\infty f(x)\,dx$ で表す。

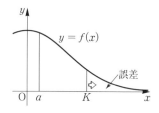

$$\int_a^\infty \boldsymbol{f(x)}\,\boldsymbol{dx} = \lim_{K \to \infty} \int_a^K \boldsymbol{f(x)}\,\boldsymbol{dx}$$

(ii)　積分区間が $(-\infty, b]$ の場合

　左端を $-K$ とした近似値 $\int_{-K}^b f(x)\,dx$ を考え（右図の青色部分），これが $K \to \infty$ のとき極限値をもつならば，それを $\int_{-\infty}^b f(x)\,dx$ で表す。

$$\int_{-\infty}^b \boldsymbol{f(x)}\,\boldsymbol{dx} = \lim_{K \to \infty} \int_{-K}^b \boldsymbol{f(x)}\,\boldsymbol{dx}$$

　上の(i)，(ii)のように拡張された定積分を，無限区間における **広義積分** という。

注意　無限区間における広義積分についても，定義されない場合がある。

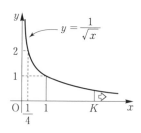

　たとえば $\int_1^K \dfrac{1}{\sqrt{x}}\,dx = 2\sqrt{K} - 2$ は，$K \to \infty$ のとき ∞ に発散するので $\int_1^\infty \dfrac{1}{\sqrt{x}}\,dx$ は存在しない。

例 7 (1) $\displaystyle\int_1^\infty \frac{1}{x^2}\,dx = \lim_{K\to\infty}\int_1^K \frac{1}{x^2}\,dx = \lim_{K\to\infty}\left[-\frac{1}{x}\right]_1^K = \lim_{K\to\infty}\left(-\frac{1}{K}+1\right)$

$= 1$

(2) $\displaystyle\int_{-\infty}^0 e^x\,dx = \lim_{K\to\infty}\int_{-K}^0 e^x\,dx = \lim_{K\to\infty}\left[e^x\right]_{-K}^0 = \lim_{K\to\infty}\left(1-\frac{1}{e^K}\right)$

$= 1$

練習13 次の広義積分を求めよ。

(1) $\displaystyle\int_1^\infty \frac{1}{x^3}\,dx$ (2) $\displaystyle\int_{-\infty}^0 \frac{1}{1+x^2}\,dx$

例題 7 広義積分 $\displaystyle\int_0^\infty xe^{-x}\,dx$ を求めよ。

解 K を大きい正数とする。部分積分法により

$$\int_0^K xe^{-x}\,dx = \left[-xe^{-x}\right]_0^K + \int_0^K e^{-x}\,dx$$

$$= -\frac{K}{e^K} + \left[-e^{-x}\right]_0^K$$

$$= -\frac{K}{e^K} - \frac{1}{e^K} + 1$$

ここで，ロピタルの定理より

$$\lim_{K\to\infty}\frac{K}{e^K} = \lim_{K\to\infty}\frac{1}{e^K} = 0$$

よって

$$\int_0^\infty xe^{-x}\,dx = \lim_{K\to\infty}\int_0^K xe^{-x}\,dx$$

$$= \lim_{K\to\infty}\left\{-\frac{K}{e^K} - \frac{1}{e^K} + 1\right\}$$

$$= 1$$

練習14 広義積分 $\displaystyle\int_0^\infty x^2 e^{-x}\,dx$ を求めよ。

注意 p. 268 では広義積分 $\displaystyle\int_0^\infty e^{-x^2}\,dx$ を考える。

◀──── 節|末|問|題 ▓▓▓▓

1. 次の曲線，直線で囲まれた図形の面積を求めよ。

   (1) 曲線 $y = \sqrt{x} - 1$，2 直線 $x = 0$, $x = 4$, x 軸

   (2) 曲線 $y = \mathrm{Tan}^{-1}x$，直線 $x = 1$, x 軸

2. a, b を正の定数とする。媒介変数表示の曲線 $x = a\cosh t$, $y = b\sinh t$ の $t = 0$ から $t = 1$ までの部分と直線 $x = a\cosh 1$ および x 軸で囲まれた図形の面積を求めよ。

3. 次の極座標表示の曲線の $\theta = 0$ から $\theta = \dfrac{\pi}{2}$ の部分と 2 つの半直線 $\theta = 0$, $\theta = \dfrac{\pi}{2}$ とで囲まれた図形の面積を求めよ。ただし，n は 1 以上の整数とする。

   (1) 曲線 $r = \cos^2\theta$ (2) 曲線 $r = \cos^n\theta$

4. 次の曲線の長さを求めよ。

   (1) 曲線 $y = \dfrac{1}{3}\sqrt{x^3}$ の $x = 0$ から $x = 5$ までの長さ

   (2) 媒介変数表示の曲線 $x = 4\sqrt{2}\cos t$, $y = \sin 2t$ の $t = 0$ から $t = \dfrac{\pi}{2}$ までの長さ

   (3) 極座標表示の曲線 $r = \theta^2$ の $\theta = 0$ から $\theta = \pi$ までの長さ

5. 曲線 $y = f(x)$ の $x = a$ から $x = b$ の部分が
$$x = g(t), \ y = h(t), \ a = g(\alpha), \ b = g(\beta)$$
と媒介変数表示できるとき，曲線の長さについて，次の関係式を確かめよ。
$$\int_a^b \sqrt{1 + \{f'(x)\}^2}\, dx = \int_\alpha^\beta \sqrt{\{g'(t)\}^2 + \{h'(t)\}^2}\, dt$$

6. 媒介変数表示の曲線 $x = \sin t$, $y = \sin t + \cos t$ の $t = 0$ から $t = \dfrac{\pi}{2}$ の部分と 2 直線 $x = 0$, $x = 1$ および x 軸で囲まれる図形を x 軸のまわりに回転して得られる回転体の体積 V を求めよ。

偏微分

··· 1 ···
2 変数関数と偏微分

··· 2 ···
偏微分の応用

　前章までは変数が1つの関数について考えてきたが，本章と次章では変数が2つの関数，つまり2変数関数について考える。変数が3つ以上の関数で成り立つことは，2つのときの単純な拡張であることが多いので，本章では2変数関数の微分法の考え方とそれを用いて得られる結果について学び，極値問題などの応用に取り組む。

◆ 1 ◆ 2 変数関数と偏微分

1 2 変数関数とそのグラフ

1 2 変数関数

3つの変数 x, y, z があって，x と y の値を定めるとそれに対応して z の値が唯一つ定まるとき，z は 2 変数 x, y の関数である。これを **2 変数関数** といい，x と y を **独立変数**，z を **従属変数** という。

一般に z が x と y の関数であることを，f や g などの文字を用いて

$$z = f(x, y), \quad z = g(x, y)$$

などと表す。また，x と y の関数を単に，$f(x, y)$ や $g(x, y)$ などとも表す。

関数 $z = f(x, y)$ において，$x = a$, $y = b$ に対応する z の値を $f(a, b)$ で表し，$f(a, b)$ を $x = a$, $y = b$ のときの **関数 $f(x, y)$ の値** という。

例1 $f(x, y) = 2x + y$ のとき，

$$f(1, 3) = 2 \times 1 + 3 = 5$$
$$f(a+1, 2b) = 2(a+1) + 2b = 2a + 2b + 2$$

練習1 次の関数 $f(x, y)$ に対して $f(-2, 1)$, $f(a, b-1)$ を求めよ。

(1) $f(x, y) = 3x + y + 1$　　　　(2) $f(x, y) = x^2 + 3y$

関数 $z = f(x, y)$ について，変数 x と y の組 (x, y) の範囲を，この関数の **定義域** という。

今まで学んできた1変数の関数ではその変域を数直線上の点の集まりとして表してきたが，2変数の関数ではその変域を座標平面上の点 (x, y) の集まりとして表す。関数において定義域が示されていないとき，定義域はその関数の値が実数として定まる範囲でできるだけ広くとる。

また (x, y) が定義域すべての点をとるとき，それらに対応する z の値のとりうる範囲をこの関数の **値域** という。

例②　$z = f(x, y) = \sqrt{1 - x^2 - y^2}$ の 定義 域 は，xy 平面上における $0 \leqq 1 - x^2 - y^2$ つまり $x^2 + y^2 \leqq 1$ を満たす点 (x, y) 全体である。すなわち，原点中心で半径 1 の円の内部および周である。xy 平面上に定義域を図示すると右の図の青色部分となる。

また，$0 \leqq \sqrt{1 - x^2 - y^2} \leqq 1$ であることより，z は 0 以上 1 以下のすべての値をとる。よって $z = f(x, y) = \sqrt{1 - x^2 - y^2}$ の値域は $0 \leqq z \leqq 1$ である。

練習②　次の関数の定義域を求めよ。また，それを xy 平面上に図示せよ。

(1) $f(x, y) = 2x + 3y$　　　　(2) $f(x, y) = \dfrac{1}{x + y}$

(3) $f(x, y) = \log(y - 2x^2)$

◀2▶　2 変数関数のグラフ

xy 平面の原点を通り，x 軸と y 軸に直交する直線を z 軸とする xyz 座標空間を考える。以下，これを単に **xyz 空間** とよぶ。

まず，1 変数関数のグラフとは何であったかを考え直してみよう。たとえば 1 次関数 $y = 2x - 1$ のグラフとは，xy 平面上において $y = 2x - 1$ という関係を満たす x, y の組 (x, y) を座標とする，xy 平面上の点全体が作る図形である。点 $(0, -1)$, $(1, 1)$ などが含まれ，全体として直線を形作っている。一般に，1 変数関数 $y = f(x)$ について，x の値とそれに対応する y の値の組 (x, y) を座標とする xy 平面上の点全体が作る図形を **$y = f(x)$ のグラフ** という。

2 変数関数のグラフも同様に以下のように定義される。

2 変数関数 $z = f(x, y)$ について x, y の値とそれらに対応する z の値の組 (x, y, z) を座標とする，xyz 空間内の点全体が作る図形のことを **2 変数関数 $z = f(x, y)$ のグラフ** という。いい換えれば，xyz 空間において $z = f(x, y)$ という関係を満たす点 (x, y, z) 全体が $z = f(x, y)$ のグラフである。たとえば，例 1 の関数 $z = 2x + y$ のグラフには点 $(x, y, z) = (1, 3, 5)$ が含まれる。

例❸　関数　$z = f(x, y) = \sqrt{9 - x^2 - y^2}$　……①

のグラフは x, y, z の関係式

$$z = \sqrt{9 - x^2 - y^2}$$

つまり

$$z^2 = 9 - x^2 - y^2 \ (z \geqq 0) \quad \cdots\cdots ②$$

を満たす xyz 空間内の点全体のことである。

　②は $x^2 + y^2 + z^2 = 3^2 \ (z \geqq 0)$ であるから，関数①のグラフは下の図に示すように中心が $(0, 0, 0)$ で半径が 3 の球面の上半分である。

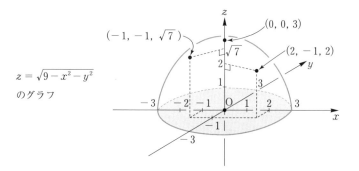

$z = \sqrt{9 - x^2 - y^2}$
のグラフ

　たとえば $x = 1$, $y = 2$ のとき，$z = f(1, 2) = \sqrt{9 - 1 - 4} = 2$ であるから $(x, y, z) = (1, 2, 2)$ は関数①のグラフ上の点である。同様に，$(0, 0, 3)$, $(2, -1, 2)$, $(-1, -1, \sqrt{7})$ などもグラフ上の点である。

　2変数関数のグラフは一般に xyz 空間内の曲面となっている。

練習❸　次の関数のグラフは xyz 空間内のどんな図形か。

　(1) $z = f(x, y) = 2x + 3y$　　　　(2) $z = f(x, y) = 4$

[注意] xyz 空間内の平面は $ax + by + cz + d = 0$ の形で表される。　　←**41**

　関数 $z = f(x, y)$ のグラフの概形をえがくための方法として，z 軸に垂直な平面と曲面 $z = f(x, y)$ との交わりを調べていく方法がある。この方法については，p. 227 研究で述べる。

2 極限値と偏導関数

1 関数の極限

関数 $f(x, y)$ において点 (x, y) が点 (a, b) 以外の点をとりながら (a, b) に限りなく近づくとき，$f(x, y)$ の値が1つの定まった値 C に限りなく近づくならば，このことを

$$\lim_{(x, y) \to (a, b)} f(x, y) = C$$

または

$$(x, y) \to (a, b) \quad \text{のとき} \quad f(x, y) \to C$$

と表し，(x, y) が (a, b) に限りなく近づくとき $f(x, y)$ は C に **収束する**，または，$f(x, y)$ の **極限値** は C であるという。

この場合，(x, y) がどんな近づき方で (a, b) に近づいても $f(x, y)$ の値が一定の値 C に限りなく近づくことが必要である。

次の例のような場合には極限値はない。

例 4 関数 $z = f(x, y) = \dfrac{xy}{x^2 + y^2}$ について $(x, y) \to (0, 0)$ とするときの極限値があるかどうかを考えよう。

(i) 点 (x, y) を直線 $y = x$ の上で $(0, 0)$ に近づけると，$y = x$ 上の点に対しては $f(x, y) = \dfrac{x \cdot x}{x^2 + x^2} = \dfrac{1}{2}$ であるから，

この直線上で $(x, y) \to (0, 0)$ とするとき $f(x, y)$ は $\dfrac{1}{2}$ に収束する。

(ii) 一方，直線 $y = 2x$ の上で $(0, 0)$ に近づけると，$y = 2x$ 上の点に対しては $f(x, y) = \dfrac{x \cdot 2x}{x^2 + (2x)^2} = \dfrac{2}{5}$ であるから

この直線上で $(x, y) \to (0, 0)$ とするとき $f(x, y)$ は $\dfrac{2}{5}$ に収束する。

(i)，(ii)より，特別な近づき方をすると極限はあるが，近づき方によって異なる値に近づくことがわかった。よって，極限値はなし，となる。

例題 1

次の関数 $f(x, y)$ において $(x, y) \to (0, 0)$ とするときの $f(x, y)$ の極限値があればそれを求めよ。ないと判断するときはその理由を示せ。

(1) $f(x, y) = \dfrac{x}{x+y}$　　　　(2) $f(x, y) = \dfrac{y^3}{x^2+y^2}$

解

xy 平面上の原点 O に対し，O を原点とする極座標 (r, θ) をとる。

点 $\mathrm{P}(x, y)$ について $x = r\cos\theta,\ y = r\sin\theta$ である。ここで r は原点 O から P までの距離なので，$(x, y) \to (0, 0)$ は $r \to 0$ と同じである。

(1) $\displaystyle\lim_{(x, y)\to(0, 0)} \frac{x}{x+y}$

$\displaystyle = \lim_{r\to 0} \frac{r\cos\theta}{r\cos\theta + r\sin\theta}$

$\displaystyle = \lim_{r\to 0} \frac{\cos\theta}{\cos\theta + \sin\theta}$

$\displaystyle = \frac{\cos\theta}{\cos\theta + \sin\theta}$

この式の値は $\theta = \dfrac{\pi}{2}$ のとき 0，

$\theta = 0$ のとき 1 となる。つまり θ の値を固定して $r \to 0$ のとき異なる値に近づくので極限値はなし。

(2) $\displaystyle\lim_{(x, y)\to(0, 0)} \frac{y^3}{x^2+y^2} = \lim_{r\to 0} \frac{r^3\sin^3\theta}{r^2\cos^2\theta + r^2\sin^2\theta} = \lim_{r\to 0} \frac{r^3\sin^3\theta}{r^2}$

$\displaystyle = \lim_{r\to 0} r\sin^3\theta$

$= 0$

注意 (2)の極限値については，$-1 \leqq \sin^3\theta \leqq 1$ より $-r \leqq r\sin^3\theta \leqq r$ であり $r \to 0$ のとき左辺 $\to 0$ かつ右辺 $\to 0$ となることから $r\sin^3\theta \to 0$ がわかる。(p. 18「はさみうちの原理」)

練習4 次の関数 $f(x, y)$ において $(x, y) \to (0, 0)$ とするときの $f(x, y)$ の極限値があればそれを求めよ。ないと判断するときはその理由を示せ。

(1) $f(x, y) = \dfrac{x-y}{x+y}$　　　　(2) $f(x, y) = \dfrac{x^2y^2}{x^2+y^2}$

2 関数の連続性

関数 $z = f(x, y)$ の定義域内の点 P(a, b) について $\lim_{(x, y) \to (a, b)} f(x, y)$ が存在して

$$\lim_{(x, y) \to (a, b)} f(x, y) = f(a, b) \quad \cdots\cdots①$$

が成り立つとき，$f(x, y)$ は点 P(a, b) で **連続** であるという。また，$f(x, y)$ がその定義域 D 内のすべての点で連続のとき，$f(x, y)$ は D で連続であるという。

例5 (1) 関数 $z = f(x, y)$ が次の式で定義されているとき，$f(x, y)$ が $(0, 0)$ で連続かどうかを調べよう。

$$f(x, y) = \begin{cases} \dfrac{y^3}{x^2 + y^2} & ((x, y) \neq (0, 0) \text{ のとき}) \\ 0 & ((x, y) = (0, 0) \text{ のとき}) \end{cases}$$

例題 1(2)より $\lim_{(x, y) \to (0, 0)} f(x, y) = 0$ であるから次の式が成り立つ。

$$\lim_{(x, y) \to (0, 0)} f(x, y) = f(0, 0)$$

よって①より $f(x, y)$ は $(x, y) = (0, 0)$ で連続である。

(2) 関数 $z = f(x, y) = \dfrac{x}{x + y}$ は例題 1(1)より $\lim_{(x, y) \to (0, 0)} f(x, y)$ が存在しない。よって①より $f(x, y)$ は $(x, y) = (0, 0)$ で連続でない。

練習5 関数 $z = f(x, y)$ が次の式で定義されているとき，$f(x, y)$ が $(0, 0)$ で連続かどうかを調べよ。

(1) $f(x, y) = \begin{cases} \dfrac{x^2 - y^2}{x^2 + y^2} & ((x, y) \neq (0, 0) \text{ のとき}) \\ 0 & ((x, y) = (0, 0) \text{ のとき}) \end{cases}$

(2) $f(x, y) = \begin{cases} \dfrac{x^2 y^2}{x^2 + y^2} & ((x, y) \neq (0, 0) \text{ のとき}) \\ 0 & ((x, y) = (0, 0) \text{ のとき}) \end{cases}$

3 偏微分係数・偏導関数

まず，関数 $z = f(x, y)$ において $(x, y) = (a, b)$ から x だけ変化させたときの z の変化率である「x についての偏微分係数」と，y だけ変化させたときの z の変化率である「y についての偏微分係数」を定義する。

これらから $(x, y) = (a, b)$ 近くでの関数の変化の様子がわかる。

[1] 偏微分係数 $f_x(a, b)$ について

関数 $z = f(x, y)$ において y を一定の値 b に固定すると $z = f(x, b)$ という x だけの関数となる（下の図の曲線㋐）。この関数の $x = a$ における微分係数

$$\lim_{h \to 0} \frac{f(a+h, b) - f(a, b)}{h}$$

⟵ x だけ変化させたときの z の変化率
（下の図，接線㋐′の x 軸方向の傾き）

が存在するとき，この微分係数を $(x, y) = (a, b)$ における $f(x, y)$ の **x についての偏微分係数** といい，$f_x(a, b)$ で表す。

[2] 偏微分係数 $f_y(a, b)$ について

関数 $z = f(x, y)$ において，x を一定の値 a に固定すると $z = f(a, y)$ という y だけの関数となる（下の図の曲線㋑）。この関数の $y = b$ における微分係数

$$\lim_{k \to 0} \frac{f(a, b+k) - f(a, b)}{k}$$

⟵ y だけ変化させたときの z の変化率
（下の図，接線㋑′の y 軸方向の傾き）

が存在するとき，この微分係数を $(x, y) = (a, b)$ における $f(x, y)$ の **y についての偏微分係数** といい $f_y(a, b)$ で表す。

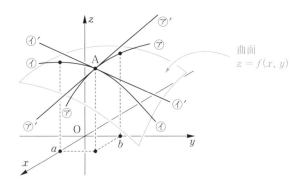

また，偏微分係数 $f_x(a, b)$，$f_y(a, b)$ が存在するとき，それぞれ，$f(x, y)$ は $(x, y) = (a, b)$ において **x について偏微分可能**，**y について偏微分可能** という。両方とも存在するときは，単に，$f(x, y)$ は $(x, y) = (a, b)$ において **偏微分可能** という。

x について偏微分可能な点 (x, y) では偏微分係数 $f_x(x, y)$ が 1 つ決まり，$f_x(x, y)$ は 2 変数 x，y の関数になる。そこで $f_x(x, y)$ のことを $f(x, y)$ の **x についての偏導関数** という。$f(x, y)$ の **y についての偏導関数** $f_y(x, y)$ も同様に考えればよい。$f_x(x, y)$，$f_y(x, y)$ を求めることをそれぞれ「$f(x, y)$ を **x で偏微分する**」，「$f(x, y)$ を **y で偏微分する**」という。

⇒ 偏導関数

[1] 関数 $z = f(x, y)$ の x についての偏導関数

$$f_x(x, y) = \lim_{\Delta x \to 0} \frac{f(x + \Delta x, y) - f(x, y)}{\Delta x} \quad \cdots\cdots ①$$

[2] 関数 $z = f(x, y)$ の y についての偏導関数

$$f_y(x, y) = \lim_{\Delta y \to 0} \frac{f(x, y + \Delta y) - f(x, y)}{\Delta y} \quad \cdots\cdots ②$$

[偏導関数の計算] ① から $f(x, y)$ において y を定数扱いして x で微分すれば $f_x(x, y)$ を得ることがわかる。同様に，$f(x, y)$ において x を定数扱いして y で微分すれば $f_y(x, y)$ を得る。

[$z = f(x, y)$ の偏導関数の表記]

$f_x(x, y)$ は f_x，z_x，$\dfrac{\partial f}{\partial x}$，$\dfrac{\partial z}{\partial x}$，$\dfrac{\partial}{\partial x} f(x, y)$ などと表すことがある。

$f_y(x, y)$ は f_y，z_y，$\dfrac{\partial f}{\partial y}$，$\dfrac{\partial z}{\partial y}$，$\dfrac{\partial}{\partial y} f(x, y)$ などと表すことがある。

[注意] ∂ の読み方としてはディー，デル，ラウンドディーなどがある。

「関数 $z = f(x, y)$ について，$(x, y) = (a, b)$ における偏微分係数を求めよ」というときには，$f_x(a, b)$，$f_y(a, b)$ の両方を求める。同様に，「$z = f(x, y)$ の偏導関数を求めよ」というときには，$f_x(x, y)$，$f_y(x, y)$ の両方を求める。

例 6　$z = f(x, y) = x^2 + y^2$ を

　　　　x について偏微分すると　$f_x(x, y) = 2x$,

　　　　y について偏微分すると　$f_y(x, y) = 2y$

である。また $(x, y) = (1, 0)$ における偏微分係数は

　　　　$f_x(1, 0) = 2 \times 1 = 2$,

　　　　$f_y(1, 0) = 2 \times 0 = 0$

であり，これらはそれぞれ下の図⑦′ の x 軸方向，⑦′ の y 軸方向の傾きである。

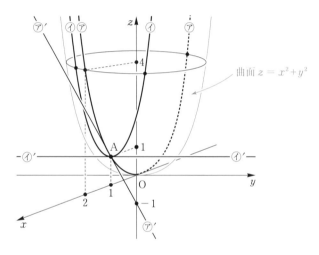

　　　　⑦は平面 $y = 0$（xz 平面）上の曲線 $z = f(x, 0) = x^2$

　　　　⑦′ は平面 $y = 0$ 上の点 A における⑦の接線

　　　　⑦は平面 $x = 1$ 上の曲線 $z = f(1, y) = 1 + y^2$

　　　　⑦′ は平面 $x = 1$ 上の点 A における⑦の接線

練習 6　次の関数 $z = f(x, y)$ について，$(x, y) = (2, 1)$ における偏微分係数を求めよ。

(1)　$z = x^2 y$

(2)　$z = x^2 + 2xy$

(3)　$z = \dfrac{x - 3y}{2x + y}$

(4)　$z = (2x - 3y)^3$

4 **高次の偏導関数**

関数 $z = f(x, y)$ の偏導関数 $f_x(x, y)$, $f_y(x, y)$ は 2 変数 x, y の関数であるから，f_x, f_y がそれぞれ偏微分可能なときは，さらにそれらの偏導関数を考えることができる。$f_x(x, y)$ の x についての偏導関数を $\boldsymbol{f_{xx}(x, y)}$, $f_x(x, y)$ の y についての偏導関数を $\boldsymbol{f_{xy}(x, y)}$ と表す。同様に，$f_y(x, y)$ の x についての偏導関数を $\boldsymbol{f_{yx}(x, y)}$, y についての偏導関数を $\boldsymbol{f_{yy}(x, y)}$ と表す。これら 4 つの関数を総称して $z = f(x, y)$ の **第 2 次偏導関数** という。

$[z = f(x, y)$ の第 2 次偏導関数の表記$]$

$$f_{xx}(x, y) \text{ は } \quad f_{xx}, \ z_{xx}, \ \frac{\partial}{\partial x}\left(\frac{\partial f}{\partial x}\right), \ \frac{\partial^2 f}{\partial x^2},$$

$$f_{xy}(x, y) \text{ は } \quad f_{xy}, \ z_{xy}, \ \frac{\partial}{\partial y}\left(\frac{\partial f}{\partial x}\right), \ \frac{\partial^2 f}{\partial y \partial x},$$

$$f_{yx}(x, y) \text{ は } \quad f_{yx}, \ z_{yx}, \ \frac{\partial}{\partial x}\left(\frac{\partial f}{\partial y}\right), \ \frac{\partial^2 f}{\partial x \partial y},$$

$$f_{yy}(x, y) \text{ は } \quad f_{yy}, \ z_{yy}, \ \frac{\partial}{\partial y}\left(\frac{\partial f}{\partial y}\right), \ \frac{\partial^2 f}{\partial y^2},$$

などとそれぞれ表されることがある。変数 x, y を明らかにしたいときは，$\dfrac{\partial^2}{\partial x \partial y} f(x, y)$ のように表す。

第 2 次偏導関数が偏微分可能なときは，さらにそれらの偏導関数を考えることができるので，第 2 次偏導関数の偏導関数は次の 8 つとなる。

$$f_{xxx}(x, y), \ f_{xxy}(x, y), \ f_{xyx}(x, y), \ f_{yxx}(x, y),$$

$$f_{xyy}(x, y), \ f_{yxy}(x, y), \ f_{yyx}(x, y), \ f_{yyy}(x, y)$$

これらを総称して **第 3 次偏導関数** という。これらも，場合によってさまざまな表記が使われる。たとえば $f_{xxy}(x, y)$ は $\dfrac{\partial^3 f}{\partial y \partial x^2}$, $\dfrac{\partial^3}{\partial y \partial x^2} f(x, y)$ などと表記する。分母の ∂y, ∂x^2 の位置に注意しよう。

順次このように偏導関数を考えていくと，一般に，第 n 次偏導関数を考えることができる。第 2 次以上の偏導関数を **高次の偏導関数** という。p. 229 研究ではそれらが用いられている。

練習**7**　次の関数 $z = f(x, y)$ の第2次偏導関数を求めよ。

(1)　$z = x^2 y$　　　　　　　　　　(2)　$z = x^2 + 2xy$

(3)　$z = \dfrac{x - 3y}{2x + y}$　　　　　　　(4)　$z = (2x - 3y)^3$

$f(x, y)$ の第2次偏導関数のうち $f_{xy}(x, y)$ と $f_{yx}(x, y)$ とは必ずしも等しいとは限らないが，次の定理がある。

⟹ **2回の偏微分**

　　関数 $z = f(x, y)$ に2次までの偏導関数 f_x, f_y, f_{xy}, f_{yx} が存在して，それらすべてが連続とする。このとき
$$f_{xy}(x, y) = f_{yx}(x, y)$$
が成立する。

実際，練習7の(1)〜(4)ではすべて $f_{xy} = f_{yx}$ となっている。

一般に，数学的帰納法により次のことが示せる。

⟹ **n 回の偏微分**

　　関数 $z = f(x, y)$ に n 次までの偏導関数が存在して，それらがすべて連続であるとする。$n = k + l$ とし，$f(x, y)$ を x について k 回，y について l 回の合計 n 回偏微分する。このとき，その順序にかかわらず得られる関数はすべて $\dfrac{\partial^n f}{\partial x^k \partial y^l}$ に等しい。

例**7**　$z = f(x, y) = (2x - 3y)^3$ について
$$f_x = 6(2x - 3y)^2, \ f_y = -9(2x - 3y)^2$$
より
$$f_{xx} = 24(2x - 3y), \ f_{xy} = -36(2x - 3y) = f_{yx}$$
よって　$f_{xxy} = f_{xyx} = f_{yxx} = -72$ である。

練習**8**　$z = f(x, y) = (2x - 3y)^3$ について次の式が成立することを示せ。
$$f_{yyx} = f_{yxy} = f_{xyy}$$

3 合成関数の微分法

1 2 変数関数の合成関数の微分法

第 1 章 (p.36) では，x の関数 $y = f(x)$ と t の関数 $x = x(t)$ がともに微分可能ならば，2 つの関数の合成関数 $y = f(x(t))$ についてその導関数が次の式で得られることを学んだ。

$$\frac{dy}{dt} = \frac{df}{dx} \cdot \frac{dx}{dt} = f'(x) \cdot x'(t)$$

2 変数関数についても同様の定理が成り立つ。

➡ 合成関数の微分法 (I)

関数 $z = f(x, y)$ には偏導関数 $f_x(x, y)$, $f_y(x, y)$ が存在し，それらがともに連続であるとする。さらに，x, y は t の関数 $x = x(t)$, $y = y(t)$ であって，ともに微分可能とする。このとき $z = f(x, y)$ は変数 t に関して微分可能であり，次の式が成立する。

$$\frac{dz}{dt} = \frac{\partial f}{\partial x}\frac{dx}{dt} + \frac{\partial f}{\partial y}\frac{dy}{dt} = f_x x'(t) + f_y y'(t)$$

証明 t の増分 Δt に対する x, y の増分をそれぞれ Δx, Δy とし，それに対する z の増分を Δz とすると

$$\Delta z = f(x + \Delta x, y + \Delta y) - f(x, y)$$
$$= f(x + \Delta x, y + \Delta y) - f(x, y + \Delta y) + f(x, y + \Delta y) - f(x, y)$$
$$= f_x(c_1, y + \Delta y)\Delta x + f_y(x, c_2)\Delta y$$

ここで最後の等式において，平均値の定理 (I) (p.142) を使っている。つまり

$$x < c_1 < x + \Delta x, \qquad y < c_2 < y + \Delta y$$

を満たす c_1, c_2 を，上の等式が成り立つように選んでいる。さらに，$\Delta t \to 0$ のとき，$\Delta x \to 0$ かつ $\Delta y \to 0$ であり，$c_1 \to x$, $c_2 \to y$ となる。また，f_x, f_y が連続なので，$f_x(c_1, y + \Delta y) \to f_x(x, y)$, $f_y(x, c_2) \to f_y(x, y)$ である。したがって

$$\lim_{\Delta t \to 0} \frac{\Delta z}{\Delta t} = \lim_{\Delta t \to 0}\left(f_x(c_1, y + \Delta y)\frac{\Delta x}{\Delta t} + f_y(x, c_2)\frac{\Delta y}{\Delta t}\right)$$
$$= f_x(x, y)\frac{dx}{dt} + f_y(x, y)\frac{dy}{dt}$$

終

次に，$z = f(x, y)$ について，x と y がともに2変数 u，v の関数であるときを考える。z を u で偏微分するときは v を定数扱いして u で微分するので，先の合成関数の微分法(I)から次の定理の[1]が得られる。z を v で偏微分するときも同様で次の定理の[2]を得る。

> ⇒ **合成関数の微分法(II)**
>
> 関数 $z = f(x, y)$ には偏導関数 $f_x(x, y)$，$f_y(x, y)$ が存在し，それらがともに連続であるとする。さらに，x，y は，ともに2変数 u，v の関数 $x = x(u, v)$，$y = y(u, v)$ であり，これらがともに偏微分可能とするとき $z = f(x, y)$ は変数 u，v で偏微分可能で，次の式が成り立つ。
>
> [1] $\dfrac{\partial z}{\partial u} = \dfrac{\partial f}{\partial x}\dfrac{\partial x}{\partial u} + \dfrac{\partial f}{\partial y}\dfrac{\partial y}{\partial u} = f_x x_u + f_y y_u$
>
> [2] $\dfrac{\partial z}{\partial v} = \dfrac{\partial f}{\partial x}\dfrac{\partial x}{\partial v} + \dfrac{\partial f}{\partial y}\dfrac{\partial y}{\partial v} = f_x x_v + f_y y_v$

例 8 関数 $z = f(x, y)$ には偏導関数 $f_x(x, y)$，$f_y(x, y)$ が存在し，それらがともに連続とする。

(1) $x = t^2$，$y = t^3$ とする。このとき

$$\frac{dz}{dt} = f_x x'(t) + f_y y'(t) = 2t f_x(t^2, t^3) + 3t^2 f_y(t^2, t^3)$$

(2) $x = u^2 + 2v$，$y = uv$ とする。このとき

$$\frac{\partial z}{\partial u} = f_x x_u + f_y y_u = 2u f_x(u^2 + 2v, uv) + v f_y(u^2 + 2v, uv)$$

$$\frac{\partial z}{\partial v} = f_x x_v + f_y y_v = 2 f_x(u^2 + 2v, uv) + u f_y(u^2 + 2v, uv)$$

練習 9 $z = 2x^2 + 3y^2$ とする。

(1) $x = \cos t$，$y = \sin t$ のときの $\dfrac{dz}{dt}$ を求めよ。

(2) $x = u + v$，$y = uv$ のときの $\dfrac{\partial z}{\partial u}$，$\dfrac{\partial z}{\partial v}$ を求めよ。

注意 練習9のように $f(x, y)$ が具体的に与えられているとき，たとえば(1)ならば，z を t の式に直してしまってから t で微分しても同じ結果が得られる。

合成関数の微分法(II)の[1]，[2]はまとめて行列を用いて次のように表すこともできる。次式の正方行列を x，y の u，v に関する **ヤコビ行列** という。

$$\left(\begin{matrix} \dfrac{\partial z}{\partial u} & \dfrac{\partial z}{\partial v} \end{matrix}\right) = \left(\begin{matrix} \dfrac{\partial z}{\partial x} & \dfrac{\partial z}{\partial y} \end{matrix}\right)\left(\begin{matrix} \dfrac{\partial x}{\partial u} & \dfrac{\partial x}{\partial v} \\ \dfrac{\partial y}{\partial u} & \dfrac{\partial y}{\partial v} \end{matrix}\right) = \left(\begin{matrix} f_x & f_y \end{matrix}\right)\left(\begin{matrix} x_u & x_v \\ y_u & y_v \end{matrix}\right)$$

2　2 変数関数の平均値の定理

3 章 2 節において $y = f(x)$ についての平均値の定理(II)(p. 143)

$$f(a + h) = f(a) + hf'(a + \theta h) \quad (0 < \theta < 1) \quad \cdots\cdots①$$

と 1 次近似式 (p. 149)

$$f(a + h) \fallingdotseq f(a) + hf'(a) \quad (h \fallingdotseq 0) \quad \cdots\cdots②$$

を学んだ。以下では 2 変数関数の平均値の定理と近似式について学ぶ。

関数 $z = f(x, y)$ において点 $(x, y) = (a, b)$ の十分近くで，x，y が変数 t の 1 次関数として $x = a + ht$，$y = b + kt$ $(h, k$ は定数) と表されているとする。このとき

$$z = g(t) = f(a + ht, b + kt) \quad \cdots\cdots③$$

とおくと，合成関数の微分法(I)より

$$\frac{dz}{dt} = g'(t) = f_x x'(t) + f_y y'(t)$$

$$= f_x(a + ht, b + kt)h + f_y(a + ht, b + kt)k \quad \cdots\cdots④$$

が成り立つ。ここで平均値の定理(III)(p. 143)を t の区間 $[0, 1]$ において $g(t)$ に適用すると

$$g(1) = g(0) + g'(\theta)(1 - 0)$$

となるような θ $(0 < \theta < 1)$ が存在することがわかる。

③より　$g(1) = f(a + h, b + k)$，

　　　　　$g(0) = f(a, b)$

④より　$g'(\theta) = f_x(a + \theta h, b + \theta k)h + f_y(a + \theta h, b + \theta k)k$

であるから式①に相当する次の式を得る。

▶2 変数関数の平均値の定理

　関数 $z = f(x, y)$ には点 $(x, y) = (a, b)$ の近くで偏導関数 f_x, f_y が存在し，それらがともに連続であるとする。このとき

$$f(a + h, b + k) = f(a, b) + hf_x(a + \theta h, b + \theta k)$$
$$+ kf_y(a + \theta h, b + \theta k) \quad \cdots\cdots① '$$

となるような θ $(0 < \theta < 1)$ が存在する。

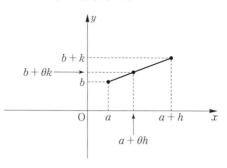

　3章では，平均値の定理(I)の一般化であるテイラーの定理（p.153）を得たが，2変数関数のテイラーの定理（p.229 研究）についても同様のことが成り立つ。

例⑨　上の①′ で $z = x + y^3$, $(a, b) = (0, 0)$ とする。

$$f_x(x, y) = 1, \quad f_y(x, y) = 3y^2$$

であるから

$$f(h, k) = f(0, 0) + hf_x(\theta h, \theta k) + kf_y(\theta h, \theta k)$$

より

$$h + k^3 = 0 + h \cdot 1 + k \cdot 3(\theta k)^2$$

したがって $k^3 = 3\theta^2 k^3$ である。$0 < \theta < 1$ であるから $\theta = \dfrac{1}{\sqrt{3}}$ として，平均値の定理が確かに成り立っている。

練習⑩　$z = xy$ とする。(a, b) がそれぞれ以下の点として与えられるとき，平均値の定理が成り立つように θ $(0 < \theta < 1)$ の値を定めよ。

(1) $(1, 1)$　　　　　　　　　　　　(2) $(1, 2)$

次に 2 変数関数の 1 次近似式を導いてみよう。

いま, 2 変数関数の平均値の定理において, 式①′ の $f_x(a+\theta h,\ b+\theta k)$, $f_y(a+\theta h,\ b+\theta k)$ を次のように書きかえよう。

$$f_x(a+\theta h,\ b+\theta k) = f_x(a,\ b) + \varepsilon_1$$
$$f_y(a+\theta h,\ b+\theta k) = f_y(a,\ b) + \varepsilon_2$$

このようにおくと, f_x, f_y がともに連続のときは,

$$h \to 0,\ k \to 0 \text{ のとき } \varepsilon_1 \to 0,\ \varepsilon_2 \to 0$$

となる。よって, ①′ 式は次のように変形される。

$$f(a+h,\ b+k) = f(a,\ b) + hf_x(a,\ b) + kf_y(a,\ b) + \varepsilon_1 h + \varepsilon_2 k$$

ここで $\varepsilon_1 h$, $\varepsilon_2 k$ はそれぞれ h, k にくらべて極めて小さくなるので p. 219 の②式に相当する次の式を得る。

> **2 変数関数の 1 次近似式**
>
> 関数 $z = f(x,\ y)$ は点 $(x,\ y) = (a,\ b)$ の近くで偏導関数 f_x, f_y が存在し, それらがともに連続であるとする。このとき, $h \fallingdotseq 0$, $k \fallingdotseq 0$ であれば次の近似式が成立する。
>
> $$f(a+h,\ b+k) \fallingdotseq f(a,\ b) + hf_x(a,\ b) + kf_y(a,\ b) \quad \cdots\cdots ②'$$

例10 縦 6 cm, 横 8 cm の長方形で各辺を 0.1 cm 伸ばしたときの面積の近似値を求めてみよう。縦が x cm, 横が y cm とすると面積は $f(x,\ y) = xy$ で $f_x = y$, $f_y = x$ より

$$②' \text{ 右辺} = 48 + 0.1 \times 8 + 0.1 \times 6 = 49.4\ (\text{cm}^2)$$

練習11 縦 6 cm, 横 8 cm, 高さ 6 cm の直方体で各辺を 0.1 cm 伸ばしたときの体積の近似値を求めよ。

注意 2 変数関数の 2 次近似式は次の通り。

関数 $z = f(x,\ y)$ は点 $(x,\ y) = (a,\ b)$ の近くで偏導関数 f_x, f_y, f_{xx}, f_{xy}, f_{yy} が存在し, それらがともに連続であるとする。このとき, $h \fallingdotseq 0$, $k \fallingdotseq 0$ であれば次の近似式が成立する(詳しくは, p. 229 を参照)。

$$f(a+h,\ b+k) \fallingdotseq f(a,\ b) + hf_x(a,\ b) + kf_y(a,\ b)$$
$$+ \frac{1}{2}\{h^2 f_{xx}(a,\ b) + 2hk f_{xy}(a,\ b) + k^2 f_{yy}(a,\ b)\}$$

4 ▶ 全微分と接平面

最初に1変数関数の「微分」を紹介する。関数 $y = f(x)$ が微分可能であるとき $\lim_{h \to 0} \dfrac{f(x+h)-f(x)}{h} = f'(x)$ を $\dfrac{f(x+h)-f(x)}{h} = f'(x) + \varepsilon$ と書くと，$h \to 0$ のとき $\varepsilon \to 0$ である。この式を

$$f(x+h) - f(x) = f'(x)h + \varepsilon h \quad \cdots\cdots\text{①}$$

と書いたとき，$f'(x)h$ と εh について，$f'(x) \neq 0$ のとき，$\lim_{h \to 0} \dfrac{\varepsilon h}{f'(x)h} = 0$ なので εh は $f'(x)h$ より高位の無限小となる。ここで一般に「A は B より高位の無限小」とは，「A より B の方が先に 0 に近づく」ことをいう。したがって，y の増分 $\varDelta y = f(x+h) - f(x)$ は $h \fallingdotseq 0$ のとき，次のように近似される。

$$\varDelta y \fallingdotseq f'(x)h \quad \cdots\cdots\text{②}$$

ここで，h が限りなく 0 に近いとき，右辺を関数 $y = f(x)$ の **微分** といい dy で表す。つまり，

$$dy = f'(x)h \quad \cdots\cdots\text{③}$$

また，$f(x) = x$ の場合を考えれば，$f'(x) = 1$ であるから，$dx = h$ となるので，③の式を

$$dy = f'(x)\,dx \quad \cdots\cdots\text{④}$$

と表す。以下では，1 変数関数 $y = f(x)$ の「微分」の概念を 2 変数関数 $z = f(x, y)$ の場合に拡張した「全微分」の概念を紹介する。

1 ▶ 全微分

関数 $y = f(x)$ が $x = a$ で微分可能とは，①より，十分小さい h に対して

$$f(a+h) = f(a) + Ah + \varepsilon h \quad \cdots\cdots\text{⑤} \quad (\text{ただし，} \lim_{h \to 0} \varepsilon = 0)$$

となるような A が存在することである。そして $A = f'(a)$ である。ここでこの 1 変数関数の微分可能の概念を 2 変数関数の場合に拡張する。

関数 $z = f(x, y)$ が $(x, y) = (a, b)$ で **全微分可能** とは，$\rho = \sqrt{h^2 + k^2}$ が十分小さい任意の h, k に対して次の式の A, B が存在するときをいう。

$$f(a+h, b+k) = f(a, b) + Ah + Bk + \rho\varepsilon \quad \cdots\cdots\text{⑤}' \quad (\lim_{\rho \to 0} \varepsilon = 0)$$

➡ 全微分可能と連続

> 関数 $z = f(x, y)$ が $(x, y) = (a, b)$ で全微分可能ならば, $f(x, y)$ は $(x, y) = (a, b)$ で連続である。

$\boxed{証明}$ 前ページ⑤′式より

$$\lim_{\substack{h \to 0 \\ k \to 0}} \{f(a+h, b+k) - f(a, b)\} = \lim_{\substack{h \to 0 \\ k \to 0}} (Ah + Bk + \rho\varepsilon) = 0 \text{ である。} \qquad \boxed{終}$$

前ページ⑤′の A と B は次の方法で求められる。⑤′で $k = 0$ とおくと $f(a+h, b) = f(a, b) + Ah + |h|\varepsilon$ となるが, 偏微分の定義から直ちに $A = f_x(a, b)$ である。同様に $B = f_y(a, b)$ を得るので次のことがいえる。

➡ 全微分可能と偏微分可能

> 関数 $z = f(x, y)$ が $(x, y) = (a, b)$ で全微分可能ならば, $f(x, y)$ は x と y について $(x, y) = (a, b)$ で偏微分可能である。

$\boxed{注意}$ この定理の逆は必ずしも成り立たない。

関数 $z = f(x, y)$ が $(x, y) = (a, b)$ で全微分可能であるとき, ベクトル $(f_x(a, b), f_y(a, b))$ を $(x, y) = (a, b)$ における **微分係数** とよぶ。また, このとき⑤′より

$$f(x+h, y+k) - f(x, y) = hf_x(x, y) + kf_y(x, y) + \rho\varepsilon \qquad \cdots\cdots①'$$

$(\rho = \sqrt{h^2 + k^2})$ となるが, $h \to 0$, $k \to 0$ のとき $\rho \to 0$ であって $\varepsilon \to 0$ となる。 $hf_x(x, y) + kf_y(x, y)$ と $\rho\varepsilon$ について $f_x(x, y) \neq 0$ のとき $\lim_{h \to 0} \dfrac{\varepsilon h}{hf_x(x, y)} = 0$,

$f_y(x, y) \neq 0$ のとき $\lim_{k \to 0} \dfrac{\varepsilon k}{kf_y(x, y)} = 0$ であるので, $\varepsilon h + \varepsilon k \ (> \rho\varepsilon)$ は, $hf_x(x, y) + kf_y(x, y)$ より高位の無限小となる。よって $h \fallingdotseq 0$ かつ $k \fallingdotseq 0$ のときは, z の増分 $\Delta z = f(x+h, y+k) - f(x, y)$ について

$$\Delta z \fallingdotseq hf_x(x, y) + kf_y(x, y) \qquad \cdots\cdots②'$$

が成り立つ。ここで h と k が限りなく 0 に近いとき, 右辺を $z = f(x, y)$ の **全微分** といい, $\boldsymbol{dz}$ で表す。

また，$z = f(x, y) = x$ のときは $dx = 1 \cdot h + 0 \cdot k = h$，$z = f(x, y) = y$ のときは $dy = 0 \cdot h + 1 \cdot k = k$ なので次のように表す。

$$dz = f_x(x, y)dx + f_y(x, y)dy \quad \cdots\cdots ④'$$

全微分は 1 変数関数 $y = f(x)$ の微分（p. 222 ④）に対応する概念である。

⇒ **全微分**

$$\boldsymbol{dz = f_x(x, \ y)dx + f_y(x, \ y)dy}$$

例11 (1) $z = f(x, y) = 2x + 3y$ のとき，$f_x = 2$，$f_y = 3$ より

$$dz = 2dx + 3dy$$

(2) $z = f(x, y) = \sin(2x - 3y)$ のとき，$f_x = 2\cos(2x - 3y)$，

$f_y = -3\cos(2x - 3y)$ より $dz = (2dx - 3dy) \cdot \cos(2x - 3y)$

練習12 次の関数の全微分を求めよ。

(1) $z = f(x, y) = x^2 + y^2$　　　　(2) $z = f(x, y) = xy$

前ページ ②' の式より，x の増分 $\varDelta x$，y の増分 $\varDelta y$ に対する z の増分を $\varDelta z$ とするとき，$\varDelta x \fallingdotseq 0$，$\varDelta y \fallingdotseq 0$ ならば $\varDelta z \fallingdotseq f_x(x, y)\varDelta x + f_y(x, y)\varDelta y$ である。

練習13 次の量の近似値を求めよ。単位は cm とする。

(1) 縦 6 横 8 の長方形で各辺を 0.1 伸ばしたときの面積の増加量。

(2) 縦 6 横 8 高さ 6 の直方体で各辺を 0.1 伸ばしたときの体積の増加量。

◀ 2 ▶ 接平面

関数 $y = f(x)$ の微分 $dy = f'(x)dx$ に対応して，方程式

$$y - f(a) = f'(a)(x - a) \quad \cdots\cdots ⑥$$

を考える。これは点 $(a, f(a))$ を通り，傾き $f'(a)$ の直線を表す。すなわち ⑥ は，$y = f(x)$ の $x = a$ における接線の方程式である。同様に，2 変数関数 $z = f(x, y)$ の全微分 $dz = f_x(x, y)dx + f_y(x, y)dy$ に対応して方程式

$$z - f(a, b) = f_x(a, b)(x - a) + f_y(a, b)(y - b) \quad \cdots\cdots ⑥'$$

を考える。この式は空間ベクトルの内積で表現すると ← 50

$$(f_x(a, b), \ f_y(a, b), \ -1) \cdot (x - a, \ y - b, \ z - f(a, b)) = 0$$

となることからわかるように xyz 空間の点 A$(a, b, f(a, b))$ を通り，法線ベク

トルが $(f_x(a, b), f_y(a, b), -1)$ である平面を表す。　　　　　　　←**52**

⑥′ で $y = b$ とすると $z - f(a, b) = f_x(a, b)(x - a)$ となるが，これは平面 $y = b$ 内の曲線 $z = f(x, b)$ （下の図⑦）上の点 A における接線（⑦′）の方程式である。つまり方程式 $z = f(x, y)$ の表す曲面と平面 $y = b$ との交わりとして得られる曲線上の点 A での接線は平面⑥′ に含まれる。曲面 $z = f(x, y)$ と平面 $x = a$ との交わりとして得られる曲線（下の図④）についても同様で，この曲線上の点 A での接線（下の図④′）も平面⑥′ に含まれる。

そこで，$z = f(x, y)$ が $(x, y) = (a, b)$ で全微分可能なとき，平面⑥′ のことを $z = f(x, y)$ の点 $(a, b, f(a, b))$ における **接平面** とよぶ。

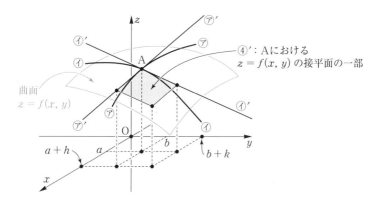

> **➡ $z = f(x, y)$ の接平面**
>
> 点 $(a, b, f(a, b))$ における接平面の方程式は次の式である。
> $$z = f(a, b) + f_x(a, b)(x - a) + f_y(a, b)(y - b)$$

例12　$z = f(x, y) = x^2 + y^2$ のグラフ上の点 $(1, 0, 1)$ における接平面は $f_x = 2x$，$f_x(1, 0) = 2$，$f_y = 2y$，$f_y(1, 0) = 0$ より
$$z - 1 = 2(x - 1) + 0(y - 0) \quad つまり \quad 2x - z - 1 = 0$$
である。これは例 6（p.214）の図における接線⑦′ と接線④′ を含む平面，つまり点 A での接平面の方程式である。

練習14　$z = f(x, y) = xy$ 上の，次の点における接平面の方程式を求めよ。

(1)　$(1, 1, 1)$　　　　　　　　(2)　$(1, 2, 2)$

(3)　$x = 2$，$y = -1$ である点　　　(4)　$x = -1$，$y = -2$ である点

◀━ 節|末|問|題 ▬▬▬▬▬▬▬▬▬▬▬▬▬▬▬▬▬▬▬▬▬▬▬

1. 極限値があればそれを求め，ないと判断するときはその理由を述べよ。

(1) $\displaystyle\lim_{(x,\ y)\to(0,\ 0)} \frac{x^2 y}{x^4 + y^2}$ (2) $\displaystyle\lim_{(x,\ y)\to(0,\ 0)} \frac{x^4 - y^4}{x^2 + y^2}$

2. 次の関数が原点 $(0,\ 0)$ で x，y について偏微分可能かどうかを調べよ。

$$f(x,\ y) = \begin{cases} \dfrac{x^2}{x^2 + y^2} & ((x,\ y) \neq (0,\ 0) \text{ のとき}) \\ 0 & ((x,\ y) = (0,\ 0) \text{ のとき}) \end{cases}$$

3. 次の関数について第2次偏導関数をすべて求めよ。

(1) $z = \mathrm{Tan}^{-1} \dfrac{y}{x}$ $(x \neq 0)$ (2) $z = \mathrm{Sin}^{-1} \dfrac{x}{y}$ $(y > 0)$

(3) $z = \log(x^2 + y^2)$

4. 関数 $z = f(x,\ y)$ は f_x, f_y が存在してそれらがともに連続とする。
$x = r\cos\theta$, $y = r\sin\theta$ のとき次の関係式が成り立つことを示せ。

$$(z_x)^2 + (z_y)^2 = (z_r)^2 + \frac{1}{r^2}(z_\theta)^2$$

5. 次の量の近似値を求めよ。

縦が $6\,\mathrm{cm}$，横が $8\,\mathrm{cm}$ の長方形において各辺の長さを $0.1\,\mathrm{cm}$ 伸ばしたときの対角線の長さの増加量。

6. 次の曲面上の点 P における接平面を求めよ。

(1) $z = x^3 y + 4xy^2$, $\mathrm{P}(1,\ -1,\ 3)$ (2) $z = xy + 3xy^2$, $\mathrm{P}(1,\ 1,\ 4)$

7. 底面が正方形の直方体がある。1辺の長さを $1\,\%$ 以内の誤差で測って体積を計算したという。得られる体積の誤差の範囲を求めよ。

研究 **2変数関数のグラフのかき方**

1変数関数 $y = f(x)$ のグラフの概形は，

  y 軸に垂直な直線 $y = b_i\ (i = 1,\ 2,\ \cdots,\ n)$ と $y = f(x)$ との交わり（一般にはいくつかの点）

を調べ，それらをつなぐことで得られる。

同様に，2変数関数 $z = f(x,\ y)$ のグラフの概形は，

  z 軸に垂直な平面 $z = c_j\ (j = 1,\ 2,\ \cdots,\ m)$ と $z = f(x,\ y)$ との交わり（一般にはいくつかの曲線）

を調べ，それらをつなぐことで得られる。

つまり，曲面 $z = f(x,\ y)$ の全体像を知りたいときには，それを z 軸に垂直な平面で切ったときの切り口を調べていき，それらをつないでいけばよい。

具体的には次のような作業を行えばよいことになる。

➡ $z = f(x,\ y)$ のグラフのかき方

[1] z の値を α と決めたときに得られる x と y の関係式 $f(x,\ y) = \alpha$ が表す図形を xy 平面上にかく。

  z の値 α は xyz 空間での「高さ」であるから，この図形は地図における α の高さの等高線にあたる曲線である。

  これを $z = f(x,\ y)$ のグラフの「$z = \alpha$ のときの等高線」とよぶことにしよう。

[2] [1]の α を変化させて $z = f(x,\ y)$ のグラフの等高線 $f(x,\ y) = \alpha$ を適当な本数だけかく。

[3] [2]の等高線図を用いて xyz 空間内に曲面 $z = f(x,\ y)$ をかく。

この方法で，すでに例3（p.208）で扱った関数 $z = \sqrt{9 - x^2 - y^2}$ のグラフをかいてみると次のようになる。

　関数 $z = \sqrt{9 - x^2 - y^2}$ のグラフの等高線図を xy 平面上にかき，それらをもとにして $z = \sqrt{9 - x^2 - y^2}$ のグラフの概形をかこう。

[1]　$z = 0$ のとき $0 = \sqrt{9 - x^2 - y^2}$ で $0 = 9 - x^2 - y^2$，つまり，$z = 0$ のときの等高線は $x^2 + y^2 = 3^2$（中心 $(0,\ 0)$ 半径 3 の円）

　　$z = 1$ のときは $x^2 + y^2 = (2\sqrt{2})^2$（中心 $(0,\ 0)$ 半径 $2\sqrt{2}$ の円）

　　$z = 2$ のときは $x^2 + y^2 = (\sqrt{5})^2$（中心 $(0,\ 0)$ 半径 $\sqrt{5}$ の円）

　　$z = 3$ のときは $x^2 + y^2 = 0$（点 $(0,\ 0)$）

　　$z < 0$ のときは $0 > \sqrt{9 - x^2 - y^2}$，$z > 3$ のときは $3 < \sqrt{9 - x^2 - y^2}$ で，これらを満たす $(x,\ y)$ はない。

　　したがって，$z < 0$，$z > 3$ のところにはグラフが存在しない。

[2]　$z = \sqrt{9 - x^2 - y^2}$ の等高線図

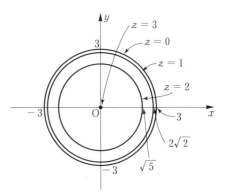

[3]　$z = \sqrt{9 - x^2 - y^2}$ のグラフ

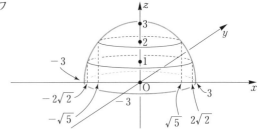

演習　次の関数 $z = f(x,\ y)$ のグラフの等高線図を xy 平面上にかき，それをもとにして $z = f(x,\ y)$ のグラフの概形をかけ。

　　(1)　$z = x + y$　　　　　(2)　$z = x^2 + y^2$　　　　(3)　$z = xy$

　　注意　$z = x + y$ は $x + y - z = 0$ であり，これは点 $(0,\ 0,\ 0)$ を通りベクトル $\vec{n} = (1,\ 1,\ -1)$ に垂直な平面を表す。　　　　　　　　　　　　← **51**

研究 **2 変数関数のテイラーの定理**

1 変数のテイラーの定理を 2 変数関数に拡張しよう。

いま，関数 $z = f(x, y)$ が領域 D で連続で第 n 次まで連続な偏導関数が存在するものとする。また，点 $\mathrm{P}(a, b)$，$\mathrm{Q}(a+h, b+k)$ が D 内の任意の 2 点であって線分 PQ 上の点はすべて D 内の点であるとする。まず，p. 220 で示した平均値の定理を思い出そう。

［テイラーの定理で $n = 1$ の場合（平均値の定理）］

$$f(a+h, b+k)$$
$$= f(a, b) + hf_x(a+\theta_1 h, b+\theta_1 k) + kf_y(a+\theta_1 h, b+\theta_1 k)$$

を満たす $\theta_1 \ (0 < \theta_1 < 1)$ が存在する。

この定理の証明のときと同じく $x(t) = a + ht$，$y(t) = b + kt \ (0 \leqq t \leqq 1)$ に対して $f(x(t), y(t)) = f(a+ht, b+kt) = g(t)$ とおく。

合成関数の微分法（p. 217）により

$$g'(t) = f_x x'(t) + f_y y'(t) = f_x h + f_y k,$$
$$g''(t) = (f_x h + f_y k)_x x'(t) + (f_x h + f_y k)_y y'(t)$$
$$= f_{xx} h^2 + 2f_{xy} hk + f_{yy} k^2$$

一方，1 変数のテイラーの定理(II)（p. 153）より次の式が成り立つ。

$$g(t) = g(0) + \frac{g'(0)}{1!}t + \frac{g''(\theta_2 t)}{2!}t^2 \quad (0 < \theta_2 < 1)$$

よって，$g(1) = g(0) + g'(0) + \dfrac{1}{2}g''(\theta_2)$ であり，f の式に書き直すと次の定理を得る。

［テイラーの定理で $n = 2$ の場合］

$$f(a+h, b+k) = f(a, b) + hf_x(a, b) + kf_y(a, b)$$
$$+ \frac{1}{2}\Big\{ h^2 f_{xx}(a+\theta_2 h, b+\theta_2 k) + 2hk f_{xy}(a+\theta_2 h, b+\theta_2 k)$$
$$+ k^2 f_{yy}(a+\theta_2 h, b+\theta_2 k) \Big\}$$

を満たす $\theta_2 \ (0 < \theta_2 < 1)$ が存在する。

同様にして，一般の 2 変数関数のテイラーの定理は以下のように導かれる。

$g(t) = f(a+ht, \ b+kt)$ とおくと 1 変数関数のテイラーの定理(Ⅱ)より

$$g(t) = g(0) + \frac{g'(0)}{1!}t + \frac{g''(0)}{2!}t^2 + \frac{g^{(3)}(0)}{3!}t^3 + \cdots$$
$$+ \frac{g^{(n-1)}(0)}{(n-1)!}t^{n-1} + \frac{g^{(n)}(\theta t)}{n!}t^n \quad (0 < \theta < 1)$$

となる。このとき $f_{xy} = f_{yx}, \ f_{xxy} = f_{xyx} = f_{yxx}, \ \cdots$ などの性質に注意すると

$$g'(t) = hf_x + kf_y, \quad g''(t) = h^2f_{xx} + 2hkf_{xy} + k^2f_{yy},$$
$$g^{(3)}(t) = h^3f_{xxx} + 3h^2kf_{xxy} + 3hk^2f_{xyy} + k^3f_{yyy}, \ \cdots\cdots$$

となる。$t = 1$ として $(x, y) = (a, b)$ のまわりでのテイラーの定理が得られるが，実際に書き下すのはかなり面倒なので次の記法が用いられる。

$$g'(t) = \left(h\frac{\partial}{\partial x} + k\frac{\partial}{\partial y}\right)f, \quad g''(t) = \left(h\frac{\partial}{\partial x} + k\frac{\partial}{\partial y}\right)^2 f,$$
$$g^{(3)}(t) = \left(h\frac{\partial}{\partial x} + k\frac{\partial}{\partial y}\right)^3 f, \ \cdots\cdots$$

すなわち自然数 r に対し

$$\left(h\frac{\partial}{\partial x} + k\frac{\partial}{\partial y}\right)^r f = h^r\frac{\partial^r f}{\partial x^r} + rh^{r-1}k\frac{\partial^r f}{\partial x^{r-1}\partial y} + \cdots + k^r\frac{\partial^r f}{\partial y^r}$$
$$= \sum_{j=0}^{r} {}_r\mathrm{C}_j h^{r-j}k^j\frac{\partial^r f}{\partial x^{r-j}\partial y^j}$$

とすると

$$g^{(r)}(t) = \left(h\frac{\partial}{\partial x} + k\frac{\partial}{\partial y}\right)^r f$$

である。さらに，$g^{(r)}(0) = \left(h\frac{\partial}{\partial x} + k\frac{\partial}{\partial y}\right)^r f(a, b)$ と記すことにすると，2 変数関数のテイラーの定理は次のように表される。

[**テイラーの定理**] $|h|, |k|$ が十分小さいとき，次の式が成り立つ。

$$f(a+h, \ b+k) = f(a, b) + \frac{1}{1!}\left(h\frac{\partial}{\partial x} + k\frac{\partial}{\partial y}\right)f(a, b)$$
$$+ \frac{1}{2!}\left(h\frac{\partial}{\partial x} + k\frac{\partial}{\partial y}\right)^2 f(a, b) + \cdots + \frac{1}{(n-1)!}\left(h\frac{\partial}{\partial x} + k\frac{\partial}{\partial y}\right)^{n-1} f(a, b)$$
$$+ \frac{1}{n!}\left(h\frac{\partial}{\partial x} + k\frac{\partial}{\partial y}\right)^n f(a+\theta h, \ b+\theta k) \quad (0 < \theta < 1)$$

◆ 2 ◆ 偏微分の応用

1 極値問題

領域 D で定義された連続関数 $z = f(x, y)$ が，D 内の点 (a, b) に十分近い
(a, b) 以外の任意の点 (x, y) について

$$f(x, y) > f(a, b)$$

であるとき，$f(x, y)$ は点 (a, b) で **極小**
といい，$f(a, b)$ は $z = f(x, y)$ の **極小値**
であるという。

同様に，点 (a, b) に十分近い (a, b) 以外
の任意の点 (x, y) について

$$f(x, y) < f(a, b)$$

であるとき，$f(x, y)$ は点 (a, b) で **極大** といい，$f(a, b)$ は $z = f(x, y)$ の
極大値 であるという。$f(x, y)$ が点 (a, b) で極大または極小であることを，
$f(x, y)$ は (a, b) で **極値** をとるという。

1 変数関数 $y = f(x)$ の場合と同じよう
に，極値は必ずしも最大値または最小値であ
るとは限らない。

$z = f(x, y)$ が (a, b) で極値をとるならば，平面 $y = b$ 上で考えた x だけ
の関数 $z = f(x, b)$ は $x = a$ で極値をとる。よって，$x = a$ で微分可能なら
ば $f_x(a, b) = 0$ である。同様に，$z = f(x, y)$ が (a, b) で極値をとるならば，
平面 $x = a$ 上で考えた y だけの関数 $z = f(a, y)$ も $y = b$ で極値をとり，
$f_y(a, b) = 0$ となる。

以上により，次の定理が成り立つ。

> ➡ **極値をとる点のもつ条件**
>
> 偏微分可能な関数 $z = f(x, y)$ が点 (a, b) で極値をとるならば
> $$f_x(a, b) = 0 \quad \text{かつ} \quad f_y(a, b) = 0$$

例1 $z = f(x, y) = 4 - (x^2 + y^2)$ について，平面 $y = 0$ に制限した関数
$z = f(x, 0) = 4 - x^2$ (図の⑦) は $x = 0$ で極大となり，$f_x(0, 0) = 0$，
つまり xz 座標平面内の $(x, z) = (0, 4)$ での⑦の接線⑦′の傾きは 0 で
ある。一方，平面 $x = 0$ に制限した関数 $z = f(0, y) = 4 - y^2$ (図の
④) は $y = 0$ で極大となり，$f_y(0, 0) = 0$，つまり yz 座標平面内の
$(y, z) = (0, 4)$ での④の接線④′の傾きは 0 である。

前ページの極値をとる点のもつ条件は十分条件ではない。

例2 $z = f(x, y) = x^2 - y^2$ とする。$f_x(x, y) = 2x$，$f_y(x, y) = -2y$ よ
り $f_x(0, 0) = f_y(0, 0) = 0$ が成り立つ。しかし，平面 $y = 0$ 上では
$z = x^2$ (図⑦)，平面 $x = 0$ 上では $z = -y^2$ (図④) となり，$z = x^2 - y^2$
は点 $(0, 0)$ において極大にも極小にもならない。

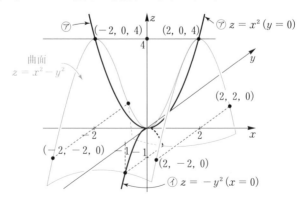

条件「$f_x(a, b) = 0$ かつ $f_y(a, b) = 0$」のもと，$f(x, y)$ が点 (a, b) で実
際に極値をとるかどうかの判定については次の定理がある。

➡ **極値の判定法**

関数 $z = f(x, y)$ が点 (a, b) のまわりで 2 回微分可能，1 次および 2 次偏導関数がすべて連続で $f_x(a, b) = f_y(a, b) = 0$ とする。また，$H(x, y) = f_{xx}f_{yy} - \{f_{xy}\}^2$ とおく。このとき

(i) $H(a, b) > 0$ のとき，$f(x, y)$ は (a, b) で極値 $f(a, b)$ をとる。

とくに $f_{xx}(a, b) > 0$ のとき，この極値は極小値である。

また $f_{xx}(a, b) < 0$ のとき，この極値は極大値である。

(ii) $H(a, b) < 0$ のとき，$f(x, y)$ は (a, b) で極値をとらない。

注意 $H(a, b) = 0$ のときはどちらともいえないので，別に考える。

注意 $H(x, y) = \begin{vmatrix} f_{xx} & f_{xy} \\ f_{yx} & f_{yy} \end{vmatrix}$ に対して，$H(a, b)$ を (a, b) での **ヘシアン** という。$f(x, y)$ の 1 次，2 次偏導関数が連続のときは $f_{xy} = f_{yx}$ である。

証明 研究 (p.229) で証明したテイラーの定理 ($n = 2$ のとき) より

$$f(a+h, b+k) = f(a, b) + hf_x(a, b) + kf_y(a, b)$$
$$+ \frac{1}{2}\{h^2 f_{xx}(a+\theta h, b+\theta k) + 2hk f_{xy}(a+\theta h, b+\theta k)$$
$$+ k^2 f_{yy}(a+\theta h, b+\theta k)\} \quad (0 < \theta < 1)$$

が成り立つ。仮定より $f_x(a, b) = f_y(a, b) = 0$ であり，かつ f_{xx}, f_{xy}, f_{yy} が連続なので $|h|$, $|k|$ が十分小さいときは

$$f(a+h, b+k) - f(a, b) \fallingdotseq \frac{1}{2}\{h^2 f_{xx}(a, b) + 2hk f_{xy}(a, b) + k^2 f_{yy}(a, b)\} \quad \cdots ①$$

であり，右辺を 0 とおいた h の 2 次方程式の解の判別式は次の式である。

$$\{f_{xy}(a, b)\}^2 - f_{xx}(a, b) \cdot f_{yy}(a, b) = -H(a, b) \quad \cdots\cdots ②$$

(i) $H(a, b) > 0$ のとき，②より $f_{xx}(a, b) \neq 0$ である。

$f_{xx}(a, b) > 0$ ならば①の右辺はつねに正で $f(a+h, b+k) > f(a, b)$，したがって点 (a, b) で $f(x, y)$ は極小である。一方，

$f_{xx}(a, b) < 0$ ならば①の右辺はつねに負で $f(a+h, b+k) < f(a, b)$，したがって点 (a, b) で $f(x, y)$ は極大である。

(ii) $H(a, b) < 0$ のとき，①の右辺の 2 次式は h, k の値により正にも負にもなるので $f(a, b)$ は極値ではない。 ■終

例題 1　$z = f(x, y) = x^2 + xy + y^2 + 5x - 2y$ の極値を求めよ。

解　$f_x = 2x + y + 5$, $f_y = x + 2y - 2$ より, $f_x = f_y = 0$ を満たすのは $(x, y) = (-4, 3)$ のみである。

$f_{xx} = 2$, $f_{xy} = 1$, $f_{yy} = 2$ なのでヘシアンは $\mathrm{H}(x, y) = 2\cdot2 - 1^2 = 3$

$(x, y) = (-4, 3)$ のとき　$\mathrm{H}(-4, 3) = 3 > 0$

よって, 点 $(-4, 3)$ で極値をとる。

$$f_{xx}(-4, 3) = 2 > 0$$

以上より, $f(x, y)$ は点 $(-4, 3)$ で極小値 $z = -13$ をとる。

例題 2　$z = f(x, y) = x^3 + y^3 - 6xy$ の極値を求めよ。

解　$f_x = 3x^2 - 6y$, $f_y = 3y^2 - 6x$ より, $f_x = f_y = 0$ となるのは, $f_x = 0$ から得られる $y = \dfrac{1}{2}x^2$ を $3y^2 - 6x = 0$ に代入して $x(x^3 - 8) = 0$ のとき, つまり $(x, y) = (0, 0)$, $(2, 2)$ のときである。

$f_{xx} = 6x$, $f_{xy} = -6$, $f_{yy} = 6y$ なのでヘシアンは次のようになる。

$$\mathrm{H}(x, y) = 6x\cdot6y - (-6)^2 = 36xy - 36$$

(i)　$(x, y) = (0, 0)$ のとき, $\mathrm{H}(0, 0) = -36 < 0$

　　よって, 点 $(0, 0)$ で $f(x, y)$ は極値をとらない。

(ii)　$(x, y) = (2, 2)$ のとき, $\mathrm{H}(2, 2) = 36\cdot2\cdot2 - 36 > 0$

　　よって, 点 $(2, 2)$ で $f(x, y)$ は極値をとる。

$$f_{xx}(2, 2) = 6\cdot2 > 0$$

より $f(x, y)$ は点 $(2, 2)$ において極小値 $z = -8$ をとる。

練習1　次の関数 $z = f(x, y)$ の極値を求めよ。

(1)　$z = x^2 + y^2 - 2x - y + 1$　　　　(2)　$z = x^2 + 4xy - 6y^2$

(3)　$z = x^2 + y^2 + y^3$

2 ▶ 陰関数の微分法

1 ▶ 陰関数定理

x, y の方程式 $F(x, y) = 0$ から定められる x の関数 y を x の陰関数という。$F(x, y) = 0$ の定める陰関数について次の定理がある。

> **➡ 陰関数定理**
>
> 関数 $z = F(x, y)$ は，ある領域 D で連続で偏微分可能であり，F_x, F_y はともに連続であるとする。また D 内の点 (a, b) で $F(a, b) = 0$ が成立し，$F_y(a, b) \neq 0$ とする。このとき，$x = a$ の十分近くにおいては次の条件を満たす微分可能な関数 $y = f(x)$ がただ 1 つ定まる。
>
> [1] $F(x, f(x)) = 0$ [2] $b = f(a)$ [3] $\dfrac{dy}{dx} = \dfrac{-F_x(x, y)}{F_y(x, y)}$

証明は省略する。$y = f(x)$ が微分可能であることを知れば[1]の両辺を x で微分して (p. 217 合成関数の微分法(I)) $F_x \dfrac{dx}{dx} + F_y \dfrac{dy}{dx} = 0$ が得られる。仮定により $F_y \neq 0$ だから[3]がしたがう。

例3 $F(x, y) = x^2 + y^2 - 1$ として，方程式 $F(x, y) = 0$ の定める x の陰関数 y の導関数は，$F_x(x, y) = 2x$, $F_y(x, y) = 2y$ であるから，上の[3]より，$y \neq 0$ のとき

$$\frac{dy}{dx} = \frac{-2x}{2y} = \frac{-x}{y} \quad \text{である。}$$

例4 $F(x, y) = x^2 + 4xy - 6y^2$ として，方程式 $F(x, y) = 0$ の定める x の陰関数 y の導関数は，$F_x(x, y) = 2x + 4y$, $F_y(x, y) = 4x - 12y$ であるから，上の[3]より，$x - 3y \neq 0$ のとき

$$\frac{dy}{dx} = \frac{-(2x + 4y)}{4x - 12y} = \frac{-(x + 2y)}{2x - 6y} \quad \text{である。}$$

練習2 次の方程式の定める x の関数 y の導関数を求めよ。

(1) $x^2 + xy + y^2 = 6$ (2) $x^3 + y^3 - 6xy = 0$

2 ▶ 接線・法線

方程式 $F(x,\ y)=0$ が曲線 C を定めるとき，C 上の点 $\mathrm{P}(a,\ b)$ での接線 l の傾きは，前ページの定理の[3]式より，$F_y(a,\ b)\neq 0$ であれば $\dfrac{-F_x(a,\ b)}{F_y(a,\ b)}$ である。よって，接線 l の方程式は $y-b=\dfrac{-F_x(a,\ b)}{F_y(a,\ b)}(x-a)$ すなわち，

$F_y(a,\ b)(y-b)+F_x(a,\ b)(x-a)=0$ であり，これは $F_y(a,\ b)=0$ のときも $F_x(a,\ b)\neq 0$ なら曲線 C 上の点 $\mathrm{P}(a,\ b)$ での接線方程式である。$\mathrm{P}(a,\ b)$ での法線を l' とすると，l の傾きと l' の傾きの積が -1 なので l' の方程式は $F_y(a,\ b)(x-a)-F_x(a,\ b)(y-b)=0$ である。以上から次のことがわかる。

> ⇒**接線・法線の方程式**
>
> 方程式 $F(x,\ y)=0$ で表される曲線上の点 $\mathrm{P}(a,\ b)$ における接線，法線はそれぞれ次の方程式で与えられる。ただし，$F_x(a,\ b)$ と $F_y(a,\ b)$ はどちらか一方が 0 でないとする。
>
> 接線 $\quad \boldsymbol{F_x(a,\ b)(x-a)+F_y(a,\ b)(y-b)=0}$
>
> 法線 $\quad \boldsymbol{F_y(a,\ b)(x-a)-F_x(a,\ b)(y-b)=0}$

例5 曲線 $x^2+xy+y^2=6$ ……① 上の点 $\mathrm{P}(\sqrt{2},\ \sqrt{2})$ における接線・法線の方程式を求める。$F(x,\ y)=x^2+xy+y^2-6$ とおくと

$\qquad F_x=2x+y,\ F_y=x+2y$ より

$\qquad F_x(\sqrt{2},\ \sqrt{2})=2\sqrt{2}+\sqrt{2}=3\sqrt{2}$

$\qquad F_y(\sqrt{2},\ \sqrt{2})=\sqrt{2}+2\sqrt{2}=3\sqrt{2}$ よって，

接線 l は $3\sqrt{2}(x-\sqrt{2})+3\sqrt{2}(y-\sqrt{2})=0$ より $x+y=2\sqrt{2}$，

法線 l' は $3\sqrt{2}(x-\sqrt{2})-3\sqrt{2}(y-\sqrt{2})=0$ より $x-y=0$

注意 ①は楕円 $\dfrac{x^2}{12}+\dfrac{y^2}{4}=1$ を原点中心に $-\dfrac{\pi}{4}$ 回転して得られる楕円である。

接線 l は長軸に平行，短軸が法線 l' を与える。(p.238 図)

練習3 次の2次曲線上の点 P における接線 l および法線 l' の方程式を求めよ。

(1) 双曲線 $\dfrac{x^2}{4}-y^2=1$，$\mathrm{P}(4,\ \sqrt{3})$ $\qquad\qquad$ ←**14**

(2) 放物線 $y^2=8x$，$\mathrm{P}(2,\ 4)$ $\qquad\qquad$ ←**12**

3 ⟩ **陰関数の極値** ─────────────

方程式 $F(x, y) = 0$ によって x の陰関数 $y = f(x)$ が定められているとき の，y の極値を求める方法を考えよう。

y が $x = a$ において極値 $b = f(a)$ をとるとすると，点 (a, b) で，曲線 $F(x, y) = 0$ の接線の傾きは 0 であることが必要である。したがって

$x = a$ のとき $y' = \dfrac{dy}{dx} = 0$ ……① であり，かつ p.235 [3]式より

$\qquad F_x(a, b) = 0$ ……② である。

次に，$x = a$ で $y = f(x)$ が実際に極値をとるかどうかを調べるために， $x = a$ における $y'' = \dfrac{d^2y}{dx^2}$ の符号を調べる。

$y' = \dfrac{-F_x}{F_y}$ を x で微分すると

$$\frac{dF_x}{dx} = F_{xx} + F_{xy}\frac{dy}{dx}, \quad \frac{dF_y}{dx} = F_{yx} + F_{yy}\frac{dy}{dx}$$

であることから

$$y'' = \frac{d}{dx}y' = \frac{d}{dx}\left(-\frac{F_x}{F_y}\right) = -\frac{\dfrac{dF_x}{dx}\cdot F_y - F_x\cdot\dfrac{dF_y}{dx}}{F_y{}^2}$$

$$= -\frac{\left(F_{xx} + F_{xy}\dfrac{dy}{dx}\right)F_y - F_x\left(F_{yx} + F_{yy}\dfrac{dy}{dx}\right)}{F_y{}^2}$$

となり $x = a$ では①，②より $\quad y'' = -\dfrac{F_{xx}(a, b)}{F_y(a, b)}$

この値が正ならば $x = a$ で $f(x)$ は極小値 $f(a)$ をとり，負ならば極大値 $f(a)$ をとる。(p. 162)

以上のことから，陰関数の極値を調べるには次の方法をとればよい。

⟩ **陰関数の極値** ┌──────────────────────────

$F(x, y) = 0$ により定められた x の関数 y の極値を求めるには

[1] $F(x, y) = 0$，$F_x(x, y) = 0$ を満たす点 $(x, y) = (a, b)$ を求める。

[2] $-\dfrac{F_{xx}(a, b)}{F_y(a, b)}$ の符号を調べて，正ならば b は y の極小値，負なら ば b は y の極大値である。

例題 **3** 例5 (p.236) の曲線 $x^2 + xy + y^2 = 6$ ……① の極値を求めよ。

解 $F(x, y) = x^2 + xy + y^2 - 6$ とおく。$F_x = 2x + y$, $F_y = x + 2y$

[1] $F(x, y) = 0$, $F_x(x, y) = 0$ を満たす点を求める。$y = -2x$ を
$x^2 + xy + y^2 - 6 = 0$ に代入して $3x^2 = 6$ であり $x = \pm\sqrt{2}$ である。
したがって，$(x, y) = (\sqrt{2}, -2\sqrt{2}), (-\sqrt{2}, 2\sqrt{2})$

[2] $F_{xx} = 2$ となるので

(i) $(x, y) = (\sqrt{2}, -2\sqrt{2})$ のとき

$$-\frac{F_{xx}}{F_y} = -\frac{2}{\sqrt{2} - 4\sqrt{2}} > 0$$

より，曲線は極小で，その値は $y = -2\sqrt{2}$ である。

(ii) $(x, y) = (-\sqrt{2}, 2\sqrt{2})$ のとき

$$-\frac{F_{xx}}{F_y} = -\frac{2}{-\sqrt{2} + 4\sqrt{2}} < 0$$

より，曲線は極大で，その値は $y = 2\sqrt{2}$ である。

練習 4 次の方程式で与えられた陰関数 y の極値を求めよ。

(1) $3x^2 + 4xy + 4y^2 = 24$ (2) $x^2 - 4y^2 + 9 = 0$

3 ▶ 条件付極値問題

x と y の間に

$$g(x,\ y) = 0\ \cdots\cdots①$$

という関係があるとき，この条件のもとでの関数

$$z = f(x,\ y)\ \cdots\cdots②$$

の極値について調べてみよう。

①の両辺を x で微分すると合成関数の微分法(I)(p. 217)より次の式が成り立つ。

$$g_x + g_y y' = 0\ \cdots\cdots①'$$

一方，②の両辺を x で微分すると $\dfrac{dz}{dx} = f_x + f_y \dfrac{dy}{dx}$ なので極値をとる点では

$$f_x + f_y y' = 0\ \cdots\cdots②'$$

が成り立つ。ここで①$' \times f_y - ②' \times g_y$ より

$$g_x f_y - f_x g_y = 0\ \cdots\cdots③$$

を得る。よって，条件①のもとで z が極値をとる点を $(x,\ y) = (a,\ b)$ とすると，これは方程式①，③両方の解となっている。

➡ **条件付極値をとる点のもつ条件**

条件 $g(x,\ y) = 0$ のもとで関数 $z = f(x,\ y)$ が極値をとる点 $(a,\ b)$ に対して次の式が成り立つ。

[1] $g(a,\ b) = 0$　[2] $f_x(a,\ b)g_y(a,\ b) - g_x(a,\ b)f_y(a,\ b) = 0$

実際に点 $(a,\ b)$ で $z = f(x,\ y)$ が極値をとるかどうかは $\dfrac{d^2z}{dx^2}$ の符号を調べるなどの方法で判定すればよい。

また，条件[2]は，次の λ についての連立 1 次方程式

$$\begin{cases} f_x(a,\ b) - \lambda g_x(a,\ b) = 0 & \cdots\cdots④ \\ f_y(a,\ b) - \lambda g_y(a,\ b) = 0 & \cdots\cdots⑤ \end{cases}$$

が解をもつことを意味する。この λ を **ラグランジュの乗数** という。この λ を用いて[1]，④，⑤を満たす $(a,\ b)$ を求めることで z が極値をとる候補を見つける方法を **ラグランジュの乗数法** という（p. 241 例題 5 ）。

例題
4

条件 $x^2 + y^2 = 1$ のもとでの関数 $z = x + y$ の極値を求めよ。

解　xyz 空間の中では，方程式 $x^2 + y^2 = 1$ は中心が z 軸，半径が 1 の円筒を表している（図①）。一方，$z = x + y$ は平面を表す。

$$g(x, y) = x^2 + y^2 - 1 = 0 \quad \cdots\cdots① \quad z = f(x, y) = x + y \quad \cdots\cdots②$$

とおくと　$f_x = 1,\ f_y = 1,\ g_x = 2x,\ g_y = 2y$

$f_x g_y - g_x f_y = 0$ とおくと　$2y - 2x = 0 \quad \cdots\cdots③$

①，③ より $(x, y) = \left(\pm\dfrac{1}{\sqrt{2}},\ \pm\dfrac{1}{\sqrt{2}} \right)$ となり，このとき②より

$z = \pm\sqrt{2}$（複号同順）。グラフより①と②の交線上で z は最大，最小をとることがわかっているのでこれらの z 座標が極値である。よって極大値は $z = \sqrt{2}$，極小値は $z = -\sqrt{2}$ である。

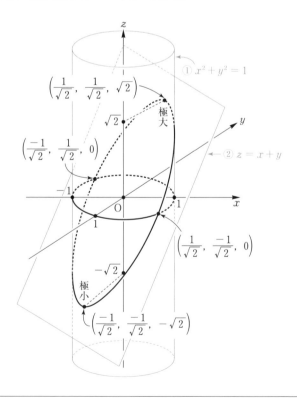

$x^2+y^2=1$ の条件のもとでは連続関数 $z=f(x, y)$ は必ず最大値と最小値をとる。証明はしないが，この事実をもとにして別の例を調べてみよう。

例題 5　条件 $x^2+y^2=1$ のもとでの $z=x^2+4xy-2y^2$ の極値を求めよ。

解
$$g(x, y)=x^2+y^2-1=0 \quad \cdots\cdots①$$
$$z=f(x, y)=x^2+4xy-2y^2 \quad \cdots\cdots② \quad とおくと$$
$$f_x=2x+4y, \quad f_y=4x-4y, \quad g_x=2x, \quad g_y=2y$$

なので，ラグランジュの乗数法より，z が極値をとる点 (x, y) では，
$(2x+4y)-2x\lambda=0$ かつ $(4x-4y)-2y\lambda=0$ が成り立つ。つまり，
$$\begin{cases} (1-\lambda)x+2y=0 & \cdots\cdots③ \\ 2x+(-2-\lambda)y=0 & \cdots\cdots④ \end{cases}$$
③×$(-2-\lambda)$－④×2 として y を消去すると
$$\{(1-\lambda)(-2-\lambda)-4\}x=0,$$
同様にして x を消去すると
$$\{(1-\lambda)(-2-\lambda)-4\}y=0$$
となるが，いま (x, y) は①上の点なので x と y が同時に0となることはない。よって $(1-\lambda)(-2-\lambda)-4=0$，つまり $\lambda=-3, 2$ が求まる。

(i) $\lambda=-3$ のとき，③，④より $2x+y=0$ なので①より $5x^2=1$，
したがって $(x, y)=\left(\dfrac{\pm 1}{\sqrt 5}, \dfrac{\mp 2}{\sqrt 5}\right)$（複号同順），このとき $z=-3$

(ii) $\lambda=2$ のとき，③，④より $x-2y=0$ なので①より $5y^2=1$，
したがって $(x, y)=\left(\dfrac{\pm 2}{\sqrt 5}, \dfrac{\pm 1}{\sqrt 5}\right)$（複号同順），このとき $z=2$

条件①のもとで②は最大値と最小値をもち，これらはそれぞれ極大値，極小値であるから，$z=2$ が極大値，$z=-3$ が極小値。

練習5　与えられた条件のもとで次の関数 $z=f(x, y)$ の極値を求めよ。

(1) 条件 $x^2+y^2=4$ のもとでの $z=x-2y$ の極値

(2) 条件 $x^2+y^2=1$ のもとでの $z=xy$ の極値

◀ 節末問題

1. 次の関数の極値を調べよ。ただし(4)では $0 < x < 2\pi$, $0 < y < 2\pi$ とする。

  (1) $f(x,\ y) = x^3 + y^2$ (2) $f(x,\ y) = 3x^2 + 3xy + 2y^3$

  (3) $f(x,\ y) = e^x(x^2 - y^2)$ (4) $f(x,\ y) = \sin x + \cos y$

2. 次の方程式で定められる x の関数 y を微分せよ。

  (1) $x^2 + y^2 - 6x - 8y = 0$ (2) $x^{\frac{2}{3}} + y^{\frac{2}{3}} = 1$

  (3) $x^3 - 3xy + y^3 = 0$ (4) $x^2 + 2xy - y^2 = 1$

3. 次の曲線上の点 P における接線および法線の方程式を求めよ。

  (1) 楕円 $\dfrac{x^2}{4} + y^2 = 1$, $\mathrm{P}\left(1,\ \dfrac{\sqrt{3}}{2}\right)$

  (2) 双曲線 $x^2 - \dfrac{y^2}{4} = 1$, $\mathrm{P}\left(\dfrac{\sqrt{5}}{2},\ 1\right)$

  (3) 双曲線 $xy = 4$, $\mathrm{P}(1,\ 4)$ (4) 放物線 $y^2 = 4x$, $\mathrm{P}(1,\ 2)$

4. 次の方程式で定められる x の関数 y の極値を求めよ。

  (1) $xy^2 + x^2y = 2$ (2) $8x + 8y + x^2y^2 = 0$

  (3) $x^3 + y^3 - 3xy = 0$ (4) $x^2 + 4xy + 5y^2 = 1$

5. 与えられた条件のもとで次の関数の極値を求めよ。

  (1) $x^2 + 2y^2 = 1$, $z = xy$

  (2) $x^2 - y^2 = 1$, $z = 2x - y$

  (3) $xy = 1$, $z = x^2 + y^2$

6. 条件 $x^2 + y^2 = 1$ のもとでの $f(x,\ y) = Ax^2 + 2Exy + By^2$ の最大値を M, 最小値を m とするとき $M + m = A + B$, $Mm = AB - E^2$ が成り立つことを示せ。

7. 一定の体積 a^3 をもつ直円柱のなかで表面積が最小であるものの底面の半径と高さを求めよ。

包絡線

方程式 $(x-\alpha)^2+y^2=1$ ……① は中心が $(\alpha,\ 0)$ で半径が 1 の円である。ここで α を変化させると x 軸上に中心がある半径が 1 の円すべてを表す。また、すべての円は 2 直線 $y=\pm 1$ に接している。

一般に、方程式

$$f(x,\ y,\ \alpha)=0 \quad\cdots\cdots②$$

は、α の値を決めるごとに 1 つの曲線を表すが、α をいろいろ変化させることにより、②は一群の曲線群を表す方程式ともみることができる。このとき、②をこの曲線群の方程式、α を **パラメータ** という。

いま、曲線群 $f(x, y, \alpha)=0$ に対して定曲線 C があり、この曲線群に属するすべての曲線が C に接し、C がそれらの接点の軌跡となっているとき、曲線 C のことを曲線群 $f(x, y, \alpha)=0$ の **包絡線** という。たとえば、曲線群①の包絡線は $y=\pm 1$ である。

包絡線
C

曲線群 $f(x,\ y,\ \alpha)=0$

以下で曲線群 $f(x,\ y,\ \alpha)=0$ の包絡線の方程式を求める方法を考えてみよう。いま、C が曲線群②の包絡線であるとする。1 つの α に対して、C と曲線群の接点 $(x,\ y)$ が 1 つ決まるので、$x,\ y$ は α の関数である。そこで

$$x=\varphi(\alpha),\ y=\psi(\alpha)$$

と表せるが、これは C の媒介変数方程式である。

したがって、点 $(x,\ y)$ での C の接線の傾きは、媒介変数の微分(p. 128)により

$$\frac{dy}{dx}=\frac{\psi'(\alpha)}{\varphi'(\alpha)}$$

である。一方、p. 235 の[3]式 $\dfrac{dy}{dx}=\dfrac{-f_x}{f_y}$ より次の式が成り立つ。

$$f_x\varphi'(\alpha) + f_y\psi'(\alpha) = 0 \quad \cdots\cdots ③$$

ここで，変数 x, y, z がすべて t の関数であるような関数 $w = f(x, y, z)$ についても合成関数の微分法(I)と同様にして $\dfrac{dw}{dt} = f_x x'(t) + f_y y'(t) + f_z z'(t)$ が成り立つので，

$$f(\varphi(\alpha), \psi(\alpha), \alpha) = 0$$

の両辺を α で微分して

$$f_x\varphi'(\alpha) + f_y\psi'(\alpha) + f_\alpha \cdot 1 = 0 \quad \cdots\cdots ④$$

が得られる。すなわち③，④より

$$f_\alpha(x, y, \alpha) = 0 \quad \cdots\cdots ⑤$$

でなければならない。したがって，包絡線上の点は②，⑤を満たさないといけないことになる。

逆に，②，⑤を解いて $x = \varphi(\alpha)$, $y = \psi(\alpha)$ が得られたとすると，$f_x = f_y = 0$, $\varphi'(\alpha) = \psi'(\alpha) = 0$ となるような特別の点を除いて⑤，④から③が得られる。つまり C の (x, y) での接線と曲線 $f(x, y, \alpha) = 0$ の (x, y) での接線が一致する。

したがって②，⑤を解けば包絡線の方程式が求まることになる。

例　円群 $(x - \alpha)^2 + (y - \alpha)^2 = 1$ の包絡線を求めてみよう。
　②として　$f(x, y, \alpha) = (x - \alpha)^2 + (y - \alpha)^2 - 1 = 0$　$\cdots\cdots ②'$
　⑤として　$f_\alpha(x, y, \alpha) = -2(x - \alpha) - 2(y - \alpha) = 0$
　よって　$-x - y + 2\alpha = 0$　より　$-y + \alpha = x - \alpha$
　②′ に代入すると　$2(y - \alpha)^2 = 1$，すなわち

$$y = \alpha \pm \frac{1}{\sqrt{2}}, \ x = \alpha \mp \frac{1}{\sqrt{2}} \quad (複号同順)$$

これより　$y - x = \pm\sqrt{2}$　が包絡線である。

演習　xy 平面上の定点 $A(a, 0)$ に対して点 $P(0, \alpha)$ をとり，P を通って AP に垂直な直線 $ax = \alpha(y - \alpha)$ を考える。これを α をパラメータとする曲線群とみてその包絡線を求めよ。

第 6 章

重積分

··· 1 ···
重積分
··· 2 ···
重積分の応用

重積分は，1 変数の実関数に対する定積分を多変数関数に対して拡張したものである。2 変数および 3 変数関数に対する重積分は，それぞれとくに 2 重積分および 3 重積分とよばれる。1 変数の正値関数の定積分が，関数のグラフと x 軸とに挟まれた部分の面積を表していたのと同様に，2 変数の正値関数の 2 重積分は関数のグラフとして得られる曲面とその関数の定義域を含む平面との間に挟まれる部分の体積を表す。この結果を応用して，より複雑な図形の計量を考える。

◆ 1 ◆ 重積分

1変数関数 $y = f(x)$ の定積分は，第2章では $f(x)$ の不定積分を用いて定義されたが (p. 92)，第4章においてはリーマン積分として再定義された (p. 169)。これは平面図形の面積を定義する形のものであった。

本章ではこの定義を拡張して，2変数関数 $z = f(x, y)$ についての定積分である2重積分を定義する。これは空間図形の体積を定義する形で定義される。

まず xyz 空間内において xy 平面上の閉領域 D と曲面 $z = f(x, y)$ とで挟まれた立体（右下図青色表示）の体積 V について考えよう。ここで関数 $z = f(x, y)$ は領域 D で定義された関数であり，領域 D では常に $f(x, y) \geqq 0$ であるとする。リーマン積分の考え方に基づいて，次の手順 (i)〜(iv) で体積 V を考えよう。

(i)　左下図のように領域 D を直線 $x = x_0, x_1, \cdots, x_l$ と $y = y_0, y_1, \cdots, y_m$ とでできる $l \times m$ 個の長方形で分割し，この分割を $\varDelta$ で表す。また，閉区間 $[x_{i-1}, x_i]$ と $[y_{j-1}, y_j]$ とできまる長方形を D_{ij} で表し，それぞれの長さを $\varDelta x_i, \varDelta y_j$ で表す（右下図は $l = 4, m = 3$ のときの図）。

(ii)　各小領域 D_{ij} 内に代表点 (ξ_i, η_j) をとり D_{ij} 上に高さ $f(\xi_i, \eta_j)$ の直方体を立てる（右下図は D_{32} に立つ直方体の図）。その体積 V_{ij} は

$$V_{ij} = f(\xi_i, \eta_j) \varDelta x_i \varDelta y_j \quad \cdots\cdots ①$$

ただし，領域 D では $f(x, y)$ の値をとるが D の外部では値0をとる関数を改めて $f(x, y)$ としておく。したがって，代表点が D の外部にある小領域では $V_{ij} = 0$ とする。

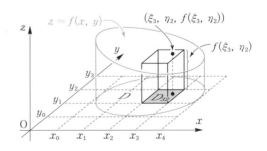

(iii)　各直方体の体積 V_{ij} の総和を $V(\varDelta)$ とおくと、これは次の式で表される。

$$V(\varDelta) = \sum_{i=1}^{l} \sum_{j=1}^{m} f(\xi_i, \ \eta_j) \varDelta x_i \varDelta y_j \quad \cdots\cdots ②$$

右辺を関数 $f(x, \ y)$ の、領域 D の分割 $\varDelta$ についての **リーマン和** という。
分割が十分細かいとき、近似式 $V \fallingdotseq V(\varDelta)$ が成り立つ。

(iv)　すべての小領域 D_{ij} の面積のうちの最大値を $|\varDelta|$ とする。$|\varDelta| \to 0$ となる
方法で l と m を限りなく大きくしていくときの、②の極限値があれば、それ
が体積 V である。

$$V = \lim_{|\varDelta| \to 0} V(\varDelta) = \lim_{|\varDelta| \to 0} \sum_{i=1}^{l} \sum_{j=1}^{m} f(\xi_i, \ \eta_j) \varDelta x_i \varDelta y_j \quad \cdots\cdots ③$$

つまり領域 D で $z = f(x, \ y) \geqq 0$ のときは、③によって曲面 $z = f(x, \ y)$
と xy 平面上の領域 D とで挟まれた立体（前ページ右下図の青色表示）の体積 V
が求まる。

　一般に、xy 平面上の閉領域 D で定義された関数 $f(x, \ y)$ について上の手順(i)
～(iv)における D の分割の仕方、各小領域 D_{ij} の代表点のとり方によらず③の右
辺の値が、ある一定の値として定まるとき、その極限値のことを、領域 D におけ
る $f(x, \ y)$ の **2重積分** といい、次の式で表す。

$$\iint_D f(x, \ y) \, dxdy = \lim_{|\varDelta| \to 0} \sum_{i=1}^{l} \sum_{j=1}^{m} f(\xi_i, \ \eta_j) \varDelta x_i \varDelta y_j \quad \cdots\cdots ④$$

　特に領域 D で関数 $f(x, \ y)$ が連続 (p. 211) であれば 2 重積分の値が定まる。
これは証明すべきことがらであるが、ここではそれを省略する。

[注意]　定義式④における領域 D の分割は一般には曲線による分割で定義される。

[例]❶　$D = \{(x, \ y) | 0 \leqq x \leqq 2, \ 0 \leqq y \leqq 1\}, \ f(x, \ y) = y + 1$ とする。

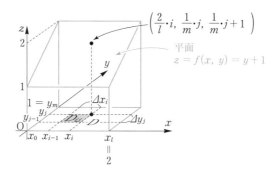

このとき 2 重積分 $\iint_D (y+1)\,dxdy$ は図の青色で表された立体の体積 V の値になるが，これを 2 重積分の定義つまり手順(i)〜(iv)に従って求めよう。

(i) 領域 D の分割は，x 軸上の閉区間 $[0,\ 1]$ を l 等分した分点を通る直線 $x_i = \dfrac{2}{l}\cdot i$ および，y 軸上の閉区間 $[0,\ 2]$ を m 等分した分点を通る直線 $y_j = \dfrac{1}{m}\cdot j$ で行う $(i = 1,\ 2,\ \cdots,\ l,\ j = 1,\ 2,\ \cdots,\ m)$。分割でできた $l \times m$ 個の小領域はすべて横が $\Delta x_i = \dfrac{2}{l}$，縦が $\Delta y_j = \dfrac{1}{m}$ の長方形である。

(ii) 各小領域 D_{ij} の代表点を $(\xi_i,\ \eta_j) = \left(\dfrac{2}{l}\cdot i,\ \dfrac{1}{m}\cdot j\right)$ とすると，底面が D_{ij} で高さが $f(\xi_i,\ \eta_j)$ の直方体の体積は $V_{ij} = \left(\dfrac{1}{m}\cdot j + 1\right)\cdot\dfrac{2}{l}\cdot\dfrac{1}{m}$ となる。

(iii) 各直方体の体積 V_{ij} の総和は上記②により

$$\begin{aligned}
V(\varDelta) &= \sum_{i=1}^{l}\sum_{j=1}^{m}\left(\dfrac{1}{m}\cdot j + 1\right)\cdot\dfrac{2}{l}\cdot\dfrac{1}{m} = \sum_{i=1}^{l}\left\{\dfrac{2}{lm}\left(\dfrac{1}{m}\sum_{j=1}^{m}j + \sum_{j=1}^{m}1\right)\right\}\\
&= \dfrac{1}{l}\sum_{i=1}^{l}\dfrac{2}{m}\left(\dfrac{1}{m}\cdot\dfrac{m(m+1)}{2} + m\right) \qquad\qquad \leftarrow\boxed{18}\\
&= \dfrac{1}{l}\cdot\left(3 + \dfrac{1}{m}\right)\sum_{i=1}^{l}1 = 3 + \dfrac{1}{m}
\end{aligned}$$

(iv) 上記③，④における $|\varDelta| \to 0$ は今の場合 $l \to \infty$，$m \to \infty$ であるから，2 重積分の値は $\displaystyle\iint_D (y+1)\,dxdy = V = \lim_{\substack{l\to\infty\\m\to\infty}} V(\varDelta) = 3$

注意 上記②において，各小領域 D_{ij} の代表点 $(\xi_i,\ \eta_j)$ を特に $(x_i,\ y_j)$ とする。i を 1 つ固定するとき $\displaystyle\sum_{j=1}^{m}f(x_i,\ y_j)\Delta x_i\Delta y_j = \sum_{j=1}^{m}V_{ij}$ は平面 $x = x_{i-1}$ と $x = x_i$ の間にある m 個の直方体の和で，$\displaystyle\sum_{j=1}^{m}f(x_i,\ y_j)\Delta y_j$ は平面 $x = x_i$ 上の m 個の長方形の和である。$f(x,\ y)$ が連続のときは平面 $x = x_i$ 上の曲線 $z = f(x_i,\ y)$ も連続なので $\displaystyle\lim_{m\to\infty}\sum_{j=1}^{m}f(x_i,\ y_j)\Delta y_j$ は立体の $x = x_i$ における断面積であり，p. 196 の記号で $S(x_i)$ となる。次項では p. 196 の方法を用いて体積を，そしてさらに一般の 2 重積分を求める。

2 累次積分

　積分領域 D の形状が複雑であったり，被積分関数 $f(x, y)$ が連続でない場合には2重積分の存在しないときがあるが，以下では2重積分が計算できる領域 D や関数 $f(x, y)$ を扱うことにする。計算には2重積分の定義式を用いずに定積分を2回行う方法を用いることが多い。まず x で積分して次に y で積分する方法と，その逆の順序で積分する方法とがある。これらの方法を **累次積分** という。

　前項と同様，xy 平面の閉領域 D と曲面 $z = f(x, y)$ とで挟まれた部分の立体の体積 V について考えることから始めよう。領域 D で $f(x, y) \geqq 0$ とする。

1 y, x の順での累次積分

　$D = \{(x, y) \,|\, a \leqq x \leqq b, \ g_1(x) \leqq y \leqq g_2(x)\}$ とする。x 軸上の閉区間 $[a, b]$ 内の x の1つを固定し，この点を通り x 軸に垂直な平面で立体を切ったときの断面積 $S(x)$（左上図）は，$f(x, y)$ が連続であれば次の式で求められる。

$$S(x) = \int_{g_1(x)}^{g_2(x)} f(x, y)\, dy \quad \cdots\cdots ①$$

$S(x)$ が連続であるので，立体の体積 V は p.196 の公式から次の式で求められる。

$$V = \int_a^b S(x)\, dx \quad \cdots\cdots ②$$

p.247 の③，④より $V = \displaystyle\iint_D f(x, y)\, dxdy$ であるから，次の式が得られる。

$$\iint_D f(x, y)\, dxdy = \int_a^b \left\{ \int_{g_1(x)}^{g_2(x)} f(x, y)\, dy \right\} dx \quad \cdots\cdots ③$$

ここで，右辺の内側の括弧は省略することが多い。領域 D で $f(x, y) \geqq 0$ であるという条件がない場合も含め，2重積分は次の式で計算される。

⟹ **2 重積分の計算Ⅰ（y, x の順での累次積分）**

$D = \{(x, y) \,|\, a \leqq x \leqq b, \ g_1(x) \leqq y \leqq g_2(x)\}$

における関数 $f(x, y)$ の2重積分について

$$\iint_D f(x, y)\,dxdy = \int_a^b \!\!\int_{g_1(x)}^{g_2(x)} f(x, y)\,dydx \ \cdots\cdots ④$$

例 2 　例1では2重積分の定義にもとづいて積分領域

$$D = \{(x, y) \,|\, 0 \leqq x \leqq 2, \ 0 \leqq y \leqq 1\}$$

における $f(x, y) = 1 + y$ の2重積分の値を求めた。ここでは，前ページの①の断面積

$$S(x) = \int_0^1 (1 + y)\,dy \ \text{（下中図）}$$

をまず求め，それを前ページ②のように $x = 0$ から $x = 2$ まで積分することになる。つまり④より

$$\iint_D (1 + y)\,dxdy = \int_0^2 \left\{ \int_0^1 (1 + y)\,dy \right\} dx$$

$$= \int_0^2 \left[y + \frac{1}{2}y^2 \right]_0^1 dx = \int_0^2 \frac{3}{2}\,dx = \left[\frac{3}{2}x \right]_0^2$$

$$= 3$$

練習 **1** 　$D = \{(x, y) \,|\, 0 \leqq x \leqq 1, \ 0 \leqq y \leqq 1\}$ における $f(x, y) = xy$ の2重積分を上記④の方法で求めよ。また，領域 D を xy 平面上に図示せよ。

| 例題 1 | xy 平面上の領域 $D = \{(x, y)\,|\,0 \leqq x \leqq 1,\ 0 \leqq y \leqq 2x\}$ における関数 $f(x, y) = x + y$ の 2 重積分の値を求めよ。 |

解

$$④ より \iint_D (x+y)\,dxdy = \int_0^1 \left\{ \int_0^{2x} (x+y)\,dy \right\} dx$$

$$= \int_0^1 \left[xy + \frac{1}{2}y^2 \right]_0^{2x} dx = \int_0^1 (2x^2 + 2x^2)\,dx = \left[4 \cdot \frac{1}{3}x^3 \right]_0^1 = \frac{4}{3}$$

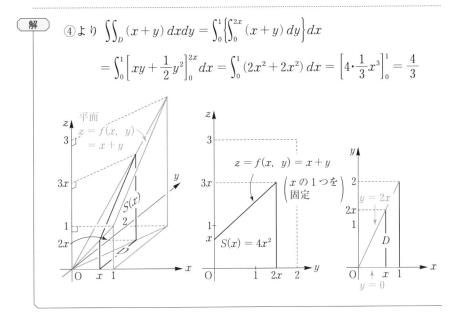

練習2 $D = \{(x, y)\,|\,0 \leqq x \leqq 1,\ 0 \leqq y \leqq x\}$ における $f(x, y) = xy$ の 2 重積分を ④の方法で求めよ。また，領域 D を xy 平面上に図示せよ。

2 $x,\ y$ の順での累次積分

$D = \{(x, y)\,|\,h_1(y) \leqq x \leqq h_2(y),\ c \leqq y \leqq d\}$ とする。y 軸 上 の 閉 区 間 $[c, d]$ 内の y の1つを固定して，この点を通り y 軸に垂直な平面で立体を切ったときの断面積 $S(y)$（右上図）は，$f(x, y)$ が連続であれば次の式で求められる。

$$S(y) = \int_{h_1(y)}^{h_2(y)} f(x,\ y)\,dx \quad \cdots\cdots ①'$$

$S(y)$ が連続であるので立体の体積 V は p.196 の公式から次の式で求められる。

$$V = \int_c^d S(y)\,dy \quad \cdots\cdots ②'$$

p.247 の③，④より $V = \iint_D f(x,\ y)\,dxdy$ であるから，次の式が得られる。

$$\iint_D f(x,\ y)\,dxdy = \int_c^d \left\{ \int_{h_1(y)}^{h_2(y)} f(x,\ y)\,dx \right\} dy \quad \cdots\cdots ③'$$

領域 D で $f(x,\ y) \geqq 0$ という条件がないときも，2 重積分は次の式で計算される。

2 重積分の計算Ⅱ（$x,\ y$ の順での累次積分）

$D = \{(x,\ y)\,|\,h_1(y) \leqq x \leqq h_2(y),\ c \leqq y \leqq d\}$
における関数 $f(x,\ y)$ の 2 重積分について

$$\iint_D f(x,\ y)\,dxdy = \int_c^d\!\!\int_{h_1(y)}^{h_2(y)} f(x,\ y)\,dxdy \quad \cdots\cdots ④'$$

例3 $D = \{(x,\ y)\,|\,0 \leqq x \leqq 2,\ 0 \leqq y \leqq 1\}$ における $f(x,\ y) = 1+y$ の 2

重積分は先に①′ の断面積 $S(y) = \int_0^2 (1+y)\,dx$（下中図）を求める方法

④′ より

$$\iint_D (1+y)\,dxdy = \int_0^1 \left\{ \int_0^2 (1+y)\,dx \right\} dy = \int_0^1 (1+y)\Big[x\Big]_0^2 dy$$

$$= \int_0^1 2(1+y)\,dy = 2\left[y + \frac{1}{2}y^2\right]_0^1 = 3$$

練習3 $D = \{(x,\ y) | y \le x \le 1,\ 0 \le y \le 1\}$ における $f(x,\ y) = xy$ の 2 重積分を ④′ の方法で求めよ。また領域 D を xy 平面上に図示せよ。

例題 2 $D = \left\{(x,\ y) \middle| \dfrac{1}{2}y \le x \le 1,\ 0 \le y \le 2\right\}$

における関数 $f(x,\ y) = x + y$ の 2 重積分の値を求めよ。

解 まず断面積 $S(y) = \displaystyle\int_{\frac{1}{2}y}^{1} (x + y)\,dx$ を求め ④′ の方法で積分すると

$$\iint_{D} (x + y)\,dxdy = \int_{0}^{2}\left\{\int_{\frac{1}{2}y}^{1} (x + y)\,dx\right\}dy = \int_{0}^{2}\left[\frac{1}{2}x^2 + yx\right]_{\frac{1}{2}y}^{1}dy$$

$$= \int_{0}^{2}\left(\frac{1}{2} + y - \frac{5}{8}y^2\right)dy = \left[\frac{1}{2}y + \frac{1}{2}y^2 - \frac{5}{8}\cdot\frac{1}{3}y^3\right]_{0}^{2} = \frac{4}{3}$$

練習4 $D = \{(x,\ y) | y \le x \le 1,\ 0 \le y \le 1\}$ における $f(x,\ y) = xy$ の 2 重積分を ④′ の方法で求めよ。また領域 D を xy 平面上に図示せよ。

　例題 1 と例題 2 の領域 D は表現が異なるが，xy 平面の同じ領域である。また積分される関数 $f(x,\ y)$ も同じであるから，例題 1 と例題 2 の答は同じになる。同様に，練習 1 と練習 3，練習 2 と練習 4 の答もそれぞれ同じになる。このように 1 つの 2 重積分について 2 通りの累次積分の方法がある場合，一般には計算が簡単になる方を選びたい。そのことについて次項で考えてみることにしよう。

3 累次積分と順序交換

1つの2重積分について，x，y の順での累次積分を y，x の順での累次積分にする，またはその逆を行うことを，**積分順序を交換** するという。

例題 3

$\displaystyle\int_0^1\int_x^{2-x}2(x+y)\,dy\,dx$ の値を求めよ。次に積分順序を交換して求めよ。

解 (i) 与式は y，x の順での累次積分（p.250④）で，積分領域は次の D である。

$$D = \{(x,\ y)\,|\,0 \leqq x \leqq 1,\ x \leqq y \leqq 2-x\}$$

$$\int_0^1\int_x^{2-x}2(x+y)\,dy\,dx = \int_0^1\Big[2xy+y^2\Big]_x^{2-x}\,dx$$

$$= \int_0^1(4-4x^2)\,dx = \Big[4x-\frac{4}{3}x^3\Big]_0^1 = \frac{8}{3}$$

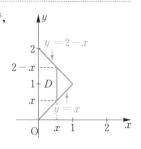

(ii) 積分順序を交換して x，y の順での累次積分（p.252④′）の値を求める。そのためには D の表現を改める必要がある。領域 D は

$$D_1 = \{(x,\ y)\,|\,0 \leqq x \leqq y,\ 0 \leqq y \leqq 1\}\ \text{と}$$

$$D_2 = \{(x,\ y)\,|\,0 \leqq x \leqq 2-y,\ 1 \leqq y \leqq 2\}\ \text{の合併領域なので}$$

$$\iint_D 2(x+y)\,dx\,dy = \iint_{D_1}2(x+y)\,dx\,dy + \iint_{D_2}2(x+y)\,dx\,dy$$

$$= \int_0^1\int_0^y 2(x+y)\,dx\,dy + \int_1^2\int_0^{2-y}2(x+y)\,dx\,dy$$

$$= \int_0^1\Big[x^2+2xy\Big]_0^y\,dy + \int_1^2\Big[x^2+2xy\Big]_0^{2-y}\,dy$$

$$= \int_0^1 3y^2\,dy + \int_1^2(4-y^2)\,dy$$

$$= \Big[y^3\Big]_0^1 + \Big[4y-\frac{1}{3}y^3\Big]_1^2 = \frac{8}{3}$$

与えられた累次積分の順序でうまく計算ができない場合でも積分順序を交換すれば，2重積分の値の計算できる場合がある。次の例題はその例である。

例題 4

$\displaystyle\int_0^1\!\!\int_x^1 \sin(\pi y^2)\,dydx$ の値を求めよ。

解

(i) $\displaystyle\int_0^1\!\!\int_x^1 \sin(\pi y^2)\,dydx = \int_0^1\!\left\{\int_x^1 \sin(\pi y^2)\,dy\right\}dx$ であるので，p.250④の

形であり，積分領域 D は次のように表現される。

$D = \{(x,\ y)\,|\,0 \leqq x \leqq 1,\ x \leqq y \leqq 1\}$

しかし内側の積分 $\displaystyle\int_x^1 \sin(\pi y^2)\,dy$ は容易に

計算できそうにないので領域 D の表現を改

めて積分順序を交換し p.252 の④′ の形で積

分する。

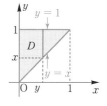

(ii) $D = \{(x,\ y)\,|\,0 \leqq x \leqq y,\ 0 \leqq y \leqq 1\}$

この表現を用いて $x,\ y$ の順で積分すると

$\displaystyle\iint_D \sin(\pi y^2)\,dxdy$

$\displaystyle= \int_0^1\!\left\{\int_0^y \sin(\pi y^2)\,dx\right\}dy = \int_0^1\!\Big[x\sin(\pi y^2)\Big]_0^y dy$

$\displaystyle= \int_0^1 y\sin(\pi y^2)\,dy = \frac{1}{2\pi}\int_0^1 (2\pi y)\sin(\pi y^2)\,dy$

$\displaystyle= \frac{1}{2\pi}\Big[-\cos(\pi y^2)\Big]_0^1 = -\frac{1}{2\pi}\cos\pi + \frac{1}{2\pi}\cos 0 = \frac{1}{\pi}$

練習5 次の積分の値を求めよ。次に積分順序を交換してその積分の値を求め，その値が先に求めた積分の値と等しいことを確認せよ。

(1) $\displaystyle\int_0^1\!\!\int_0^x (3-x-y)\,dydx$

(2) $\displaystyle\int_0^2\!\!\int_{x^2}^{2x} (2x+1)\,dydx$

(3) $\displaystyle\int_0^1\!\!\int_x^{\sqrt{x}} 2xy\,dydx$

(4) $\displaystyle\int_0^1\!\!\int_y^{2y} 2xy\,dxdy + \int_1^2\!\!\int_y^2 2xy\,dxdy$

練習6 次の積分の値を求めよ。

(1) $\displaystyle\int_0^1\!\!\int_x^1 2e^{y^2}\,dydx$

(2) $\displaystyle\int_0^1\!\!\int_y^1 \frac{\sin x}{x}\,dxdy$

(3) $\displaystyle\int_0^2\!\!\int_x^2 2y^2\sin(xy)\,dydx$

(4) $\displaystyle\int_0^4\!\!\int_{\frac{y}{2}}^2 \cos(x^2)\,dxdy$

4 2 重積分と変数変換

1 変数関数の積分，たとえば $\int_0^2 \left(\dfrac{1}{2}x + 1 \right)^5 dx$ を計算するとき $\dfrac{1}{2}x + 1 = t$，つまり $x = 2(t-1)$ と変数変換し $\int_1^2 t^5 \cdot 2\, dt$ として計算すると簡単になった。2 変数関数の積分の場合も変数変換を行って計算する方法を考えよう。いま x と y はそれぞれ u と v の 2 変数関数とする。変数変換 $x = x(u,\ v)$，$y = y(u,\ v)$ に関するヤコビ行列 (p. 219) の行列式を以下で用いるが，これを $J(u,\ v)$ で表し**ヤコビアン** という。つまり $J(u,\ v) = \begin{vmatrix} x_u & x_v \\ y_u & y_v \end{vmatrix}$ である。

1 1 次変換

1 次変換 $\begin{cases} x = x(u,\ v) = au + bv \\ y = y(u,\ v) = cu + dv \end{cases}$ つまり $\begin{pmatrix} x \\ y \end{pmatrix} = \begin{pmatrix} a & b \\ c & d \end{pmatrix} \begin{pmatrix} u \\ v \end{pmatrix}$ ……①

において，uv 平面の図形 D' と xy 平面の図形 D が対応するとしよう。いま，$D' = \{(u,\ v) \mid 0 \le u \le 1,\ 0 \le v \le 1\}$ とすると D' の面積は 1 である。ここで，$\boldsymbol{a} = \begin{pmatrix} a \\ c \end{pmatrix}$ と $\boldsymbol{b} = \begin{pmatrix} b \\ d \end{pmatrix}$ が 1 次独立，つまり $\begin{vmatrix} a & b \\ c & d \end{vmatrix} \ne 0$ であれば，①について uv 平面上の正方形 D' と xy 平面上の $\boldsymbol{a}$ と $\boldsymbol{b}$ の定める平行四辺形 D が対応し，面積は D' の面積の $|ad - bc|$ 倍になる。　　　　　　　　　← **53**

たとえば $\boldsymbol{a} = \begin{pmatrix} 2 \\ \dfrac{1}{3} \end{pmatrix}$, $\boldsymbol{b} = \begin{pmatrix} 1 \\ \dfrac{5}{3} \end{pmatrix}$ のとき D の面積は D' の面積の $\left| \begin{vmatrix} 2 & 1 \\ \dfrac{1}{3} & \dfrac{5}{3} \end{vmatrix} \right| =$ 3 倍になる（$|\ \ |$ は絶対値を表す）。

 $\longleftrightarrow$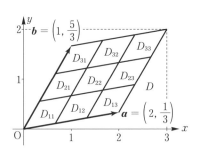

　一般に，①によって uv 平面の領域 D' と xy 平面の領域 D が対応するとして，p.246(i)と同様に D' を長方形領域に分割しその分割を $\varDelta'$ とおくと，対応する D の分割 $\varDelta$ ができる。D' の点は D の点に1対1に対応しており，D' の各小領域 D'_{ij} と D の小領域 D_{ij} が対応する。各 D_{ij} は平行四辺形だが，これも D の分割とする（p.247 注意）。ここで各 D'_{ij} の面積 $\varDelta S'_{ij}$ と，D_{ij} の面積 $\varDelta S_{ij}$ との関係は $\varDelta S_{ij} = |ad - bc|\varDelta S'_{ij}$ である。たとえば上図では，各小領域はそれぞれ面積が3倍されている。したがって，$z = f(x, y)$ の領域 D についての2重積分を求めるためのリーマン和（p.247(iii)）を考えるとき，D'_{ij} の代表点を (u_i, v_j) とし，それに対応する D_{ij} の代表点を (x_i, y_j) とすれば次の式が成り立つ。

$$\sum_{i=1}^{l}\sum_{j=1}^{m} f(x_i, y_j)\varDelta S_{ij} = \sum_{i=1}^{l}\sum_{j=1}^{m} f(au_i + bv_j, cu_i + dv_j)|ad - bc|\varDelta S'_{ij} \quad \cdots\cdots②$$

右辺は関数 $z = f(au + bv, cu + dv)$ の領域 D' の分割 $\varDelta'$ についてのリーマン和である。ここで D の分割 $\varDelta$ について $|\varDelta| \to 0$ とすることと D' の分割 $\varDelta'$ について $|\varDelta'| \to 0$ とすることが同値であることに注意して，②の両辺でそのような極限を考えると，関数 $f(x, y)$ と $f(au + bv, cu + dv)$ が連続であることから極限が存在し，次の定理が得られる。

> **1次変換についての変数変換**
>
> 　1次変換 $\begin{cases} x = au + bv \\ y = cu + dv \end{cases}$ つまり $\begin{pmatrix} x \\ y \end{pmatrix} = \begin{pmatrix} a & b \\ c & d \end{pmatrix}\begin{pmatrix} u \\ v \end{pmatrix}$ で，$\begin{vmatrix} a & b \\ c & d \end{vmatrix} \neq 0$ と
>
> する。これについて xy 平面の領域 D と uv 平面の領域 D' が対応するとき
>
> $$\iint_D f(x, y)\,dxdy = \iint_{D'} f(au + bv, cu + dv)|ad - bc|\,dudv$$

注意　$|ad - bc|$ はヤコビアン $J(u, v) = \begin{vmatrix} x_u & x_v \\ y_u & y_v \end{vmatrix} = \begin{vmatrix} a & b \\ c & d \end{vmatrix}$ の絶対値である。

例 4　xy 平面の領域 $D = \{(x, y) \mid 0 \leqq 2x - y \leqq 1,\ 0 \leqq x + 2y \leqq 2\}$ は，

　　　1次変換 $\begin{cases} u = 2x - y \\ v = x + 2y \end{cases}$ つまり $\begin{pmatrix} u \\ v \end{pmatrix} = \begin{pmatrix} 2 & -1 \\ 1 & 2 \end{pmatrix}\begin{pmatrix} x \\ y \end{pmatrix}$ について uv 平面

　　　の領域 $D' = \{(u, v) \mid 0 \leqq u \leqq 1,\ 0 \leqq v \leqq 2\}$ と対応するので u と v に変数変換した2重積分にすると積分領域が長方形となり，計算が簡単になる。

例題
5

次の 2 重積分の値を求めよ。

$$\iint_D (x+y)\,dxdy,\ \ D=\left\{(x,\ y)\left|0 \le \frac{x+y}{2} \le 1,\ 0 \le \frac{x-y}{2} \le 1\right.\right\}$$

解

$u=\dfrac{x+y}{2},\ v=\dfrac{x-y}{2}$ とおくと，xy 平面の領域 D と uv 平面の領域

$D'=\{(u,\ v)\,|\,0 \le u \le 1,\ 0 \le v \le 1\}$ とが対応する。

$\begin{cases} x=u+v \\ y=u-v \end{cases}$ つまり $\begin{pmatrix} x \\ y \end{pmatrix} = \begin{pmatrix} 1 & 1 \\ 1 & -1 \end{pmatrix}\begin{pmatrix} u \\ v \end{pmatrix}$ であるから

$|J(u,\ v)| = \left\|\begin{matrix} x_u & x_v \\ y_u & y_v \end{matrix}\right\| = \left\|\begin{matrix} 1 & 1 \\ 1 & -1 \end{matrix}\right\| = |1 \times (-1) - 1 \times 1| = 2$

よって $\displaystyle\iint_D (x+y)\,dxdy = \iint_{D'} 2u \cdot 2\,dudv = \int_0^1\int_0^1 4u\,dudv$

$\displaystyle = \int_0^1 \Big[2u^2\Big]_0^1 dv = 2\int_0^1 1\,dv = 2\Big[v\Big]_0^1 = 2$

練習**7** 次の 2 重積分の値を求めよ。

$$\iint_D y\,dxdy,\ \ D=\{(x,\ y)\,|\,0 \le x+y \le 1,\ 0 \le x-y \le 1\}$$

2 極座標変換

極座標変換 $x=x(r,\ \theta)=r\cos\theta,\ y=y(r,\ \theta)=r\sin\theta$ ……①

について，$r\theta$ 平面の図形 D' と xy 平面の図形 D とが対応するとしよう。いま，

$D'=\left\{(r,\ \theta)\left|0 \le r \le 3,\ 0 \le \theta \le \dfrac{\pi}{2}\right.\right\}$ とすると D' の面積は $\dfrac{3}{2}\pi$ である。①よ

り $r\theta$ 平面の長方形 D' と xy 平面の扇形 D が対応し，D の面積は D' の $\dfrac{3}{2}$ 倍に

なる。ここで原点 O と扇形 D の中央点との距離が $\dfrac{3}{2}$ であることに注意する。

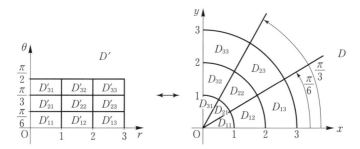

一般に，①によって $r\theta$ 平面の閉領域 D' と xy 平面の閉領域 D とが対応すると
して，D' を長方形領域に分割しその分割を Δ' とおくと，これに対応して D の分
割ができる。D' の点は D の点に 1 対 1 に対応しており，D' の各小領域 D'_{ij} と D
の小領域 D_{ij} が対応する。各 D_{ij} は上図のように扇形か扇形の一部であるが，こ
れも D の分割とする （p. 247 注意）。

ここで D'_{ij} の面積 $\Delta S'_{ij}$ と D_{ij} の面積 ΔS_{ij} を比較しよう。θ 軸に平行な $l+1$ 本
の直線 $r = r_0,\ r_1,\ \cdots,\ r_l$ と r 軸に平行な $m+1$ 本の直線 $\theta = \theta_0,\ \theta_1,\ \cdots,\ \theta_m$
とでの分割のうち，$r = r_{i-1},\ r_i,\ \theta = \theta_{j-1},\ \theta_j$ で囲まれた長方形が D'_{ij} なので，
$r_i - r_{i-1} = \Delta r_i,\ \theta_j - \theta_{j-1} = \Delta \theta_j$ とおくと $\Delta S'_{ij} = \Delta r_i \Delta \theta_j$ である。一方 D_{ij} は原
点 O を端点とする x 軸からの角度が $\theta_{j-1},\ \theta_j$ の 2 本の半直線と，O 中心の半径
$r_{i-1},\ r_i$ の 2 つの円とで囲まれた領域なので，
次のように求められる。

$$\Delta S_{ij} = (\pi r_i{}^2 - \pi r_{i-1}{}^2) \cdot \frac{\Delta \theta_j}{2\pi}$$

$$= \frac{r_i + r_{i-1}}{2} \cdot \Delta r_i \Delta \theta_j \quad \cdots\cdots ②$$

D の分割 Δ が十分細かいとき $r_{i-1} \fallingdotseq r_i$ であるから，②は $\Delta S_{ij} \fallingdotseq r_i \Delta r_i \Delta \theta_j$ と
なり次の近似式が成り立つ。 $\Delta S_{ij} \fallingdotseq r_i \Delta S'_{ij} \quad \cdots\cdots ②'$

たとえば上図で $D'_{11},\ D'_{12},\ D'_{13}$ の面積は同じだが，対応する $D_{11},\ D_{12},\ D_{13}$ の面
積は $\dfrac{\pi}{12},\ \dfrac{3}{12}\pi,\ \dfrac{5}{12}\pi$ で，それぞれの中央点と O との距離 r の値が $\dfrac{1}{2},\ \dfrac{3}{2},\ \dfrac{5}{2}$ な
ので D' の小領域は D においてその中央点の r の値に比例して拡大されているこ
とがわかる。

　ここで $(r_i,\ \theta_j)$ を小領域 D'_{ij} の代表点，$(x_i,\ y_j) = (r_i\cos\theta_j,\ r_i\sin\theta_j)$ をそれ
に対応する小領域 D_{ij} の代表点とすると，②′ より次の近似式が成り立つ。

$$\sum_{i=1}^{l}\sum_{j=1}^{m} f(x_i,\ y_j)\varDelta S_{ij} \fallingdotseq \sum_{i=1}^{l}\sum_{j=1}^{m} f(r_i\cos\theta_j,\ r_i\sin\theta_j)r_i\varDelta r_i\varDelta\theta_j \quad\cdots\cdots③$$

　③の左辺は関数 $f(x,\ y)$ の領域 D の分割 $\varDelta$ についてのリーマン和であり，③
の右辺は関数 $f(r\cos\theta,\ r\sin\theta)r$ の領域 D' の分割 $\varDelta'$ についてのリーマン和
（p. 247）であることに注意する。いま，①によって $\varDelta$ と $\varDelta'$ が対応しているので，
$|\varDelta| \to 0$ とすることと $|\varDelta'| \to 0$ とすることとは同値であり，③の両辺でそのよう
な極限をとると，$f(x,\ y)$ と $f(r\cos\theta,\ r\sin\theta)r$ が連続なので，左辺は
$\displaystyle\iint_D f(x,\ y)\,dxdy$, 右辺は $\displaystyle\iint_{D'} f(r\cos\theta,\ r\sin\theta)r\,drd\theta$ となるが，③の両辺の
近似式としての誤差が 0 に近づくことを認めれば次の定理を得る。

> **➡ 極座標変換についての変数変換**
>
> 　極座標変換 $\begin{cases} x = x(r,\ \theta) = r\cos\theta \\ y = y(r,\ \theta) = r\sin\theta \end{cases}$ について，xy 平面の領域 D と $r\theta$ 平
>
> 面の領域 D' が対応するとき，次の式が成り立つ。
>
> $$\iint_D f(x,\ y)\,dxdy = \iint_{D'} f(r\cos\theta,\ r\sin\theta)r\,drd\theta$$

注意　この変数変換ではヤコビアンの絶対値は r である。

$$J(r,\ \theta) = \begin{vmatrix} x_r & x_\theta \\ y_r & y_\theta \end{vmatrix} = \begin{vmatrix} \cos\theta & -r\sin\theta \\ \sin\theta & r\cos\theta \end{vmatrix}$$

$$= \cos\theta\cdot r\cos\theta - (-r\sin\theta)\cdot\sin\theta = r$$

例5　xy 平面の領域 $D = \{(x,\ y)\,|\,x^2 + y^2 \leqq 1,\ 0 \leqq y \leqq \sqrt{3}\,x\}$ は極座標変

換 $\begin{cases} x = r\cos\theta \\ y = r\sin\theta \end{cases}$ について $D' = \left\{(r,\ \theta)\,\middle|\,0 \leqq r \leqq 1,\ 0 \leqq \theta \leqq \dfrac{\pi}{3}\right\}$ と対応

し，この変数変換で積分領域が長方形となり，計算が簡単になる。

$\boxed{\begin{array}{c} \text{例題} \\ \textbf{6} \end{array}}$ 次の 2 重積分の値を極座標に変換して求めよ。また領域 D を図示せよ。

(1) $\displaystyle\iint_D x\,dxdy, \quad D = \{(x, \ y)\,|\,x^2 + y^2 \leqq 4, \ 0 \leqq y, \ 0 \leqq x\}$

(2) $\displaystyle\iint_D y\,dxdy, \quad D = \{(x, \ y)\,|\,x^2 + y^2 \leqq 2x, \ 0 \leqq y\}$

解 (1) $x = r\cos\theta, \ y = r\sin\theta$ より D の条件は $r^2\cos^2\theta + r^2\sin^2\theta \leqq 4$,

$0 \leqq r\sin\theta, \ 0 \leqq r\cos\theta$ となるので xy 平面の領域 D と $r\theta$ 平面の領域

$D' = \left\{(r, \ \theta)\,\middle|\,0 \leqq r \leqq 2, \ 0 \leqq \theta \leqq \dfrac{\pi}{2}\right\}$ が対応する。

$$\iint_D x\,dxdy = \iint_{D'} (r\cos\theta)\,r\,drd\theta = \int_0^{\frac{\pi}{2}}\left\{\int_0^2 r^2\cos\theta\,dr\right\}d\theta$$

$$= \int_0^{\frac{\pi}{2}}\cos\theta\left[\frac{1}{3}r^3\right]_0^2 d\theta = \frac{8}{3}\left[\sin\theta\right]_0^{\frac{\pi}{2}} = \frac{8}{3}$$

(2) D の条件は $r^2\cos^2\theta + r^2\sin^2\theta \leqq 2r\cos\theta, \ 0 \leqq r\sin\theta$ となるので

D と $D' = \left\{(r, \ \theta)\,\middle|\,0 \leqq r \leqq 2\cos\theta, \ 0 \leqq \theta \leqq \dfrac{\pi}{2}\right\}$ とが対応する。

$$\iint_D y\,dxdy = \iint_{D'} (r\sin\theta)\,r\,drd\theta = \int_0^{\frac{\pi}{2}}\left\{\int_0^{2\cos\theta} r^2\sin\theta\,dr\right\}d\theta$$

$$= \int_0^{\frac{\pi}{2}}\sin\theta\left[\frac{1}{3}r^3\right]_0^{2\cos\theta} d\theta = \frac{8}{3}\int_0^{\frac{\pi}{2}}\sin\theta\cos^3\theta\,d\theta = \frac{2}{3}\left[-\cos^4\theta\right]_0^{\frac{\pi}{2}} = \frac{2}{3}$$

練習**8** 次の2重積分の値を極座標に変換して求めよ。また，領域 D を図示せよ。

(1) $\displaystyle\iint_D (x^2+y^2)\,dxdy$, $D=\{(x,\ y)\,|\,x^2+y^2\leqq 1,\ 0\leqq y\leqq x\}$

(2) $\displaystyle\iint_D \sqrt{x^2+y^2}\,dxdy$, $D=\{(x,\ y)\,|\,x^2+y^2\leqq y\}$

　一般の変数変換についても，1次変換や極座標変換の場合と同様な考え方で次の定理を証明することができる。

> ➡**一般の変数変換**
>
> 　変数変換 $x=x(u,\ v)$, $y=y(u,\ v)$ について uv 平面の領域 D' と xy 平面の領域 D とが対応するとき
> $$\iint_D f(x,\ y)\,dxdy=\iint_{D'} f(x(u,\ v),\ y(u,\ v))\,|J(u,\ v)|\,dudv$$
> ここで $|J(u,\ v)|$ はヤコビアン $J(u,\ v)=\begin{vmatrix} x_u & x_v \\ y_u & y_v \end{vmatrix}=x_uy_v-x_vy_u$ の絶対値

◀3▶　面積

$\displaystyle\iint dxdy$ つまり $\displaystyle\iint 1\,dxdy$ は関数 $f(x,\ y)=1$ の，xy 平面上の領域 D についての2重積分なので，値は2重積分の定義（p.247④）より，底面が D で，D を z 軸方向に1だけ平行移動してできる，高さ1の立体の体積である。この値は D の面積でもあるので次の等式が成り立つ。

$$D \text{ の面積} = \iint_D dxdy$$

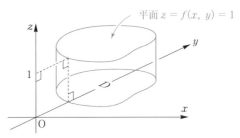

平面 $z=f(x,\ y)=1$

例題
7

xy 平面上の楕円 $D = \left\{ (x,\ y)\ \middle|\ \left(\dfrac{x}{a}\right)^2 + \left(\dfrac{y}{b}\right)^2 \leqq 1 \right\}$ の面積 S を，2 重積分を用いて求めよ。ただし $a,\ b$ は正の定数とする。

解

$u = \dfrac{x}{a},\ v = \dfrac{y}{b}$ とおくと，xy 平面上の領域 D と uv 平面上の領域

$D' = \{ (u,\ v)\ |\ u^2 + v^2 \leqq 1 \}$ とが対応する。$x = au,\ y = bv$ なので

$|J(u,\ v)| = \left\| \begin{matrix} a & 0 \\ 0 & b \end{matrix} \right\| = ab$ より

$$S = \iint_D dxdy = \iint_{D'} ab\,dudv = ab\iint_{D'} dudv$$

ここで $\displaystyle\iint_{D'} dudv$ は半径 1 の円である D' の面積なので $S = \pi ab$ となる。

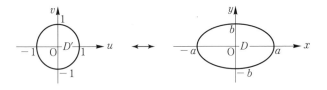

練習9 例題 7 の円 D' の面積 $\displaystyle\iint_{D'} dudv$ を，極座標変換 $u = r\cos\theta,\ v = r\sin\theta$ を用いて求めよ。

練習10 次の xy 平面上の楕円 D の面積を，2 重積分を用いて求めよ。

(1) $D = \{ (x,\ y)\ |\ x^2 + 4xy + 13y^2 \leqq 16 \}$

 ($x^2 + 4xy + 13y^2 = (x + 2y)^2 + (3y)^2$ と変形することと，1 次変換 $u = x + 2y,\ v = 3y$ を利用することを考える。)

(2) $D = \{ (x,\ y)\ |\ x^2 + xy + y^2 \leqq 6 \}$

注意 この楕円は p.238 に図示された楕円であり，これが楕円 $\dfrac{x^2}{12} + \dfrac{y^2}{4} = 1$

を原点中心に $-\dfrac{\pi}{4}$ 回転した図形であることは『新版線形代数』を参照。

◀ 節|末|問|題 ▬▬▬▬▬▬▬▬▬▬▬▬▬▬▬▬▬▬▬▬▬▬▬▬▬▬▬▬▬▬

1. 次の 2 重積分の値を求めよ。

(1) $\displaystyle\iint_D (2x - 3y^2)\,dxdy,\quad D = \{(x,\ y)\,|-1 \le x \le 1,\ 0 \le y \le 2\}$

(2) $\displaystyle\iint_D x\sin(xy)\,dxdy,\quad D = \{(x,\ y)\,|0 \le x \le 1,\ \pi \le y \le 2\pi\}$

2. 積分領域 D を次の直線または曲線で囲まれた領域とするとき，2 重積分

$\displaystyle\iint_D f(x,\ y)\,dxdy$ を累次積分で書き表せ。

(1) $D : x = 0,\ y = 0,\ x^2 + y^2 = 25,\ (x,\ y > 0)$

(2) $D : y = \dfrac{1}{x},\ y = \sqrt{x},\ x = 2$

3. 次の累次積分の積分順序を交換せよ。

(1) $\displaystyle\int_1^2\int_x^{2x} f(x,\ y)\,dydx$

(2) $\displaystyle\int_0^2\int_{-\sqrt{4-y^2}}^{\sqrt{4-y^2}} f(x,\ y)\,dxdy$

4. 積分領域 D を次の直線または曲線で囲まれた領域として 2 重積分の値を求めよ。

(1) $\displaystyle\iint_D x^2 y\,dxdy,\quad D : y = -\sqrt{x},\ y = \dfrac{1}{x},\ x = 1,\ x = 2$

(2) $\displaystyle\iint_D xy\,dxdy,\quad D : y = -x^2 + 4,\ y = 3\sqrt{x},\ y = 0$

5. 次の 2 重積分の値を極座標に変換して求めよ。

(1) $\displaystyle\iint_D (x^2 + y^2)\,dxdy,\quad D = \{(x,\ y)\,|x^2 + y^2 \le 4\}$

(2) $\displaystyle\iint_D \sqrt{x^2 + y^2 - 9}\,dxdy,\quad D = \{(x,\ y)\,|9 \le x^2 + y^2 \le 25\}$

6. 次の 2 重積分を変数変換を行って求めよ。

$\displaystyle\iint_D \{(x-y)^2 + (x+y)^2\}\,dxdy,\quad D = \{(x,\ y)\,||x-y| \le 1,\ |x+y| \le 1\}$

7. xy 平面上の楕円 $D = \{(x,\ y)\,|5x^2 - 6xy + 5y^2 \le 8\}$ の面積を 2 重積分を用いて求めよ。

◆ **2** ◆ 重積分の応用

ここでは xyz 空間の中で, xy 平面の領域 D と曲面 $z = f(x, y)$ とで挟まれた立体のうち, 累次積分によって体積が求められるものを考えよう。

> **例題**
> **1**
>
> 平面 $x + y + z = 1$ ……① と各座標平面とで囲まれた立体の体積 V を 2 重積分を用いて求めよ。

解

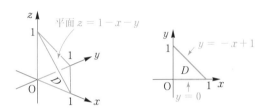

平面①と x 軸, y 軸, z 軸との交点がそれぞれ $(1, 0, 0)$, $(0, 1, 0)$, $(0, 0, 1)$ なので問題の立体は左上図のような三角錐である。その上面である平面①を $z = f(x, y) = 1 - x - y$ の形にし, xy 平面上の領域である $D = \{(x, y) \,|\, 0 \leqq x \leqq 1,\ 0 \leqq y \leqq -x + 1\}$ について積分して V を得る。

$$V = \iint_D (1 - x - y)\, dxdy = \int_0^1 \left\{ \int_0^{-x+1} (1 - x - y)\, dy \right\} dx$$

$$= \int_0^1 \left[(1 - x)\, y - \frac{1}{2} y^2 \right]_0^{-x+1} dx = \int_0^1 \left\{ (-x + 1)^2 - \frac{1}{2} (-x + 1)^2 \right\} dx$$

$$= \frac{1}{2} \int_0^1 (x - 1)^2\, dx = \frac{1}{2} \left[\frac{1}{3} (x - 1)^3 \right]_0^1 = \frac{1}{6}$$

練習1 次の平面や曲面で囲まれた立体の体積 V を 2 重積分を用いて求めよ。

(1) 平面 $x + 2y + 3z = 6$ と各座標平面

(2) 6 つの平面 $x = 0$, $x = 2$, $y = 0$, $y = 1$, $z = 0$, $z = y + 1$ (p. 247 図)

(3) $z = 4 - (x^2 + y^2)$ (p. 232 上図), $x = 0$, $x = 1$, $y = 0$, $y = 1$, $z = 0$

例題
2

円柱 $x^2+y^2 \leqq 1$ の $0 \leqq z \leqq y$ の部分の体積 V を求めよ。

解

$x^2+y^2=1$ は xy 平面の円 $x^2+y^2=1$ を z 軸に平行に移動してできる円筒面, $x^2+y^2 \leqq 1$ はその内部も含めた円柱, $0 \leqq z \leqq y$ は2つの平面 $z=0$, $z=y$ で挟まれた空間のうち $0 \leqq z$ の部分である。よって次の領域 D について立体の上面 $z=f(x, y)=y$ を積分し V が求まる。

$$D = \{(x, y) \,|\, x^2+y^2 \leqq 1, \ 0 \leqq y\}$$
$$= \{(x, y) \,|\, -1 \leqq x \leqq 1, \ 0 \leqq y \leqq \sqrt{1-x^2}\}$$
$$V = \iint_D y\,dxdy = \int_{-1}^{1}\left\{\int_{0}^{\sqrt{1-x^2}} y\,dy\right\}dx = \int_{-1}^{1}\left[\frac{1}{2}y^2\right]_{0}^{\sqrt{1-x^2}} dx$$
$$= \frac{1}{2}\int_{-1}^{1}(1-x^2)\,dx = \frac{1}{2}\cdot 2\int_{0}^{1}(1-x^2)\,dx = \left[x-\frac{1}{3}x^3\right]_{0}^{1} = \frac{2}{3}$$

（別解） 極座標変換 $x=r\cos\theta$, $y=r\sin\theta$ により xy 平面上の領域 D と $r\theta$ 平面上の領域 $D' = \{(r, \theta) \,|\, 0 \leqq r \leqq 1, \ 0 \leqq \theta \leqq \pi\}$ が対応する。

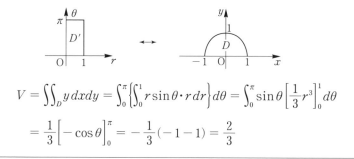

$$V = \iint_D y\,dxdy = \int_{0}^{\pi}\left\{\int_{0}^{1} r\sin\theta \cdot r\,dr\right\}d\theta = \int_{0}^{\pi}\sin\theta\left[\frac{1}{3}r^3\right]_{0}^{1} d\theta$$
$$= \frac{1}{3}\left[-\cos\theta\right]_{0}^{\pi} = -\frac{1}{3}(-1-1) = \frac{2}{3}$$

練習**2** 　円柱 $x^2+y^2 \leqq 1$ の $0 \leqq z \leqq 1-x$ の部分の体積を求めよ。

練習**3** 　球 $x^2+y^2+z^2 \leqq 4$ の $x^2+y^2 \leqq 2x$, $0 \leqq z$ の部分の体積を求めよ。

練習**4** 　球 $x^2+y^2+z^2 \leqq 1$ の $x^2+y^2 \leqq y$, $0 \leqq z$ の部分の体積を求めよ。

2 ガウス型積分

　p.202 では 1 変数関数の広義積分について学んだ。ここでは，2 重積分を応用して 1 変数関数の広義積分が求められる例として，次の広義積分を考えよう。

$$\int_0^\infty e^{-x^2}dx = \lim_{K \to \infty}\int_0^K e^{-x^2}dx \quad \cdots\cdots ①$$

　①の左辺の形の積分や①の左辺の積分範囲が $(-\infty, \infty)$ である形の積分のことを **ガウス型積分** というが，これは応用数学や確率・統計などで用いられる重要な積分である。以下ではまず①の値が発散しないこと，次に①の値は $\dfrac{\sqrt{\pi}}{2}$ であること，を示す。

（ⅰ）　①の値は発散しない。

　関数 $y = e^{-x^2}$ は $0 \leqq x \leqq 1$ のとき $e^{-x^2} \leqq 1$ であり，$1 \leqq x < \infty$ のとき $e^{-x^2} \leqq e^{-x}$ であるから（上図参照），十分大きな正数 K に対して次のことがいえる。

$$0 < \int_0^K e^{-x^2}dx = \int_0^1 e^{-x^2}dx + \int_1^K e^{-x^2}dx$$

$$\leqq \int_0^1 1dx + \int_1^K e^{-x}dx$$

$$= \Big[x\Big]_0^1 + \Big[-e^{-x}\Big]_1^K < 1 + e^{-1}$$

（ⅱ）　①の値は $\dfrac{\sqrt{\pi}}{2}$ である。

　ここで 2 変数関数の広義積分の 1 つを導入しよう。$\displaystyle\int_0^\infty\int_0^\infty f(x, y)\,dxdy$ とは xy 平面上の領域 $D = \{(x, y)\,|\,0 \leqq x \leqq K, 0 \leqq y \leqq K\}$ について $f(x, y)$ を積分した値において $K \to \infty$ としたときの極限値であるとする。

①の左辺を $I = \displaystyle\int_0^\infty e^{-x^2}dx$ とおくと $I = \displaystyle\int_0^\infty e^{-y^2}dy$ でもあるから次の計算ができる。

$$I^2 = \int_0^\infty e^{-x^2}dx\int_0^\infty e^{-y^2}dy = \int_0^\infty\int_0^\infty e^{-x^2}e^{-y^2}dxdy = \int_0^\infty\int_0^\infty e^{-(x^2+y^2)}dxdy$$

$$= \int_0^\infty\left\{\int_0^\infty e^{-(x^2+y^2)}dx\right\}dy \qquad \text{内側の積分で } y \geqq 0 \text{ である } y \text{ を}$$
$$\text{固定して } x = yt \text{ とおくと}$$

$$= \int_0^\infty\left\{\int_0^\infty e^{-(t^2+1)y^2}y\,dt\right\}dy \qquad dx = y\,dt \text{ であり} \quad \dfrac{x\,|\,0\to\infty}{t\,|\,0\to\infty}$$

$$= \int_0^\infty\left\{\int_0^\infty e^{-(t^2+1)y^2}y\,dy\right\}dt$$

$$= \int_0^\infty\left\{\lim_{K\to\infty}\int_0^K e^{-ay^2}y\,dy\right\}dt \qquad \text{十分大きな正数を } K,\ \text{正数 } t^2+1 \text{ を } a \text{ とおく}$$

$$= \int_0^\infty\left\{\lim_{K\to\infty}\left[\frac{1}{-2a}e^{-ay^2}\right]_0^K\right\}dt = \int_0^\infty\left\{\lim_{K\to\infty}\frac{1}{-2a}(e^{-aK^2}-1)\right\}dt \qquad \leftarrow \boxed{27}$$

$$= \int_0^\infty\frac{1}{2a}\,dt = \int_0^\infty\frac{1}{2(t^2+1)}\,dt = \lim_{L\to\infty}\left[\frac{1}{2}\,\mathrm{Tan}^{-1}t\right]_0^L = \frac{1}{2}\left(\frac{\pi}{2}-0\right) \qquad \leftarrow \boxed{28}$$

$$= \frac{\pi}{4}$$

ここで $I > 0$ であるので $I = \dfrac{\sqrt{\pi}}{2}$ である。

また，関数 $y = e^{-x^2}$ が偶関数であり $\displaystyle\int_{-\infty}^\infty e^{-x^2}dx = 2I$ が成り立つので，次の公式が得られる。

➡ ガウス型積分

$$[1]\quad \int_0^\infty e^{-x^2}\boldsymbol{dx} = \frac{\sqrt{\boldsymbol{\pi}}}{2} \qquad\qquad [2]\quad \int_{-\infty}^\infty e^{-x^2}\boldsymbol{dx} = \sqrt{\boldsymbol{\pi}}$$

注意　他に極座標変換を用いて I を求める方法がある。（節末問題4参照）

練習**5**　$\displaystyle\int_0^\infty e^{-x^2}dx = \dfrac{\sqrt{\pi}}{2}$ を利用して次の広義積分を求めよ。

(1) $\displaystyle\int_0^\infty\frac{e^{-x}}{\sqrt{x}}\,dx$ 　　　　(2) $\displaystyle\int_0^\infty x^2 e^{-x^2}\,dx$ 　　　　(3) $\displaystyle\int_{-\infty}^\infty e^{-a^2x^2}\,dx \quad (a>0)$

3 ▶ 重心と慣性モーメント

xy 平面の点 $(x_1,\ y_1)$, $(x_2,\ y_2)$, ……, $(x_n,\ y_n)$ におのおの質量 m_1, m_2, …, m_n の質点があるとき，これらの **重心** $\mathrm{G}(x_\mathrm{G},\ y_\mathrm{G})$ は総質量①に対して②の式を満たす点として求められる。

$$M = m_1 + m_2 + \cdots + m_n \quad \cdots\cdots①$$
$$Mx_\mathrm{G} = m_1x_1 + m_2x_2 + \cdots + m_nx_n,$$
$$My_\mathrm{G} = m_1y_1 + m_2y_2 + \cdots + m_ny_n \quad \cdots\cdots②$$

一方，上記 n 個の質点について定直線 l からの距離がおのおの r_1, r_2, …, r_n であるとき，これらの質点の l に関する **慣性モーメント** I は次の式で求められる。これは回転運動において，直線運動における質量の役割をもつ量である。

$$I = m_1r_1{}^2 + m_2r_2{}^2 + \cdots + m_nr_n{}^2 \quad \cdots\cdots③$$

1 ▶ 重心

xy 平面上の領域 D に面密度 $\rho(x,\ y)$ で質量が分布している場合には p. 246 のように D の分割 $\varDelta$ をとり，各小領域 D_{ij} の代表点，質量をそれぞれ $(x_i,\ y_j)$, $\rho(x_i,\ y_j)\varDelta x_i\varDelta y_j$ として総和（リーマン和）をとる。$\rho(x,\ y)$ が連続であれば，$|\varDelta| \to 0$ とすると①に対応して D の質量

$$M = \iint_D \rho(x,\ y)\,dxdy \quad \cdots\cdots①'$$

を得る。同じ考え方で D の重心 $\mathrm{G}(x_\mathrm{G},\ y_\mathrm{G})$ は②に対応して次の式を満たす x_G, y_G を求めることで得る。

$$Mx_\mathrm{G} = \iint_D x\rho(x,\ y)\,dxdy, \quad My_\mathrm{G} = \iint_D y\rho(x,\ y)\,dxdy \quad \cdots\cdots②'$$

例 1 底面積が S, 高さが h, 密度が ρ（正の定数）の直円錐の重心を求めよう。

次図のように x 軸上の原点 O に円錐の頂点をおき，中心軸を x 軸上におく。座標 x での断面積を $S(x)$ とし，区間 $[0,\ h]$ を n 個の小区間に分割し i 番目の小区間を $[x_{i-1},\ x_i]$, その長さを $\varDelta x_i$ とするとき，この部分の質量を $\rho S(x_i)\varDelta x_i$ とみて，①', ②' を求めるのと同じ考え方で円錐の質量 M と重心の座標 x_G が以下のように求められる。

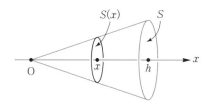

$S(x) : S = x^2 : h^2$ より $S(x)h^2 = Sx^2$ なので

$$M = \int_0^h \rho S(x)\,dx = \int_0^h \rho \cdot \frac{S}{h^2} \cdot x^2\,dx = \rho \cdot \frac{S}{h^2}\left[\frac{1}{3}x^3\right]_0^h = \frac{\rho S h}{3}$$

よって

$$x_G = \frac{1}{M}\int_0^h x\rho S(x)\,dx = \frac{\rho}{M}\cdot\frac{S}{h^2}\left[\frac{1}{4}x^4\right]_0^h = \frac{3}{4}h$$

例題 3 一様な面密度 $\rho(x,\ y) = \rho$（正の定数）をもつ半径 a の薄い半円板 $D = \{(x,\ y)\,|\,x^2 + y^2 \leqq a^2,\ y \geqq 0\}$ の重心 $\mathrm{G}(x_G,\ y_G)$ の座標を求めよ。

解 重心は対称軸である y 軸上にあるので，
$x_G = 0$ である。
一方，y_G は②′ より求められる。極座標変換
$x = r\cos\theta,\ y = r\sin\theta$ を用いると

$$y_G = \frac{1}{M}\iint_D y\rho\,dxdy = \frac{1}{M}\int_0^\pi \left\{\int_0^a (r\sin\theta)\rho r\,dr\right\}d\theta$$

$$= \frac{\rho}{M}\int_0^\pi \sin\theta\left[\frac{1}{3}r^3\right]_0^a d\theta = \frac{\rho}{M}\cdot\frac{a^3}{3}\left[-\cos\theta\right]_0^\pi = \frac{2\rho a^3}{3M}$$

①′ より $M = \iint_D \rho\,dxdy = \int_0^\pi \left\{\int_0^a \rho r\,dr\right\}d\theta = \frac{1}{2}\pi\rho a^2$ であるから，これを
代入して

$$y_G = \frac{2\rho a^3}{3}\cdot\frac{2}{\pi\rho a^2} = \frac{4a}{3\pi}$$

練習6 一様な面密度 $\rho(x,\ y) = \rho$（正の定数）をもつ半径 a の薄い四分円板
$D = \{(x,\ y)\,|\,x^2 + y^2 \leqq a^2,\ x \geqq 0,\ y \geqq 0\}$ の重心の座標を求めよ。

2 慣性モーメント ━━━━━━━━━━━━━━━━━

前項の「重心」と同様，xy 平面上の領域 D の分割 $\varDelta$ における各小領域 D_{ij} の質量を $\rho(x_i, y_j)\varDelta x_i\varDelta y_j$ とみなす考え方で，x 軸，y 軸それぞれに関する慣性モーメント I_x，I_y を考えると，③に対応して次の式が得られる。

$$I_x = \iint_D y^2\rho(x, y)\,dxdy,$$

$$\cdots\cdots\text{③}'$$

$$I_y = \iint_D x^2\rho(x, y)\,dxdy$$

例題 4　例題 3 の半円板 D について x 軸に関する慣性モーメント I_x を求めよ。

解

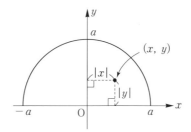

D の任意の点 (x, y) について x 軸との距離は $|y|$ であるので③′ より

$$I_x = \iint_D \rho y^2\,dxdy$$

$$= \int_0^\pi\left\{\int_0^a (r\sin\theta)^2\rho r\,dr\right\}d\theta$$

$$= \rho\int_0^\pi \frac{1-\cos 2\theta}{2}\left[\frac{1}{4}r^4\right]_0^a d\theta$$

$$= \frac{1}{8}a^4\rho\left[\theta - \frac{1}{2}\sin 2\theta\right]_0^\pi$$

$$= \frac{1}{8}\pi\rho a^4$$

練習7　例題 3 の半円板 D について y 軸に関する慣性モーメント I_y を求めよ。

◀ 節末問題 ▰▰▰▰▰▰▰▰▰▰▰▰▰▰▰▰▰▰▰▰▰▰

1. 次のいくつかの曲面・平面で囲まれる部分の立体の体積 V を求めよ。

(1) $\dfrac{x}{2} + \dfrac{y}{4} + z \leqq 1$, $x \geqq 0$, $y \geqq 0$, $z \geqq 0$

(2) $0 \leqq x \leqq 1$, $0 \leqq y \leqq x$, $x + y \leqq z \leqq e^{x+y}$

(3) $x \leqq 0$, $y \leqq 0$, $x + y \leqq 2$, $z \geqq -x$, $z \leqq x$

(4) $z \geqq x^2 + y^2$, $z \leqq 4$

(5) $z \geqq x^2 + y^2$, $z \leqq 2x$

(6) $x^2 + y^2 \leqq 1$, $x^2 + y^2 + z^2 \leqq 2$

(7) $x^2 + y^2 \leqq ax$, $x^2 + y^2 + z^2 \leqq a^2$ $(a > 0)$

(8) $0 \leqq z \leqq \mathrm{Tan}^{-1}\left(\dfrac{y}{x}\right)$, $\dfrac{1}{2} \leqq x^2 + y^2 \leqq 1$, $0 \leqq y \leqq x$

2. 楕円体 $\dfrac{x^2}{a^2} + \dfrac{y^2}{b^2} + \dfrac{z^2}{c^2} \leqq 1$ $(a,\ b,\ c$ は正の定数$)$ の体積 V を求めよ。

3. 放物面 $z = \dfrac{x^2}{a^2} + \dfrac{y^2}{b^2}$ と平面 $z = c$ $(a,\ b,\ c$ は正の定数$)$ で囲まれた立体の体積 V を求めよ。

4. $a > 0$ を実数とするとき，次の各問いに答えよ。

(1) $I(a) = \displaystyle\iint_{D_a} e^{-(x^2+y^2)}\,dxdy$ を極座標変換を利用して求めよ。

　　ただし，$D_a = \{(x,\ y)\,|\,x \geqq 0,\ y \geqq 0,\ x^2 + y^2 \leqq a^2\}$ である。

(2) 極限値 $\displaystyle\lim_{a\to\infty} I(a)$ を求めよ。

(3) $J(a) = \displaystyle\iint_{E_a} e^{-(x^2+y^2)}\,dxdy$ に対し，不等式 $I(a) \leqq J(a) \leqq I(\sqrt{2}\,a)$ が成立することを示し，極限値 $\displaystyle\lim_{a\to\infty} J(a)$ を求めよ。

　　ただし，$E_a = \{(x,\ y)\,|\,0 \leqq x \leqq a,\ 0 \leqq y \leqq a\}$ である。

(4) (3)の結果を用いて $\displaystyle\int_0^\infty e^{-x^2}\,dx = \lim_{a\to\infty}\sqrt{J(a)} = \dfrac{\sqrt{\pi}}{2}$ を示せ。(p. 268 の公式)

研究 **3 重積分と座標変換**

3 次元の領域 D で連続な関数 $f(x, y, z)$ を考える。領域 D を，平面 $x = x_0$, x_1, $\cdots$, x_l, 平面 $y = y_0, y_1, \cdots, y_m$ と平面 $z = z_0, z_1, \cdots, z_n$ でできる $l \times m \times n$ 個の直方体で覆って，$x_{i-1} \leqq x \leqq x_i$, $y_{j-1} \leqq y \leqq y_j$, $z_{k-1} \leqq y \leqq z_k$ でできる直方体を D_{ijk} とおき，その体積を $\varDelta D_{ijk}$ とおく。このとき

$$\varDelta D_{ijk} = \varDelta x_i \varDelta y_j \varDelta z_k = (x_i - x_{i-1})(y_j - y_{j-1})(z_k - z_{k-1})$$

となっている。小領域 D_{ijk} 内に点 (ξ_i, η_j, ζ_k) を定め，各小領域 D_{ijk} の大きさが 0 になるように，分割の数 l, m と n を大きくして，次の極限値が存在するとき，これを $f(x, y, z)$ の領域 D における **3 重積分** とよぶ。

$$\iiint_D f(x, y, z)\, dxdydz$$

$$= \lim_{l \to \infty} \lim_{m \to \infty} \lim_{n \to \infty} \sum_{i=1}^{l} \sum_{j=1}^{m} \sum_{k=1}^{n} f(\xi_i, \eta_j, \zeta_k)\, \varDelta x_i \varDelta y_j \varDelta z_k$$

たとえば，領域 D の各点での密度が $\rho(x, y, z)$ で与えられるときに，3 重積分 $\iiint_D \rho(x, y, z)\, dxdydz$ は D 全体の質量を表す。

3 次元の極座標変換

$$x = r\sin\phi\cos\theta, \ y = r\sin\phi\sin\theta, \ z = r\cos\phi$$

$(0 \leqq \phi \leqq \pi, \ 0 \leqq \theta \leqq 2\pi)$ のヤコビアン (p. 256) は

$$J(r, \rho, \theta) = \begin{vmatrix} \sin\phi\cos\theta & r\cos\phi\cos\theta & -r\sin\phi\sin\theta \\ \sin\phi\sin\theta & r\cos\phi\sin\theta & r\sin\phi\cos\theta \\ \cos\phi & -r\sin\phi & 0 \end{vmatrix}$$

$$= r^2\sin\phi \quad (0 \leqq \phi \leqq \pi)$$

となるので，次の変換公式を得る。

⇒ 3 重積分の極座標変換の公式

$$\iiint_D f(x, y, z)\, dxdydz$$

$$= \iiint_{D'} f(r\sin\phi\cos\theta, \ r\sin\phi\sin\theta, \ r\cos\phi)\, r^2\sin\phi\, drd\phi d\theta$$

研究 **ガンマ関数と階乗**

$x > 0$ なる実数 x に対して **ガンマ関数** $\Gamma(x)$ を次の広義積分によって定義する。

$$\Gamma(x) = \int_0^\infty e^{-t} t^{x-1} dt$$

この広義積分が正実数 x を決めるごとに定義でき，正実数を定義域とする関数になっていることはここで認めることにする。

ガンマ関数が階乗 $n!$ の拡張になっていることを示そう。具体的には

$$\Gamma(1) = 1, \quad \Gamma(x+1) = x\Gamma(x)$$

が成り立つことである。ガンマ関数の定義から

$$\Gamma(1) = \int_0^\infty e^{-t} dt = \Big[-e^{-t} \Big]_0^\infty = 1,$$

$$\Gamma(x+1) = \int_0^\infty e^{-t} t^x dt$$

$$= \int_0^\infty (-e^{-t})' t^x dt$$

$$= \Big[-e^{-t} t^x \Big]_0^\infty + \int_0^\infty e^{-t} x t^{x-1} dt = x\int_0^\infty e^{-t} t^{x-1} dt = x\Gamma(x)$$

となるから，これを自然数 n に対して繰り返し用いれば

$$\Gamma(n) = (n-1)\Gamma(n-1)$$

$$= (n-1)(n-2)\cdots\{n-(n-1)\}\Gamma(1) = (n-1)!$$

となっていることがわかる。

また，$\Gamma\left(\dfrac{1}{2}\right) = \displaystyle\int_0^\infty e^{-t} t^{-\frac{1}{2}} dt$ において $t = s^2$ と置換し，ガウス型積分の結果 (p. 268) から

$$\Gamma\left(\frac{1}{2}\right) = \int_0^\infty e^{-s^2} s^{-1} 2s \, ds = 2\int_0^\infty e^{-s^2} ds = \sqrt{\pi}$$

統計力学で出てくる半径 r の n 次元球の体積 V_n は，ガンマ関数を用いることによって $V_n = \dfrac{2\pi^{\frac{n}{2}}}{n\Gamma\left(\frac{n}{2}\right)} r^n$ で与えられる。たとえば，$\Gamma\left(\dfrac{3}{2}\right) = \dfrac{1}{2}\Gamma\left(\dfrac{1}{2}\right) = \dfrac{\sqrt{\pi}}{2}$

より3次元球の体積は $V_3 = \dfrac{4}{3}\pi r^3$ である。

第 7 章

微分方程式

··· 1 ···

微分方程式と解

··· 2 ···

1 階微分方程式

··· 3 ···

2 階微分方程式

　微分方程式は，運動法則を記述するための基礎方程式として生まれ，微分積分学を確立したニュートンがその創始者と考えられている。当初は主に物理学に関連した問題を解くために使われていたが，今日では，工学，医学，農学はもちろん，経済学などの社会科学や心理学などの人文科学，各種の産業などのいろいろな分野において現象を微分方程式で表し，それを満たす関数を求める手法が広く利用されている。ここではその手法の基本を学ぶ。

◆ 1 ◆ 微分方程式と解

1 微分方程式

独立変数とその関数および導関数を含む方程式を **微分方程式** という。

そのうち $\dfrac{dy}{dx} = 2y$, $\dfrac{dx^2}{dt^2} + 2\dfrac{dx}{dt} + x = 1$ のように，1つの変数について，その関数および導関数を含む方程式を特に **常微分方程式** という。

一方，$\dfrac{\partial P(x, \ y)}{\partial y} = \dfrac{\partial Q(x, \ y)}{\partial x}$, $\dfrac{\partial^2 u}{\partial x^2} + \dfrac{\partial^2 u}{\partial y^2} = 0$ のように2つ以上の変数について，その関数および偏導関数を含む方程式を特に **偏微分方程式** という。

本章では常微分方程式のみを扱うので，今後は常微分方程式のことを単に微分方程式とよぶ。

微分方程式は自然科学や工学ばかりでなく経済学，社会学など多くの分野で用いられ，重要な役割を果たしている。以下で例を示そう。いずれも観測や実験などの結果からわかる自然現象や社会現象が微分方程式として表されている。「変化」が微分方程式として捉えられているのである。

例1 （マルサスの法則）　人の転入転出のない地域においては，時間についての人口の増加率は統計時の人口に比例する。この現象を方程式で表すと次のようになる。時間を t，人口を t の関数 $P(t)$，比例定数を k として

$$\frac{dP(t)}{dt} = kP(t)$$

練習1　（ニュートンの冷却法則）　ある部屋に室温より温かい飲み物を置いておくと飲み物の温度は時間とともに低下していく。このとき飲み物の温度の時間的変化は室温との温度差に比例する。この現象を表す微分方程式をつくれ。ただし時間を t，飲み物の温度を t の関数 $T(t)$，室温を T_0，比例定数を k $(k > 0)$ とする。

微分方程式に含まれる導関数の最高次数をその微分方程式の **階数** といい，階数 n の微分方程式を **n 階微分方程式** という。例1および練習1の微分方程式は1階微分方程式である。次に2階微分方程式の例をあげよう。

例 2 （フックの法則） 水平な平面に一方の端を固定したバネがあり，他方の端には質量 m の球がついているとする。球を引っぱるとき，その復元力は球を引いた長さに比例する。この現象を方程式で表すと，バネが自然な状態にあるときの球の位置が $x = 0$ となるように x 座標をとり，球の位置を x，時間を t，比例定数を k（$k > 0$）として，次のようになる。

$$m\frac{d^2x}{dt^2} = -kx$$

次の例のように，xy 平面上の曲線をその上の任意点の接線の性質を用いて表す方法がある。これは微分方程式による曲線の表現である。

例 3 与えられた曲線 $y = f(x)$ について，任意の点 $\mathrm{P}(x, y)$ における接線の傾きが，点 P の x 座標と y 座標の積に等しいということがわかったとする。このことを方程式で表すと次のようになる。

$$\frac{dy}{dx} = xy$$

練習 2 曲線 $y = f(x)$ 上の任意の点 $\mathrm{P}(x, y)$ における接線の傾きが，点 P の y 座標の 2 倍に等しいということがわかった。このことを微分方程式で表せ。

以上では現象を微分方程式で表す例をみてきたが，実際に求めたいのは導関数の含まれない方程式である。たとえば例 1 では $\frac{dP(t)}{dt}$ を含まない，時間 t と人口 $P(t)$ だけの関係式を求めたい。つまり t 年後には人口が何人になっているかがわかる式である。例 2 であれば，t 秒後に球がどの位置にあるかがわかる t と x だけの関係式である。これらの関係式のことを与えられた微分方程式の **解** という。次項においてはこれを扱う。

2 微分方程式の解

微分方程式が与えられたとき，その方程式を満たす関数のことを，与えられた微分方程式の **解** という。またそのような解を求めることを微分方程式を **解く** という。このとき，解となっている関数が表す曲線のことを **解曲線** という。

例4 x を t の関数とし，ω を正の定数とするとき，次の2階微分方程式の解について考えよう。

$$\frac{d^2x}{dt^2} = -\omega^2 x \quad \cdots\cdots ①$$

(1) $x = \sin\omega t \quad \cdots\cdots ②$

は①の解である。なぜなら②を①の左辺に代入すると

$$x'' = (\sin\omega t)'' = (\omega\cos\omega t)' = \omega\cdot(-\omega\sin\omega t) = -\omega^2\sin\omega t$$

一方，②を①の右辺に代入すると

$$-\omega^2 x = -\omega^2\sin\omega t$$

つまり②を①の両辺に代入したものは一致し，②は①の解である。

しかし①の解は②だけではない。

(2) $x = \cos\omega t \quad \cdots\cdots ③$

も①の解である。なぜなら③を①の左辺に代入すると

$$x'' = (\cos\omega t)'' = (-\omega\sin\omega t)' = (-\omega)\cdot(\omega\cos\omega t) = -\omega^2\cos\omega t$$

一方，③を①の右辺に代入すると

$$-\omega^2 x = -\omega^2\cos\omega t$$

つまり③を①の両辺に代入したものは一致し，③も①の解である。

同様にして，次の関数も①の解であることが示せる。

(3) $x = C\sin\omega t + D\cos\omega t \quad (C, D は任意定数) \quad \cdots\cdots ④$

一般に，n 階微分方程式は n 個の任意定数を含む解をもつ。この解のことを与えられた n 階微分方程式の **一般解** といい，その任意定数がある特定の値をとったときの解を **特殊解** という。たとえば④は①の一般解であり，②は④において $C = 1$，$D = 0$ とした式なので特殊解である。また，③は④において $C = 0$，$D = 1$ とした式なので，③も①の特殊解である。

　微分方程式によっては，一般解における任意定数にどんな値を代入しても得られない解が存在する場合がある。このような解を **特異解** という。

例題 1　微分方程式 $(y')^2 + xy' - y = 0$ ……⑤ について，次のことを示せ。

(1)　$y = Cx + C^2$ （C は任意定数）……⑥ は一般解である。

(2)　$y = -x + 1$　　　　　　　……⑦ は特殊解である。

(3)　$y = -\dfrac{1}{4}x^2$　　　　　　……⑧ は特異解である。

証明 (1)　⑥を⑤の左辺に代入すると

$$(y')^2 + xy' - y = C^2 + Cx - (Cx + C^2) = 0$$

であるから⑥は微分方程式⑤を満たす。また，1 個の任意定数を含むので，これは⑤の一般解である。

(2)　⑦は⑤の一般解⑥で $C = -1$ とした式なので⑤の特殊解である。

(3)　⑧を⑤の左辺に代入すると

$$(y')^2 + xy' - y = \left(-\frac{x}{2}\right)^2 + x\left(-\frac{x}{2}\right) - \left(-\frac{x^2}{4}\right) = 0$$

であるから⑧は微分方程式⑤を満たすが一般解⑥の任意定数 C にどんな値を代入しても⑧は得られないので，これは⑤の特異解である。　**終**

　⑤の解曲線は⑥で表されるが，C は任意なので⑥は無数の直線の表現である。その一本一本が特殊解を表す直線で，⑦はそのうちの一本である。一方，実は直線群⑥の包絡線 (p. 243) が⑧のグラフである。一般に，特異解の解曲線は，一般解が表す直線群または曲線群の包絡線となっている。

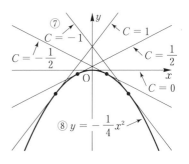

練習3　微分方程式 $y = xy' + \sqrt{1 + (y')^2}$ について，次のことを示せ。

(1)　$y = Cx + \sqrt{1 + C^2}$ は一般解である。（C は任意定数）

(2)　$y = \sqrt{1 - x^2}$ は特異解である。

3 初期値問題と境界値問題

　微分方程式の具体的な問題への応用では，与えられた条件を満たす特殊解を問題にすることが多い。ここでは，この問題に関する基本的な言葉を定義しよう。

1 初期値問題

　微分方程式において，独立変数がある1つの値をとるときの従属変数やその微分係数の値を与えて特殊解を求める問題を **初期値問題** という。このとき，従属変数やその微分係数の値を **初期値** という。特殊解を求めるための条件として関数関係が与えられている場合もあるので，この場合も含めて **初期条件** という。

　n 階微分方程式の一般解は n 個の任意定数をもつから，これらの任意定数を適当に決めることにより初期条件を満たす特殊解を得ることができる。一般に，n 階微分方程式の特殊解を1つ定めるためには，n 個の条件式が必要である。

例5　2階微分方程式の一般解は2個の任意定数を含んでいる。したがって，2つの条件を与えれば任意定数の値が定まり，条件を満たす特殊解を得る。

　2階微分方程式の初期条件の代表的な形は，

　　　　「$x = x_0$ のとき $y = y_0$, $y' = y_1$」

である。これにより解曲線のうち，通る点が (x_0, y_0) で，その点での接線の傾きが y_1 である曲線が指定される。

　　たとえば一般解が

　　　　$y - D = (x - C)^2$　（C, D は任意定数）……①

のとき①が表す解曲線は，$y = x^2$ を x 軸方向に C, y 軸方向に D, 平行移動した曲線である。ここに初期条件

　「$x = 1$ のとき $y = 2$, $y' = 2$」
を与えると，①と $y' = 2(x - C)$ にこの条件を代入して

　$2 - D = (1 - C)^2$ かつ $2 = 2(1 - C)$
となるので $C = 0$, $D = 1$ を得る。つまり特殊解 $y = x^2 + 1$ が指定される。

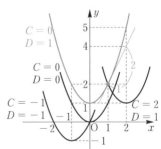

例題
2

微分方程式 $y'' = 6x$ ……① について，次の問いに答えよ。

(1) 関数 $y = x^3 + Cx + D$ （C，D は任意定数）

は①の一般解であることを示せ。

(2) 初期条件「$x = 1$ のとき $y = 0$，$y' = 2$」

を満たす①の特殊解を求めよ。

解 (1) $y'' = (x^3 + Cx + D)'' = (3x^2 + C)' = 6x$

より，この関数は①を満たす。

また，2 個の任意定数を含むの

で①の一般解である。

(2) $\begin{cases} y = x^3 + Cx + D \\ y' = 3x^2 + C \end{cases}$

に $x = 1$，$y = 0$，$y' = 2$

を代入すると

$\begin{cases} 0 = 1 + C + D \\ 2 = 3 + C \end{cases}$

これより $C = -1$，$D = 0$

よって答は $y = x^3 - x$

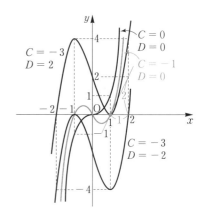

練習**4** 微分方程式 $y' = y$ について，次の問いに答えよ。

(1) $y = Ce^x$ （C は任意定数）は，一般解であることを示せ。

(2) 初期条件「$x = 0$ のとき $y = 1$」を満たす特殊解を求めよ。

練習**5** 微分方程式 $xy'' + y' = x^2$ について，次の問いに答えよ。

(1) $y = \dfrac{1}{9}x^3 + C\log|x| + D$ （C，D は任意定数）は一般解であることを示せ。

(2) 初期条件「$x = 1$ のとき $y = 1$，$y' = 2$」を満たす特殊解を求めよ。

▶ **2** ▷ **境界値問題**

初期値問題の他にも重要な条件付問題がある。とくに，階数が 2 以上の微分方

程式で，考えている区間の両端の値を独立変数がとるとき，従属変数またはその
微分係数の値を与え，その条件を満たす解を求める問題を **境界値問題** という。
このとき，与えられた値を **境界値**，与えられた条件を **境界条件** という。

例⑥ 　2階微分方程式の境界条件の代表的な形
は，「$x = x_0$ のとき $y = y_0$，$x = x_1$ のと
き $y = y_1$」である。これは，解曲線のうち，
2点 (x_0, y_0)，(x_1, y_1) を通る曲線を指定
することにあたる。たとえば例5の①が表
す解曲線のうち「$x = 1$ のとき $y = 1$，

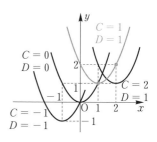

$x = 2$ のとき $y = 2$」という境界条件をもつものは，①にこれらの条件を
代入して，$1 - D = (1 - C)^2$ かつ $2 - D = (2 - C)^2$ となることより，
$C = 1$，$D = 1$ である。つまり特殊解 $y - 1 = (x - 1)^2$ が指定される。

例題 3 　微分方程式 $xy'' - y' = 0$ ……① について，次の問いに答えよ。

(1) 　関数 $y = Cx^2 + D$ （C，D は任意定数） ……②

　　は①の一般解であることを示せ。

(2) 　境界条件「$x = 0$ のとき $y = 3$，$x = 1$ のとき $y = 7$」

　　を満たす①の特殊解を求めよ。

解 (1) 　②を①の左辺に代入すると

$$y' = 2Cx, \quad y'' = 2C \quad \text{より}$$

$$xy'' - y' = x \cdot (2C) - (2Cx) = 0$$

であるので，②は微分方程式①を満たす。

また2個の任意定数を含むので①の一般解である。

(2) 　②に $x = 0$，$y = 3$ と，$x = 1$，$y = 7$

を代入すると

$$3 = D, \quad 7 = C + D$$

これより　$C = 4$，$D = 3$

したがって，求める①の特殊解は　$y = 4x^2 + 3$

練習**6**　練習**5**の微分方程式について，境界条件「$x=1$ のとき $y=0$，$x=e$ のとき $y=1$」を満たす特殊解を求めよ。

◀ 節|末|問|題

1. 数直線上を運動する点 P の加速度は，そのときの座標の 2 乗に等しいという。時刻 t における点 P の座標を $x=x(t)$ とするとき，x の満たす微分方程式を作れ。

2. 放射性物質が崩壊する量はその物質の原子数の現在量に比例するという。時間を t，放射性物質の原子数を $N(t)$，比例定数を λ $(\lambda > 0)$ とするとき，放射性崩壊による原子数の変化を記述する微分方程式を作れ。

3. 曲線 $y=f(x)$ 上の任意の点 $P(x,\ y)$ における接線と y 軸の交点を Q とするとき，線分 PQ がつねに x 軸によって 2 等分されるという。曲線 $y=f(x)$ が満たす微分方程式を作れ。

4. 微分方程式 $y=xy'+y'-(y')^2$ について，次のことを示せ。
　(1)　$y=Cx+C-C^2$ （C は任意定数）は一般解である。
　(2)　$y=\dfrac{1}{4}(x+1)^2$ は特異解である。
　(3)　C をパラメータとした直線群 $y=Cx+C-C^2$ の包絡線の方程式は
　　　$y=\dfrac{1}{4}(x+1)^2$ であることを示せ。
　（ ヒント ：p. 243 の研究を参照せよ）

5. 微分方程式 $y''=-k^2y$ について，次の問いに答えよ。ただし，$k\neq 0$ とする。
　(1)　関数 $y=C\sin kx+D\cos kx$ （$C,\ D$ は任意定数）は一般解であることを示せ。
　(2)　初期条件「$x=0$ のとき $y=1$，$y'=1$」を満たす特殊解を求めよ。
　(3)　境界条件「$x=0$ のとき $y=a$，$x=\dfrac{\pi}{2k}$ のとき $y=b$」を満たす特殊解を求めよ。

◆ 2 ◆ 1階微分方程式

1 ▶ **変数分離形**

$f(x)$ が x の関数，$g(y)$ が y の関数であるとき

$$\frac{dy}{dx} = f(x)g(y) \quad \cdots\cdots①$$

の形の微分方程式を **変数分離形** という。

変数分離形の微分方程式は，積分を用いて次のようにして解を求めることができる。

$g(y) \neq 0$ のとき，①の両辺を $g(y)$ で割ると

$$\frac{1}{g(y)}\frac{dy}{dx} = f(x)$$

である。この両辺を x について積分すると

$$\int \frac{1}{g(y)}\frac{dy}{dx}\,dx = \int f(x)\,dx$$

となる。この左辺に置換積分を適用すれば

$$\int \frac{1}{g(y)}\,dy = \int f(x)\,dx$$

となるので，これから①の一般解を求めることができる。

$g(y) = 0$ のとき，$g(y_0) = 0$ となる定数 y_0 が存在すれば，定数関数 $y = y_0$ に対して，①の左辺 $= 0$, 右辺 $= f(x)g(y_0) = 0$ を満たすから，$y = y_0$ も①の解である。

> ➡ **変数分離形の一般解**
>
> 変数分離形の微分方程式 $\dfrac{dy}{dx} = f(x)g(y)$ の一般解は次の式で与えられる。
>
> $$\int \frac{1}{g(y)}\,dy = \int f(x)\,dx$$

[注意] 今後，微分方程式の一般解を求める際は割る式が0でないとして，途中の計算は形式的に行うことにする。形式的な計算によって得られた解が真に一般解であるかどうかは，結果から確かめることができる。

<table>
<tr><td>例題
1</td><td>次の微分方程式の一般解を求めよ。</td></tr>
</table>

(1) $y' = y$ (2) $yy' = -x$

解 (1) 両辺を y で割ると $\dfrac{1}{y}\dfrac{dy}{dx} = 1$

両辺を x について積分すると $\displaystyle\int \dfrac{1}{y}\dfrac{dy}{dx}dx = \int 1\,dx$

よって $\displaystyle\int \dfrac{1}{y}dy = \int dx$

$\log|y| = x + C$ より $|y| = e^{x+C} = e^C e^x$

したがって，$y = \pm e^C e^x$ である。ここで，$\pm e^C$ を改めて C とおくと

$y = Ce^x$ （C は 0 以外の任意定数） ……①

(2) 両辺を x について積分すると $\displaystyle\int y\,dy = -\int x\,dx$

よって $\dfrac{y^2}{2} = -\dfrac{x^2}{2} + C$ （C は任意定数） すなわち $x^2 + y^2 = 2C$

ここで，$2C$ を改めて C とおくと $x^2 + y^2 = C$ （C は負でない任意定数）

注意 (i) 例題 1(1)で関数 $y = 0$ は $y' = 0$ なので $y' = y$ を満たす。したがって①で $C = 0$ のときも与式の解であり「0 以外の」は不要である。

(ii) 例題 1(2)の一般解のように，考えている問題によっては任意定数 C のとる値がある範囲に限られる場合もある。

(i)のように任意定数 C の範囲を広げられる場合や(ii)のように C の範囲が限定される場合であっても，今後は単に「C は任意定数」と表記する。

練習1 次の微分方程式の一般解を求めよ。

(1) $yy' = x$ (2) $xy' = y$

(3) $\sqrt{1-x^2}\,y' = 1$ (4) $y'\cos y - \sin x = 0$

練習2 次の微分方程式の（ ）内の初期条件を満たす解を求めよ。

(1) $yy' = \pm\sqrt{1-y^2}$ （$x = 0$ のとき $y = 1$）

(2) $(1+x)y' + (1+y) = 0$ （$x = 0$ のとき $y = 0$）

(3) $y' - y\cot x = 0$ $\left(x = \dfrac{\pi}{2}\ \text{のとき}\ y = 1\right)$

2 同次形

一般に

$$\frac{dy}{dx} = f\left(\frac{y}{x}\right) \quad \cdots\cdots ①$$

の形の微分方程式を **同次形** という。このとき x の関数 $\frac{y}{x}$ を $u(x)$ とおく。

$u(x)$ を単に u と書いて $\frac{y}{x} = u$ すなわち $y = xu$ とおくと

$$\frac{dy}{dx} = \frac{d}{dx}(xu) = u + x\frac{du}{dx} \qquad\qquad ← \boxed{22}$$

であるから，①に代入すると $u + x\dfrac{du}{dx} = f(u)$

すなわち $\dfrac{du}{dx} = \dfrac{1}{x}\cdot\{f(u) - u\} \quad \cdots\cdots ②$

となり，変数分離形になる。この両辺を $f(u) - u$ で割ると

$$\frac{1}{f(u) - u}\frac{du}{dx} = \frac{1}{x} \quad \text{したがって} \quad \int \frac{1}{f(u) - u}\frac{du}{dx}dx = \int \frac{1}{x}dx$$

よって

$$\int \frac{1}{f(u) - u}du = \log|x| + C \quad (C \text{は任意定数}) \qquad\qquad ← \boxed{25}$$

を得る。左辺を積分したのち，$u = \dfrac{y}{x}$ を代入すれば①の一般解が求められる。

> ⇒ **同次形の微分方程式**
>
> 同次形の微分方程式 $\boldsymbol{\dfrac{dy}{dx} = f\left(\dfrac{y}{x}\right)}$ は変数変換
>
> $$\frac{y}{x} = u \quad \text{すなわち} \quad y = xu$$
>
> によって変数分離形にできる。

[注意] ②において $f(u) - u = 0$ のときは $x\dfrac{du}{dx} = f(u) - u = 0$ であるから，

$\dfrac{du}{dx} = 0$ より $u = C$（C は任意定数）すなわち $\dfrac{y}{x} = C$，したがって一般解
は $y = Cx$ で与えられる。

例題
2

微分方程式 $y' = \dfrac{x^2 + y^2}{2xy}$ の一般解を求めよ。

解

$y' = \dfrac{x^2 + y^2}{2xy} = \dfrac{1 + \left(\dfrac{y}{x}\right)^2}{2\dfrac{y}{x}}$ ……①と表されるから同次形である。

$\dfrac{y}{x} = u$ すなわち $y = xu$ とおくと $y' = u + xu'$

①に代入すると

$$u + xu' = \dfrac{1 + u^2}{2u} \quad \text{すなわち} \quad xu' = \dfrac{1 - u^2}{2u}$$

よって $\dfrac{2u}{u^2 - 1}\dfrac{du}{dx} = -\dfrac{1}{x}$

両辺を x について積分すると

$$\int \dfrac{2u}{u^2 - 1}du = -\int \dfrac{1}{x}dx \quad \text{で} \quad \log|u^2 - 1| = -\log|x| + C$$

$$\log|x(u^2 - 1)| = C \quad \text{より} \quad x(u^2 - 1) = \pm e^C$$

よって $x(u^2 - 1) = C$ （$\pm e^C$ を改めて C とおく）

$u = \dfrac{y}{x}$ を代入して整理すると，一般解は

$$y^2 - x^2 = Cx \quad (C \text{ は任意定数})$$

練習**3** 次の微分方程式の一般解を求めよ。

(1) $xyy' = x^2 + y^2$

(2) $xy^2y' = x^3 + y^3$

(3) $xy' = -x\tan\dfrac{y}{x} + y$

(4) $(3x^2 + y^2)y' - 2xy = 0$

練習**4** 次の微分方程式の（ ）内の初期条件を満たす解を求めよ。

(1) $(y - x)y' = y + x$ （$x = 1$ のとき $y = 1$）

(2) $xy' = x + y$ （$x = 1$ のとき $y = 2$）

(3) $(xy - x^2)y' = y^2$ （$x = 1$ のとき $y = 1$）

3 線形微分方程式

$P(x)$, $Q(x)$ が x の関数のとき

$$\frac{dy}{dx} + P(x)y = Q(x) \quad \cdots\cdots ①$$

の形の微分方程式を **線形微分方程式** という。とくに，$Q(x) = 0$ の場合，すなわち

$$\frac{dy}{dx} + P(x)y = 0 \quad \cdots\cdots ②$$

の場合を **同次方程式** または **斉次方程式** といい，$Q(x) \neq 0$ の場合を **非同次方程式** または **非斉次方程式** という。

以下で①，②の方程式の一般解を求めてみよう。

[1] まず②の一般解を求める。

同次方程式②は変数分離形であり，積分によって一般解を求めることができる。実際

$$\frac{dy}{dx} + P(x)y = 0 \quad より \quad \frac{1}{y}\frac{dy}{dx} = -P(x)$$

両辺を x について積分すると

$$\int \frac{1}{y}\frac{dy}{dx}\,dx = \int -P(x)\,dx$$

$$\int \frac{1}{y}\,dy = -\int P(x)\,dx$$

より

$$\log|y| + C = -\int P(x)\,dx$$

$$y = \pm e^{-C}e^{-\int P(x)\,dx}$$

となる。$\pm e^{-C}$ を改めて C とおくと，②の一般解は次の形で得られる。

$$y = Ce^{-\int P(x)\,dx} \quad (C は任意定数) \quad \cdots\cdots ③$$

[2]　次に，非同次方程式①の一般解を求める。

　　[1]の結果である同次方程式②の一般解③における任意定数 C を x の関数 $u(x)$ とおいてみる。

$$y = u(x)e^{-\int P(x)dx} \quad \cdots\cdots ④$$

両辺を x について微分すると

$$\frac{dy}{dx} = \frac{du(x)}{dx}e^{-\int P(x)dx} + u(x)\frac{d}{dx}e^{-\int P(x)dx}$$

$$= \frac{du(x)}{dx}e^{-\int P(x)dx} + u(x)e^{-\int P(x)dx}\cdot\frac{d}{dx}\left(-\int P(x)dx\right) \text{ (④より)}$$

$$= \frac{du(x)}{dx}e^{-\int P(x)dx} - P(x)y$$

これを①に代入すると

$$\frac{du(x)}{dx}e^{-\int P(x)dx} - P(x)y + P(x)y = Q(x)$$

すなわち

$$\frac{du(x)}{dx} = Q(x)e^{\int P(x)dx}$$

である。両辺を x について積分すると

$$u(x) = \int Q(x)e^{\int P(x)dx}dx$$

となり，これを④に代入すると線形微分方程式①の一般解

$$y = e^{-\int P(x)dx}\left(\int Q(x)e^{\int P(x)dx}dx\right)$$

が得られる。

⇒ 線形微分方程式の一般解

　線形微分方程式 $\dfrac{dy}{dx} + P(x)y = Q(x)$ の一般解は次の式で与えられる。

$$y = e^{-\int P(x)dx}\left(\int Q(x)e^{\int P(x)dx}dx\right)$$

[1]のようにまず同次方程式②の一般解を求め，その任意定数 C を[2]で行ったように x の関数 $u(x)$ に変えて非同次方程式の一般解を求める方法を **定数変化法** という。

例題 **3**　微分方程式 $y' + \dfrac{1}{x}y = 4x^2 + 1$ ……① の一般解を求めよ。

解　p.288[1]，p.289[2]に従って定数変化法を用いて一般解を求める。

[1]　まず同次方程式 $y' + \dfrac{1}{x}y = 0$ ……② の一般解を求める。

②より　$y' = -\dfrac{1}{x}y$　すなわち　$\dfrac{1}{y}\dfrac{dy}{dx} = -\dfrac{1}{x}$

両辺を x について積分して　$\displaystyle\int \dfrac{1}{y}\dfrac{dy}{dx}\,dx = -\int \dfrac{1}{x}\,dx$

$$\int \dfrac{1}{y}\,dy = -\int \dfrac{1}{x}\,dx$$

両辺の積分を行って

$$\log|y| = -\log|x| + C　より　\log|xy| = C　(C は任意定数)$$

$$xy = \pm e^C　であるから右辺を改めて C とおくと$$

同次方程式②の一般解は次の形で得られる。

$$y = \dfrac{C}{x}$$

[2]　次に①の一般解を求める。

C を x の関数 $u(x)$ として　$y = \dfrac{u(x)}{x}$　とおくと

$$y' = \dfrac{u'(x)\,x - u(x)\,(x)'}{x^2} = \dfrac{u'(x)}{x} - \dfrac{u(x)}{x^2}$$

もとの微分方程式①に代入すると

$$\dfrac{u'(x)}{x} - \dfrac{u(x)}{x^2} + \dfrac{u(x)}{x^2} = 4x^2 + 1$$

すなわち　$u'(x) = 4x^3 + x$

したがって　$u(x) = x^4 + \dfrac{1}{2}x^2 + C$　（C は任意定数）

よって①の一般解は

$$y = \dfrac{u(x)}{x} = \dfrac{1}{x}\left(x^4 + \dfrac{1}{2}x^2 + C\right) = x^3 + \dfrac{1}{2}x + \dfrac{C}{x}$$

（C は任意定数）

注意　例題 3 の解答は，p. 289 の公式を直接用いるならば，次のような書き方になる。

$P(x) = \dfrac{1}{x}$, $Q(x) = 4x^2 + 1$ であるから C を任意定数として

$$e^{\int P(x)\,dx} = e^{\log|x| + C} = |x| \cdot e^{C},$$

$$e^{-\int P(x)\,dx} = e^{-\log|x| - C} = \frac{1}{|x|} \cdot e^{-C}$$

よって，これらを p. 289 の公式に代入すると

$$y = \frac{1}{|x|}\left(\int (4x^2 + 1)|x|\,dx\right)$$

絶対値の符号を考えて，次の形で①の一般解が得られる。

$$y = \frac{1}{x}\left(x^4 + \frac{1}{2}x^2 + C\right)$$

$$= x^3 + \frac{1}{2}x + \frac{C}{x} \quad (C \text{ は任意定数})$$

練習**5**　次の微分方程式の一般解を求めよ。

(1) $y' + \dfrac{1}{x}y = 1$

(2) $y' + y = e^x$

(3) $y'\cos x + y\sin x = 1$

(4) $xy' + y = \log x$

練習**6**　曲線 $y = f(x)$ 上の任意の点 $P(x,\ y)$ における接線の傾きが P の x 座標と y 座標の和に等しいという。このような曲線のうち原点を通るものの方程式を求めよ。

練習**7**　大気中の物体が落下するとき，t 秒後の速度 v は微分方程式

$$\frac{dv}{dt} = g - kv$$

を満たすという。ここで，g は重力加速度，k は正の定数である。このとき，次の方法で一般解を求めよ。

(1) 1 階線形微分方程式とみる。

(2) 変数分離形とみる。

◀ 節|末|問|題 ▨▨▨▨▨▨▨▨▨▨▨▨▨▨▨▨▨▨▨▨▨▨▨▨▨▨▨▨▨▨

1. 次の微分方程式の一般解を求めよ。

(1) $yy' + 4x = 0$ (2) $xy' = y\log x$

(3) $(x - y)y' = 2y$ (4) $y' = \dfrac{y}{x} + \dfrac{1}{\cos\dfrac{y}{x}}$

(5) $xy' + 3y + x = 0$ (6) $y' - y = 2\sin 2x$

2. (　) 内の初期条件を満たす次の微分方程式の解を求めよ。

(1) $y' = e^{2x-y}$ $(x = 0,\ y = 0)$

(2) $xy' = y(\log y - \log x + 1)$ $(x = 1,\ y = e^2)$

(3) $y' + y = \sin x$ $\left(x = \dfrac{\pi}{2},\ y = 0\right)$

3. 曲線 $y = f(x)$ 上の任意の点 $\mathrm{P}(x,\ y)$ における法線がつねに原点を通るという。このような曲線のうち点 $(1,\ 1)$ を通るものを求めよ。

4. 第 1 象限にある曲線 $y = f(x)$ について，その上の点 $\mathrm{P}(x,\ y)$ における接線と x 軸，y 軸との交点をそれぞれ A, B とおく。このとき，P は AB を $2:1$ に内分する点になるという。このような曲線のうち点 $(1,\ 2)$ を通るものを求めよ。

5. 微分方程式 $(x + y)y' = 1$ について，次の問いに答えよ。

(1) $u = x + y$ とおくとき，関数 u についての微分方程式を求めよ。

(2) 一般解を求めよ。

6. ある生物の時刻 t における個体数を $N = N(t)$ とするとき，この生物の増加率は，飽和個体数 a と統計時の個体数の差に比例するという。

(1) 比例定数を k として，個数 $N(t)$ の満たす微分方程式を作れ。

(2) 一般解 $N(t)$ を求めよ。

(3) $N(0) = N_0$ のとき，特殊解 $N(t)$ を求めよ。

<COLUMN> 微分の記法

微分を記号的に表記するための方法は，歴史的に複数の数学者によって異なる記法が提案されている。1 つにまとめるよりも与えられた文脈によって複数の記法を使い分けることが有効である。

[ニュートンの記法]

アイザック・ニュートンが流率・流動率と呼称した時間に対する変化率を表すために導入したもので，関数名の上部に微分回数と同数のドット記号を記す。

$$\dot{x} = \frac{dx}{dt}, \quad \ddot{x} = \frac{d^2x}{dt^2}$$

ドット記号の個数により微分回数を表すため，あまり高階の微分には有用ではない。しかし，高階導関数があまり出現しない物理学あるいはある特定の工学分野においては，位置の 1 階微分である速度，2 階微分である加速度などとして利用されている。

ニュートンの記法は，傾きや位置による微分ではなく **時間微分** の記法として用いられることがほとんどである。ライプニッツの記法などではどの独立変数に対する微分かを明示しているが，ニュートンの記法ではそれができない。逆にいえば時間微分であるという前提がある場合には簡易で有用な表現である。

[ライプニッツの記法]

ゴットフリート・ライプニッツにより採用されたライプニッツの記法は数学の分野で広く使用されている。

$$\frac{dy}{dx}, \frac{d^2y}{dx^2}, \cdots, \frac{d^ny}{dx^n}$$

[ラグランジュの記法]

最も広く用いられる微分の現代的記法の 1 つはジョゼフ＝ルイ・ラグランジュにより提唱されたプライム記号を用いたラグランジュの記法である。

$$f'(x), f''(x), \cdots, f^{(n)}(x)$$

研究 完全微分方程式

$P(x,\ y),\ Q(x,\ y)$ が $x,\ y$ の関数のとき

$$P(x,\ y)\,dx + Q(x,\ y)\,dy = 0 \quad \cdots\cdots①$$

の形の微分方程式を **全微分方程式** という。1 階の微分方程式は必ずこの形に書き直すことができる。

いま，ある 1 つの関数 $F(x,\ y)$ が存在して，①の左辺がその関数の全微分 $dF(x,\ y)$ すなわち

$$dF(x,\ y) = \frac{\partial F(x,\ y)}{\partial x}\,dx + \frac{\partial F(x,\ y)}{\partial y}\,dy = 0$$

となっているとき，①は **完全微分方程式** または **完全形** であるという。別のいい方をすれば①の $P(x,\ y),\ Q(x,\ y)$ について

$$P(x,\ y) = \frac{\partial F(x,\ y)}{\partial x}, \quad Q(x,\ y) = \frac{\partial F(x,\ y)}{\partial y}$$

を満たす $x,\ y$ の関数 $F(x,\ y)$ が存在して $dF(x,\ y) = 0$ となるということである。

このとき，一般解は次の形で与えられる。

$$F(x,\ y) = C \quad (C は任意定数) \quad \cdots\cdots②$$

➡完全形であるための条件

全微分方程式 $\boldsymbol{P(x,\ y)\,dx + Q(x,\ y)\,dy = 0}$ が完全微分方程式であるための必要十分条件は次の等式が成り立つことである。

$$\frac{\partial P(x,\ y)}{\partial y} = \frac{\partial Q(x,\ y)}{\partial x}$$

証明 **必要性**：①が完全微分方程式であれば

$$P(x,\ y) = \frac{\partial F(x,\ y)}{\partial x}, \quad Q(x,\ y) = \frac{\partial F(x,\ y)}{\partial y}$$

したがって

$$\frac{\partial P(x,\ y)}{\partial y} = \frac{\partial^2 F(x,\ y)}{\partial y \partial x} = \frac{\partial^2 F(x,\ y)}{\partial x \partial y} = \frac{\partial Q(x,\ y)}{\partial x}$$

十分性：$P(x,\ y)$ の y を固定し，x について積分したものを

$$\int P(x,\ y)\,dx = G(x,\ y)$$

と表すと

$$P(x,\ y) = \frac{\partial G(x,\ y)}{\partial x}$$

これを y について微分し，$\dfrac{\partial P(x,\ y)}{\partial y} = \dfrac{\partial Q(x,\ y)}{\partial x}$ を用いると

$$\frac{\partial^2 G(x,\ y)}{\partial x \partial y} = \frac{\partial P(x,\ y)}{\partial y} = \frac{\partial Q(x,\ y)}{\partial x} \quad \text{であるから}$$

$$\frac{\partial}{\partial x}\Big(Q(x,\ y) - \frac{\partial G(x,\ y)}{\partial y}\Big) = 0$$

これは，$Q(x,\ y) - \dfrac{\partial G(x,\ y)}{\partial y}$ が y だけの関数であることを示すから

$$Q(x,\ y) - \frac{\partial G(x,\ y)}{\partial y} = H(y) \quad (H(y) \text{ は任意関数})$$

すなわち $\quad Q(x,\ y) = \dfrac{\partial G(x,\ y)}{\partial y} + H(y)$

とおける。したがって

$$P(x,\ y)\,dx + Q(x,\ y)\,dy = \frac{\partial G(x,\ y)}{\partial x}\,dx + \Big(\frac{\partial G(x,\ y)}{\partial y} + H(y)\Big)dy$$

$$= d\Big(G(x,\ y) + \int H(y)\,dy\Big)$$

となり，ある関数 $G(x,\ y) + \displaystyle\int H(y)\,dy$ が存在して，①の左辺がその全微分になっているので①は完全微分方程式である。　　　　　　　　　　　　　　　　　　　終

①が完全微分方程式のとき，①の解は②より

$$F(x,\ y) = G(x,\ y) + \int H(y)\,dy = C \text{ すなわち}$$

$$\int P(x,\ y)\,dx + \int\Big(Q(x,\ y) - \frac{\partial}{\partial y}\int P(x,\ y)\,dx\Big)dy = C$$

である。このように，微分方程式の一般解が陰関数の形で与えられることもある。

演習 1　微分方程式 $(x^2 + y + 3)\,dx + (x - y^2 + 1)\,dy = 0$ が完全微分方程式であることを確かめて解け。

研究 **特別な形の微分方程式**

(a) ベルヌーイの微分方程式

$$y'(x) + p(x)y = q(x)y^n \quad \cdots\cdots ①$$

の形の微分方程式を **ベルヌーイの微分方程式** という。$n = 0, 1$ のときは線形方程式であるので，$n \neq 0, 1$ とする。$z = y^{1-n}$ と変数変換すると

$$z'(x) = (1-n)y^{-n}y'$$

であるから，①は線形方程式

$$z' + (1-n)p(x)z = (1-n)q(x)$$

となる。一般解は，C を任意定数として，次の式で与えられる。

$$z = y^{1-n} = e^{-(1-n)\int p(x)\,dx}\left[(1-n)\int q(x)\,e^{(1-n)\int p(x)\,dx}dx + C\right]$$

演習 2　微分方程式 $xy' - 2y = x^2y^3$ の一般解を求めよ。

(b) クレローの微分方程式

$$y = xy' + g(y') \quad \cdots\cdots ②$$

の形の微分方程式を **クレローの微分方程式** という。$y' = p$ とおいて

$$y = xp + g(p) \quad \cdots\cdots ③$$

の両辺を x で微分すれば

$$p = p + x\frac{dp}{dx} + g'(p)\frac{dp}{dx}$$

すなわち

$$\{x + g'(p)\}\frac{dp}{dx} = 0$$

となる。したがって，$\dfrac{dp}{dx} = 0$ または $x + g'(p) = 0$ である。

$\dfrac{dp}{dx} = 0$ の場合は，$p = C$（C は任意定数）であり，③に代入すると

$$y = Cx + g(C)$$

となる。この解は1つの任意定数を含むので，一般解である。

一方，$x + g'(p) = 0$ の場合は，解は

$$y = xp + g(p), \quad x + g'(p) = 0$$

によって与えられる。この解は特異解である（p. 279 の例題 1 を参照）。

$\boxed{\text{注意}}$　この形の微分方程式には必ず特異解が存在する。

$\boxed{\text{演習}}3$　微分方程式 $y = xy' + (y')^3$ の一般解と特異解を求めよ。

(c)　ラグランジュの微分方程式

$$y = xf(y') + g(y') \quad \cdots\cdots ④$$

の形の微分方程式を **ラグランジュの微分方程式（ダランベールの微分方程式と**
よぶこともある） という。$y' = p$ とおいて

$$y = xf(p) + g(p) \quad \cdots\cdots ⑤$$

の両辺を x で微分すると

$$p = f(p) + xf'(p)\frac{dp}{dx} + g'(p)\frac{dp}{dx} \quad \cdots\cdots ⑥$$

となる。$f(p) - p$ は恒等的に 0 でないとする（$f(p) - p \equiv 0$ の場合が，前述の
クレローの微分方程式）。ここで，p を独立変数，x を従属変数とみなすと，⑥は

$$\frac{dx(p)}{dp} + \frac{f'(p)}{f(p) - p}x(p) + \frac{g'(p)}{f(p) - p} = 0$$

となる。これは，$x(p)$ に関する線形微分方程式であるから，定数変化法で解く
ことができる。その解を

$$x = \varphi(p, c) \quad \cdots\cdots ⑦$$

とおけば，⑤と⑦は，④の一般解を与える。この 2 つの式から，p を消去できれ
ば，解は閉じた曲線 $f(x, y, c) = 0$ という形で求められる。

　$f(p_0) - p_0 = 0$ となる定数 p_0 があれば

$$y = xf(p_0) + g(p_0)$$

は④の解である。

$\boxed{\text{演習}}4$　微分方程式 $y = 2xy' + (y')^2$ の一般解を求めよ。

◆ **3** ◆ 2階微分方程式

1 階数降下法

2階微分方程式がある特別な形をしている場合には，置換や変換などを適当に行って1階微分方程式を導き，解を求めることができる場合がある。この方法を **階数降下法** という。

1 $y'' = f(x)$ の場合

両辺を x で2回積分すればよい。

例題 1　微分方程式 $y'' = x + \sin x$ の一般解を求めよ。

解　1回積分すると　$y' = \dfrac{1}{2}x^2 - \cos x + C$　（C は任意定数）

さらに積分すると　$y = \dfrac{1}{6}x^3 - \sin x + Cx + D$　（$C,\ D$ は任意定数）

練習1　次の微分方程式を解け。

(1)　$y'' = \dfrac{1}{x^2}$ 　　　　　　　　(2)　$y'' = x\cos x$

2 $y'' = f(x,\ y')$ の場合

$y' = p$ とおくと，p についての1階微分方程式 $p' = f(x,\ p)$ となる。

例題 2　微分方程式 $xy'' - y' = 0$ の一般解を求めよ。

解　$y' = p$ とおくと，$xp' - p = 0$ より $xp' = p$ と変数分離形になる。

これを解くと　$p = cx$　すなわち　$y' = cx$

x について積分して $C = \dfrac{c}{2}$ とおくと，求める一般解は，

$$y = Cx^2 + D \quad （C,\ D は任意定数）$$

練習2　次の微分方程式を解け。

(1)　$y'' + (y')^2 = 0$　　　　　　　(2)　$xy'' - y' + 1 = 0$

3　$y'' = f(y, y')$ の場合

$y' = \dfrac{dy}{dx} = p$ とおくと $y'' = \dfrac{dp}{dx} = \dfrac{dp}{dy}\dfrac{dy}{dx} = \dfrac{dp}{dy}p$

これを $y'' = f(y, y')$ に代入して y の関数 p についての 1 階微分方程式を得る。

例題 3　微分方程式 $yy'' + (y')^2 - 1 = 0$ の一般解を求めよ。

解　$y' = p$ とおくと $y'' = \dfrac{dp}{dy}p$ であるから $y\dfrac{dp}{dy}p + p^2 - 1 = 0$ すなわち

$$p\dfrac{dp}{dy} = \dfrac{-(p^2-1)}{y}\quad つまり \quad \dfrac{p}{p^2-1}\dfrac{dp}{dy} = \dfrac{-1}{y}$$

と変数分離形になる。これを y について積分すると，

$$\int \dfrac{p}{p^2-1}dp = -\int \dfrac{1}{y}dy$$

よって　$\dfrac{1}{2}\log|p^2-1| = -\log|y| + C$（$C$ は任意定数）

$$\log|p^2-1|y^2 = 2C\quad より\quad (p^2-1)y^2 = \pm e^{2C}$$

右辺を改めて C とおくと

$$p = \pm\dfrac{\sqrt{y^2+C}}{y}\quad すなわち \quad \pm\dfrac{y}{\sqrt{y^2+C}}\dfrac{dy}{dx} = 1$$

x について積分し　$\pm\int \dfrac{y}{\sqrt{y^2+C}}dy = \int 1dx$

$t = \sqrt{y^2+C}$ とする置換積分で　$\pm\sqrt{y^2+C} = x + D$（D は任意定数）

2 乗して整理すると　$(x+D)^2 - y^2 = C$（C, D は任意定数）

練習3　次の微分方程式を解け。

(1)　$yy'' + (y')^2 + 1 = 0$　　　　　(2)　$(y+1)y'' + (y')^2 = 0$

2 2階線形微分方程式と解

$P(x)$, $Q(x)$, $R(x)$ が x の関数のとき

$$y'' + P(x)y' + Q(x)y = R(x) \quad \cdots\cdots①$$

の形の微分方程式を **2階線形微分方程式** という。とくに，$R(x) = 0$ の場合を **同次方程式** または **斉次方程式** といい，$R(x) \neq 0$ の場合を **非同次方程式** または **非斉次方程式** という。

以下，記法を簡単にするために，①の左辺を $L(y)$ で表す。すなわち

$$L(y) = y'' + P(x)y' + Q(x)y$$

とする。$L(y)$ についての次の性質はよく用いられる。

> **⇒重ね合わせの原理**
>
> 同次方程式 $y'' + P(x)y' + Q(x)y = 0$, すなわち，$L(y) = 0$ ……② について，$y = y_1(x)$, $y = y_2(x)$ が②の解であるとき，$y = Cy_1 + Dy_2$ もまた②の解である。（C, D は任意定数）

実際，$L(y_1) = L(y_2) = 0$ より

$$\begin{aligned}
L(Cy_1 + Dy_2) &= (Cy_1 + Dy_2)'' + P(x)(Cy_1 + Dy_2)' + Q(x)(Cy_1 + Dy_2) \\
&= (Cy_1'' + CP(x)y_1' + CQ(x)y_1) \\
&\quad + (Dy_2'' + DP(x)y_2' + DQ(x)y_2) \\
&= CL(y_1) + DL(y_2) = 0
\end{aligned}$$

となり，$y = Cy_1 + Dy_2$ は方程式②を満たす。

同次方程式②の2つの解を $y = y_1(x)$, $y = y_2(x)$ とする。y_1, y_2 の1次結合について

$$Cy_1 + Dy_2 = 0$$

が恒等的に成り立つのは，$C = D = 0$ のときに限るとき，y_1 と y_2 は **1次独立** または **線形独立** であるという。1次独立でないとき **1次従属** または **線形従属** であるという。

例1 $C + Dx = 0$ が恒等的に成り立つのは，$C = D = 0$ のときに限るので，2つの関数 $y = 1$ と $y = x$ は1次独立である。

一般に，2 つの関数 $y = y_1(x)$，$y = y_2(x)$ から作った次の 2 次の行列式を y_1，y_2 の **ロンスキアン** といい，記号 $W(y_1, y_2)$ で表す。

$$W(y_1, y_2) = \begin{vmatrix} y_1 & y_2 \\ y_1' & y_2' \end{vmatrix} = y_1 y_2' - y_2 y_1'$$

1 次独立性とロンスキアンについて，次のことが成り立つ。

➡ 1 次独立の判定

$$W(y_1, y_2) \neq 0 \implies y = y_1(x) \ \text{と} \ y = y_2(x) \ \text{は 1 次独立}$$

証明 $Cy_1 + Dy_2 = 0$ とする。この両辺を x について微分すると $Cy_1' + Dy_2' = 0$ である。この 2 式は次のように行列表示できる。

$$\begin{pmatrix} y_1 & y_2 \\ y_1' & y_2' \end{pmatrix} \begin{pmatrix} C \\ D \end{pmatrix} = \begin{pmatrix} 0 \\ 0 \end{pmatrix}$$

ここで，$W(y_1, y_2) \neq 0$ ならば $\begin{pmatrix} y_1 & y_2 \\ y_1' & y_2' \end{pmatrix}^{-1}$ が存在して

$$\begin{pmatrix} C \\ D \end{pmatrix} = \begin{pmatrix} y_1 & y_2 \\ y_1' & y_2' \end{pmatrix}^{-1} \begin{pmatrix} 0 \\ 0 \end{pmatrix} = \begin{pmatrix} 0 \\ 0 \end{pmatrix}$$

したがって，$C = D = 0$ となり y_1，y_2 は 1 次独立である。　　**終**

注意 $y = y_1(x)$ と $y = y_2(x)$ が 1 次独立であっても $W(y_1, y_2) = 0$ となることがある。

例(i) $y_1 = \begin{cases} x^2 & (x \geqq 0) \\ 0 & (x \leqq 0) \end{cases}$ と $y_2 = \begin{cases} 0 & (x \geqq 0) \\ x^2 & (x \leqq 0) \end{cases}$

例(ii) $y_1 = x^3$ と $y_2 = |x^3|$

例2 例 1 の 2 つの関数 $y = 1$ と $y = x$ が 1 次独立であることは，ロンスキアンを求めることでも説明できる。

$$W(1, x) = \begin{vmatrix} 1 & x \\ 0 & 1 \end{vmatrix} = 1 \neq 0$$

したがって，1 と x は 1 次独立である。

練習4 次の関数の組は 1 次独立であるかどうかを調べよ。

(1) e^x, xe^x　　　　(2) x, x^2　　　　(3) $\log x, \log x^2$

重ね合わせの原理より，次が成り立つ。

▶ **同次線形微分方程式の一般解**

同次方程式 $L(y) = 0$ の1次独立な2つの解を $y = y_1(x)$，$y = y_2(x)$ とすれば，その一般解は，この2つの解の1次結合 $y = Cy_1 + Dy_2$ （C，D は任意定数) として与えられる。

練習5 微分方程式 $y'' + y = 0$ について，次の問いに答えよ。

(1) $y = \sin x$ と $y = \cos x$ は1次独立な解であることを示せ。

(2) 一般解を求めよ。

次に，非同次方程式 $y'' + P(x)y' + Q(x)y = R(x)$，すなわち

$$L(y) = R(x) \quad \cdots\cdots ③$$

の一般解について考えよう。

非同次方程式③の1つの解が知られているとして，これを $y = u(x)$ としよう。このとき，③の任意の解 $y = y_0(x)$ について

$$L(y_0 - u) = L(y_0) - L(u) = R(x) - R(x) = 0$$

であるから，関数 $y = y_0 - u$ は同次方程式②の解である。ところで同次方程式②の一般解は $y = Cy_1 + Dy_2$ （C，D は任意定数) の形で与えられるので

$$y_0 - u = Cy_1 + Dy_2 \quad （C，D は任意定数) と表せる。$$

よって $y_0 = u + Cy_1 + Dy_2$

したがって，非同次方程式③の一般解は，$y = u + Cy_1 + Dy_2$ で与えられる。

▶ **非同次線形微分方程式の一般解**

非同次方程式 $L(y) = R(x)$ の一般解は，その1つの解 $y = u(x)$ と同次方程式 $L(y) = 0$ の一般解 $y = Cy_1 + Dy_2$ との和

$$y = u + Cy_1 + Dy_2$$

の形で与えられる。（C，D は任意定数)

練習6 微分方程式 $y'' + y = x^2$ について，次の問いに答えよ。

(1) 関数 $y = x^2 - 2$ は1つの解であることを示せ。

(2) 練習5を用いて，一般解を求めよ。

3 定数係数の同次線形微分方程式

係数が定数である次の同次線形微分方程式の解について考えてみよう。

$$y'' + ay' + by = 0 \quad (a,\ b\ は実数定数) \quad \cdots\cdots ①$$

①の解として，微分してもあまり形の変わらない次の関数を考えてみる。

$$y = e^{\lambda x} \quad (\lambda\ は定数) \quad \cdots\cdots ②$$

②を①に代入すると $\lambda^2 e^{\lambda x} + a\lambda e^{\lambda x} + be^{\lambda x} = (\lambda^2 + a\lambda + b)e^{\lambda x} = 0$

したがって，λ が次の2次方程式の解であれば②は①の解である。

$$\lambda^2 + a\lambda + b = 0 \quad \cdots\cdots ③$$

これを①の **特性方程式** または **補助方程式** という。③の解が，2つの異なる実数解か，重解か，虚数解か，によって①の解の形は異なる。順に調べていこう。

(i) **③の解が $\lambda = \alpha,\ \beta$ のとき ($\alpha \neq \beta$)**

②にこれらを代入した関数 $y = e^{\alpha x}$, $y = e^{\beta x}$ はどちらも①の解であり2つは1次独立な解なので，①の一般解は $y = Ce^{\alpha x} + De^{\beta x}$ である。($C,\ D$ は任意定数)

(ii) **③の解が $\lambda = \alpha$ (重解) のとき**

①の解として $y = e^{\alpha x}$ だけしか得られないが $y = Ce^{\alpha x}$ (C は任意定数) が①の解であることはわかる。もう1つの解を見つけるために定数変化法 (p.289) を用いて C のところに x の関数 $u(x)$ を代入した次の関数を考える。

$$y = u(x)e^{\alpha x} \quad \cdots\cdots ④$$

①に代入すると $y' = u'e^{\alpha x} + u\alpha e^{\alpha x}$, $y'' = u''e^{\alpha x} + 2u'\alpha e^{\alpha x} + u\alpha^2 e^{\alpha x}$ より

$$(u'' + 2\alpha u' + \alpha^2 u)e^{\alpha x} + a(u' + u\alpha)e^{\alpha x} + bue^{\alpha x} = 0 \quad \cdots\cdots ⑤$$

いま，③が $(\lambda - \alpha)^2 = 0$ であることに注意すると，$a = -2\alpha$, $b = \alpha^2$ であるので，⑤は $u''e^{\alpha x} = 0$ となる。つまり $u'' = 0$ である。したがって u は $u(x) = Cx + D$ ($C,\ D$ は任意定数) と表せる。これを④に代入すると

$$y = (Cx + D)e^{\alpha x} = Cxe^{\alpha x} + De^{\alpha x} \quad \cdots\cdots ⑥$$

となり任意定数を2つ含む①の解が得られた。関数 $y = xe^{\alpha x}$ と $y = e^{\alpha x}$ は1次独立なので，⑥が①の一般解となる。

(iii) ③の解が虚数解 $\lambda = \alpha, \ \beta$ のとき

$p, \ q$ を実数，i を虚数単位として $\alpha = p + qi, \ \beta = p - qi$ とおく。変数が複素数のときも実数関数と同じ微分公式 $(e^{cx})' = ce^{cx}$ が成り立つことを用いると，②に $\lambda = \alpha, \ \beta$ を代入した次の式はどちらも①を満たす。

$$y = e^{(p+qi)x} \quad \cdots\cdots ⑦ \quad y = e^{(p-qi)x} \quad \cdots\cdots ⑧$$

しかしここでは実数係数をもち①を満たす関数を求めたい。そこで p. 300 の重ね合わせの原理を用いて⑦と⑧からそれを構成する。オイラーの公式（p. 165）より

⑦は $\quad y = e^{(p+qi)x} = e^{px} \cdot e^{qxi} = e^{px}(\cos qx + i \sin qx)$

⑧は $\quad y = e^{(p-qi)x} = e^{px} \cdot e^{-qxi} = e^{px}(\cos qx - i \sin qx)$

なので重ね合わせの原理より ⑦＋⑧ とした関数と ⑦－⑧ とした関数

$$y = 2e^{px} \cos qx, \quad y = 2ie^{px} \sin qx$$

も①を満たす。よって $y = e^{px} \cos qx \ \cdots\cdots ⑨, \ y = e^{px} \sin qx \ \cdots\cdots ⑩$ も①を満たす。⑨と⑩は１次独立なので，①の一般解は次の形で得られる。

$$y = Ce^{px} \cos qx + De^{px} \sin qx \quad (C, \ D \text{は任意定数})$$

以上(i)～(iii)の結果をまとめておこう。

> **定数係数の同次線形微分方程式の一般解**
>
> $$y'' + ay' + by = 0 \ (a, \ b \text{は実数定数}) \quad \cdots\cdots ①$$
>
> の一般解は①の特性方程式 $\lambda^2 + a\lambda + b = 0 \ \cdots\cdots ③$ の解の形に応じて次のようにきまる。$(C, \ D \text{は任意定数})$
>
> (i) ③が２つの異なる実数解 $\lambda = \alpha, \ \beta$ をもつとき
>
> $$y = Ce^{\alpha x} + De^{\beta x}$$
>
> (ii) ③が重解 $\lambda = \alpha$ をもつとき
>
> $$y = (Cx + D)e^{\alpha x}$$
>
> (iii) ③が虚数解 $\lambda = p \pm qi \ (p, \ q \text{は実数})$ をもつとき
>
> $$y = e^{px}(C \cos qx + D \sin qx)$$

注意 $ay'' + by' + cy = 0 \ (a \neq 0)$ の形の微分方程式の場合にも特性方程式を $a\lambda^2 + b\lambda + c = 0$ と定めると，上の(i)～(iii)で一般解を得る。

例題 4

次の微分方程式の一般解を求めよ。

(1) $y'' + 2y' - 3y = 0$ 　　　　(2) $y'' + 4y' + 4y = 0$

(3) $2y'' + 4y' + 5y = 0$ 　　　　(4) $y'' + 4y = 0$

解 以下，C, D は任意定数とする。

(1) 特性方程式は $\lambda^2 + 2\lambda - 3 = 0$ なので

$$(\lambda + 3)(\lambda - 1) = 0 \text{ より } \lambda = -3,\ 1$$

これは異なる2つの実数解なので，与式の一般解は，(i)より

$$y = Ce^x + De^{-3x}$$

(2) 特性方程式は $\lambda^2 + 4\lambda + 4 = 0$ なので

$$(\lambda + 2)^2 = 0 \text{ より } \lambda = -2$$

これは重解なので，与式の一般解は，(ii)より

$$y = (C + Dx)e^{-2x}$$

(3) 特性方程式は $2\lambda^2 + 4\lambda + 5 = 0$ なので

$$\lambda = \frac{-4 \pm \sqrt{16 - 40}}{4} = \frac{-4 \pm 2\sqrt{6}\,i}{4}$$

$$= -1 \pm \frac{\sqrt{6}}{2}i$$

これは虚数解なので，与式の一般解は(iii)より

$$y = e^{-x}\left(C\cos\frac{\sqrt{6}}{2}x + D\sin\frac{\sqrt{6}}{2}x\right)$$

(4) 特性方程式は $\lambda^2 + 4 = 0$ なので

$$\lambda = \pm 2i = 0 \pm 2i$$

これは虚数解なので，与式の一般解は(iii)より

$$y = e^{0x}(C\cos 2x + D\sin 2x)$$

$$= C\cos 2x + D\sin 2x$$

練習7 次の微分方程式の一般解を求めよ。

(1) $3y'' + 10y' + 8y = 0$ 　　　　(2) $y'' - 6y' + 9y = 0$

(3) $y'' - 6y' + 7y = 0$ 　　　　(4) $2y'' + y' + y = 0$

例題 **5**

微分方程式 $y'' + 2y' + 5y = 0$ について，
初期条件「$x = 0$ のとき $y = 0$, $y' = 1$」を満たす解を求めよ。

解　特性方程式は

$$\lambda^2 + 2\lambda + 5 = 0$$

したがって　$\lambda = -1 \pm 2i$

ゆえに，p. 304(iii)より，一般解は C, D を任意定数として

$$y = e^{-x}(C\cos 2x + D\sin 2x)$$

よって　$y' = -e^{-x}(C\cos 2x + D\sin 2x)$
$$+ e^{-x}(-2C\sin 2x + 2D\cos 2x)$$

これらに初期条件を代入すると

$$\begin{cases} 0 = C \\ 1 = -C + 2D \end{cases} \quad \text{より} \quad C = 0, \ D = \frac{1}{2}$$

したがって，求める解は

$$y = \frac{1}{2}e^{-x}\sin 2x$$

この解曲線のグラフは次のようになる。

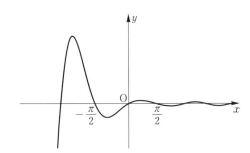

練習 **8**　（ ）内の初期条件を満たす次の微分方程式の解を求めよ。

(1) $y'' - 5y' + 6y = 0$　（$x = 0$ のとき $y = 0$, $y' = 1$）

(2) $y'' + 2\sqrt{2}\,y' + 2y = 0$　（$x = 1$ のとき $y = 0$, $y' = 1$）

(3) $y'' - 3y' + 5y = 0$　（$x = 0$ のとき $y = 1$, $y' = 0$）

4 定数係数の非同次線形微分方程式

1 非同次方程式の1つの解の求め方Ⅰ（未定係数法）

非同次方程式 $y'' + ay' + by = R(x)$　（a, b は実数定数）　……①

の一般解は，その1つの解と同次方程式 $y'' + ay' + by = 0$ ……② の一般解の和として表される（p.302）。同次方程式②の一般解の求め方は前項で学んだので，非同次方程式①の一般解を得るためには，①を満たす1つの解を求める必要がある。ここでは，その1つの解を $R(x)$ から解の形を予想して求める方法を考えよう。

1 $R(x)$ が多項式の場合

①の1つの解として多項式の解を予想する。また，$b \neq 0$ のとき，解の次数は $R(x)$ の次数と同じとする。

例題
6

微分方程式 $y'' - 2y' + y = x^2 + 1$ の一般解を求めよ。

解　[1]　同次方程式 $y'' - 2y' + y = 0$ の特性方程式

$$\lambda^2 - 2\lambda + 1 = (\lambda - 1)^2 = 0 \quad \text{より} \quad \lambda = 1$$

したがって，同次方程式の一般解は p.304(ii)より

$$y = (C + Dx)e^x \quad (C, D \text{ は任意定数})$$

[2]　次に，与式の1つの解を $y = Ax^2 + Bx + E$ と予想して与式に代入して整理すると

$$Ax^2 + (-4A + B)x + 2A - 2B + E = x^2 + 1$$

係数を比較して　$A = 1$, $B = 4$, $E = 7$

したがって，与式の1つの解は，$y = x^2 + 4x + 7$ である。

[1]，[2]より，与式の一般解は

$$y = x^2 + 4x + 7 + (C + Dx)e^x \quad (C, D \text{ は任意定数})$$

練習9　次の微分方程式の一般解を求めよ。

(1)　$y'' + y' - 2y = 3x$ 　　　　(2)　$3y'' - y' + y = x^2 + x$

② $R(x)$ が指数関数の場合

$y = Ce^{\alpha x}$ のとき，$y'' + ay' + by$ も同じ形の指数関数となる。したがって，解は $R(x)$ と同じ形の指数関数と予想する。

例題 7 微分方程式 $y'' - 2y' - 3y = e^{2x}$ の一般解を求めよ。

解 [1] 同次方程式 $y'' - 2y' - 3y = 0$ の特性方程式

$$\lambda^2 - 2\lambda - 3 = (\lambda + 1)(\lambda - 3) = 0$$

より $\lambda = 3, \ -1$

したがって，同次方程式の一般解は p.304(i)より

$$y = Ce^{-x} + De^{3x} \quad (C, \ D \text{ は任意定数})$$

[2] 次に，与式の1つの解を $y = Ae^{2x}$ と予想して与式に代入すると

$$4Ae^{2x} - 2(2Ae^{2x}) - 3(Ae^{2x}) = e^{2x}$$

$$-3Ae^{2x} = e^{2x}$$

より $A = -\dfrac{1}{3}$

したがって，与式の1つの解は，$y = -\dfrac{1}{3}e^{2x}$ である。

[1]，[2]より，与式の一般解は

$$y = -\frac{1}{3}e^{2x} + Ce^{-x} + De^{3x} \quad (C, \ D \text{ は任意定数})$$

練習⑩ 次の微分方程式の一般解を求めよ。

(1) $y'' - 5y' + 6y = e^x$　　　　(2) $y'' + 2y' + y = 3e^{2x}$

例題7の問題で右辺が e^{3x} や e^{-x} の定数倍である場合は注意が必要である。たとえば $y'' - 2y' - 3y = 2e^{3x}$ ……㋐ の1つの解を求めるために右辺の形をみて $y = Ae^{3x}$ と予想して㋐式に代入する方法は通用しない。なぜなら $y = Ae^{3x}$ は例題7の解[1]より $y'' - 2y' - 3y = 0$ の解なので，これを㋐式に代入しても $0 = 2e^{3x}$ となってしまい A がきまらないからである。

次の例題8ではこの種の問題の解決方法を考える。

例題
8

微分方程式 $y'' - 2y' - 3y = e^{3x}$ の一般解を求めよ。

解 [1] 例題 7 より，同次方程式 $y'' - 2y' - 3y = 0$ の一般解は

$$y = Ce^{-x} + De^{3x} \quad (C, \; D \text{ は任意定数})$$

である。

[2] 次に与式の 1 つの解は右辺から $y = Ae^{3x}$ と予想したいが，これは同次方程式の一般解において，$C = 0, D = A$ の場合として求められるから，与えられた微分方程式の解にはならない。そこで，このような場合は $y = Axe^{3x}$ とおくことにする。

$y = Axe^{3x}$ と予想して与式に代入すると

$$6Ae^{3x} + 9Axe^{3x} - 2(Ae^{3x} + 3Axe^{3x}) - 3(Axe^{3x}) = e^{3x}$$

よって

$$4Ae^{3x} = e^{3x}$$

より $A = \dfrac{1}{4}$

したがって，与式の 1 つの解は，$y = \dfrac{1}{4}xe^{3x}$ である。

[1]，[2] より，与式の一般解は

$$y = \frac{1}{4}xe^{3x} + Ce^{-x} + De^{3x} \quad (C, \; D \text{ は任意定数})$$

注意 例題 8 のように，右辺の関数 $R(x)$ が同次方程式の一般解に含まれている場合は，$R(x)$ から予想される解に，特性方程式の解の重複度だけ x を掛けた式を用いるとよい。

練習11 次の微分方程式の一般解を求めよ。

(1) $y'' - 5y' + 6y = e^{2x}$　　　　(2) $y'' - 6y' + 9y = e^{3x}$

③ $R(x)$ が三角関数の場合

$y = \cos\alpha x$ あるいは $y = \sin\alpha x$ とすると $y'' + ay' + by$ は $\cos\alpha x$, $\sin\alpha x$ の1次結合となる。したがって，はじめから $\cos\alpha x$, $\sin\alpha x$ の両方を含んだ形を予想する。

例題 9　微分方程式 $6y'' + 5y' - 6y = 10\sin 2x$ の一般解を求めよ。

解 [1]　同次方程式 $6y'' + 5y' - 6y = 0$ の特性方程式
$$6\lambda^2 + 5\lambda - 6 = (2\lambda + 3)(3\lambda - 2) = 0$$
より　$\lambda = -\dfrac{3}{2},\ \dfrac{2}{3}$

したがって，同次方程式の一般解は
$$y = Ce^{-\frac{3}{2}x} + De^{\frac{2}{3}x} \quad (C,\ D \text{は任意定数})$$

[2]　次に与式の1つの解を $y = A\cos 2x + B\sin 2x$ と予想して微分方程式に代入して整理すると
$$(-30A + 10B)\cos 2x + (-10A - 30B)\sin 2x = 10\sin 2x$$
ここで左右両辺の係数を比較して
$$-30A + 10B = 0,$$
$$-10A - 30B = 10$$
より　$A = -\dfrac{1}{10},\ B = -\dfrac{3}{10}$

したがって，与式の1つの解は，$y = -\dfrac{1}{10}\cos 2x - \dfrac{3}{10}\sin 2x$ である。

[1]，[2]より，与式の一般解は $C,\ D$ を任意定数として
$$y = -\frac{1}{10}\cos 2x - \frac{3}{10}\sin 2x + Ce^{-\frac{3}{2}x} + De^{\frac{2}{3}x}$$

練習12　次の微分方程式の一般解を求めよ。

(1)　$y'' - 3y' + y = \cos x$　　　　(2)　$y'' + y' + y = 2\sin x$

例題
10
　微分方程式 $y'' + 4y = \cos 2x$ の一般解を求めよ。

．．．．．．．．．．．．．．．．．．．．．．．．．．．．．．

（解）[1]　同次方程式 $y'' + 4y = 0$ の特性方程式

$$\lambda^2 + 4 = 0 \quad \text{より} \quad \lambda = \pm 2i$$

したがって，同次方程式の一般解は p. 304(ⅲ)より

$$y = C\cos 2x + D\sin 2x \quad (C, D \text{ は任意定数})$$

[2]　次に与式の 1 つの解は右辺から $y = A\cos 2x + B\sin 2x$ と予想したいが，これは同次方程式の一般解に含まれる。そこで p. 309 の例題 8 と同様に，右辺から予想される解に x を掛けた次の式を予想する。

$$y = x(A\cos 2x + B\sin 2x)$$

これを微分方程式に代入して整理すると

$$-4A\sin 2x + 4B\cos 2x = \cos 2x$$

係数を比較して　$-4A = 0, \; 4B = 1$

よって　　$A = 0, \; B = \dfrac{1}{4}$

したがって，与式の 1 つの解は，$y = \dfrac{1}{4}x\sin 2x$ である。

[1]，[2]より，与式の一般解は

$$y = \dfrac{1}{4}x\sin 2x + C\cos 2x + D\sin 2x \quad (C, D \text{ は任意定数})$$

練習**13**　微分方程式 $y'' + 9y = 2\sin 3x$ について，次の解を求めよ。

(1)　一般解

(2)　初期条件「$x = 0$ のとき $y = 1$, $y' = 1$」を満たす解

(3)　境界条件「$x = \dfrac{\pi}{6}$ のとき $y = 1$, $x = \dfrac{\pi}{3}$ のとき $y = 0$」を満たす解

練習**14**　微分方程式 $y'' - 2y' + y = x\sin x$ について，次の問いに答えよ。

(1)　1 つの解を $y = x(A\cos x + B\sin x) + C\cos x + D\sin x$ の形と予想して求めよ。

(2)　一般解を求めよ。

2　非同次方程式の1つの解の求め方II（定数変化法）

　前項の未定係数法は，非同次方程式を解くために必要な1つの解を求める方法として有力である。しかし，方程式の右辺 $R(x)$ の形から1つの解を予想しにくい場合も多い。そこで，非同次方程式の1つの解を求める別の方法を述べる。

　　　非同次方程式　$y'' + ay' + by = R(x)$　$(a, \; b$ は実数定数$)$　……①

の1つの解は，

　　　同次方程式　$y'' + ay' + by = 0$　……②

の一般解から **定数変化法** を用いて以下のように求めることができる。

　②の1次独立な2つの解を $y = y_1(x)$, $y = y_2(x)$ とする。その一般解は

　　　　$y = Cy_1 + Dy_2$　$(C, \; D$ は任意定数$)$

で与えられる (p.302)。この任意定数 C, D を x の関数 $u(x)$, $v(x)$ で置き換えて，①の一般解を求めてみよう。

　　　　$y = uy_1 + vy_2$　……③

とおき，両辺を x で微分すると　$y' = uy_1' + vy_2' + u'y_1 + v'y_2$

　ここで次の式を満たす u, v があると仮定してみよう。

　　　　$u'y_1 + v'y_2 = 0$　……④

そのとき y' をさらに微分すると

　　　　$y'' = uy_1'' + vy_2'' + u'y_1' + v'y_2'$

となる。これらを①に代入すると

　　　　$(uy_1'' + vy_2'' + u'y_1' + v'y_2') + a(uy_1' + vy_2') + b(uy_1 + vy_2) = R(x)$

よって　$u(y_1'' + ay_1' + by_1) + v(y_2'' + ay_2' + by_2) + u'y_1' + v'y_2' = R(x)$

となるが，$y = y_1(x)$ と $y = y_2(x)$ は②の解であるから

　　　　$y_1'' + ay_1' + by_1 = 0$　かつ　$y_2'' + ay_2' + by_2 = 0$

が成り立ち

　　　　$u'y_1' + v'y_2' = R(x)$　……⑤

である。④と⑤はまとめて行列で表すと次のようになる。

$$\begin{pmatrix} y_1 & y_2 \\ y_1' & y_2' \end{pmatrix} \begin{pmatrix} u' \\ v' \end{pmatrix} = \begin{pmatrix} 0 \\ R(x) \end{pmatrix}$$

　ここでロンスキアン (p.301) が $W(y_1, y_2) = y_1y_2' - y_1'y_2 \neq 0$ であれば，クラメルの公式 **54** より，u' と v' が求められる。

$$u' = \frac{1}{W(y_1,\ y_2)} \begin{vmatrix} 0 & y_2 \\ R(x) & y_2' \end{vmatrix} = \frac{-y_2 R(x)}{W(y_1,\ y_2)}$$

$$v' = \frac{1}{W(y_1,\ y_2)} \begin{vmatrix} y_1 & 0 \\ y_1' & R(x) \end{vmatrix} = \frac{y_1 R(x)}{W(y_1,\ y_2)}$$

これらを x について積分し，③に代入すると 1 つの解が得られる。

> ➡ **定数係数の同次線形微分方程式の 1 つの解**
>
> 　非同次方程式①の 1 つの解は，同次方程式②の 2 つの解を $y = y_1(x)$，$y = y_2(x)$ とするとき $W(y_1,\ y_2) = y_1 y_2' - y_1' y_2 \neq 0$ ならば次の式で与えられる。
>
> $$y = -y_1 \int \frac{y_2 R(x)}{W(y_1,\ y_2)}\,dx + y_2 \int \frac{y_1 R(x)}{W(y_1,\ y_2)}\,dx$$

例題 11　微分方程式 $y'' - 5y' + 4y = e^{2x}$ の一般解を求めよ。

解　[1]　同次方程式 $y'' - 5y' + 4y = 0$ の特性方程式

$$\lambda^2 - 5\lambda + 4 = (\lambda - 1)(\lambda - 4) = 0 \quad \text{より} \quad \lambda = 1,\ 4$$

したがって，同次方程式の一般解は p.304(i)より次の関数である。

$$y = Ce^x + De^{4x} \quad (C,\ D \text{ は任意定数})$$

[2]　次に，与式の 1 つの解は $y_1 = e^x$，$y_2 = e^{4x}$ として求める。

$$W(e^x,\ e^{4x}) = \begin{vmatrix} e^x & e^{4x} \\ e^x & 4e^{4x} \end{vmatrix} = 4e^{5x} - e^{5x} = 3e^{5x} \neq 0$$

より，与式の 1 つの解は，上の公式より次の関数である。

$$y = -e^x \int \frac{e^{4x} e^{2x}}{3e^{5x}}\,dx + e^{4x} \int \frac{e^x e^{2x}}{3e^{5x}}\,dx$$

$$= -e^x \cdot \frac{1}{3}(e^x + E) + e^{4x} \cdot \frac{1}{3}\left(\frac{-1}{2}e^{-2x} + F\right)$$

とくに $E = 0$，$F = 0$ のとき　$y = -\frac{1}{2}e^{2x}$

[1]，[2]より与式の一般解は次の関数である。

$$y = -\frac{1}{2}e^{2x} + Ce^x + De^{4x} \quad (C,\ D \text{ は任意定数})$$

> **例題 12** 微分方程式 $y'' + y = \dfrac{1}{\sin x}$ の一般解を求めよ。
>
> **解** [1] 同次方程式 $y'' + y = 0$ の特性方程式
>
> $$\lambda^2 + 1 = 0 \quad \text{より} \quad \lambda = \pm i$$
>
> したがって，同次方程式の一般解は p.304(iii)より次の関数である。
>
> $$y = C\cos x + D\sin x \quad (C,\ D \text{ は任意定数})$$
>
> [2] 次に与式の1つの解は $y_1 = \cos x$, $y_2 = \sin x$ として求める。
>
> $$W(\cos x,\ \sin x) = \begin{vmatrix} \cos x & \sin x \\ -\sin x & \cos x \end{vmatrix}$$
> $$= \cos^2 x + \sin^2 x = 1 \neq 0$$
>
> より，与式の1つの解は p.313 の公式より
>
> $$y = -\cos x \int \dfrac{\sin x \dfrac{1}{\sin x}}{1} dx + \sin x \int \dfrac{\cos x \dfrac{1}{\sin x}}{1} dx$$
>
> $$= -\cos x \int dx + \sin x \int \dfrac{\cos x}{\sin x} dx$$
>
> $$= -x\cos x + \sin x \cdot (\log|\sin x| + E)$$
>
> とくに $E = 0$ とすると
>
> $$y = -x\cos x + \sin x \cdot \log|\sin x|$$
>
> [1]，[2]より与式の一般解は
>
> $$y = -x\cos x + \sin x \cdot \log|\sin x| + C\cos x + D\sin x$$
>
> $$(C,\ D \text{ は任意定数})$$

練習15 微分方程式 $y'' + 4y = x$ について次の問いに答えよ。

(1) 1つの解を $y = Ax + B$ と予想して求めよ。

(2) 1つの解を同次方程式の一般解から定数変化法を用いて求めよ。

練習16 次の微分方程式の一般解を求めよ。

(1) $y'' - y' - 6y = e^{3x}$ (2) $y'' - 2y' + y = e^x \log x$

(3) $y'' + y = \dfrac{1}{\cos^3 x}$

5 ▶ 連立微分方程式

2つの関数 $x = x(t)$, $y = y(t)$ に関する微分方程式の組を **連立微分方程式**
という。

例題
13

次の連立微分方程式の一般解を求めよ。

$$\begin{cases} \dfrac{dx}{dt} = x + y + 1 & \cdots\cdots① \\[2mm] \dfrac{dy}{dt} = 2x - t & \cdots\cdots② \end{cases}$$

解

$\dfrac{dx}{dt} = x'$, などと書くことにする。①を t で微分して $x'' = x' + y'$

この式に②を代入して整理すると $x'' - x' - 2x = -t$ $\cdots\cdots③$

[1] 同次方程式 $x'' - x' - 2x = 0$ の一般解は p. 304(i)より

$\qquad x = Ce^{-t} + De^{2t}$ （C, D は任意定数）

[2] ③の1つの解を $x = At + B$ と予想して

$\qquad -A - 2(At + B) = -t$ より $A = \dfrac{1}{2}$, $B = -\dfrac{1}{4}$

[1], [2]より, ③の一般解は

$\qquad x = \dfrac{1}{2}t - \dfrac{1}{4} + Ce^{-t} + De^{2t}$ （C, D は任意定数） $\cdots\cdots④$

①より $y = x' - x - 1$ であるので, これに代入すれば

$\qquad y = -\dfrac{1}{4} - \dfrac{1}{2}t - 2Ce^{-t} + De^{2t}$ $\cdots\cdots⑤$

よって, 与式の一般解は④と⑤である。

練習**17** 次の連立微分方程式の一般解を求めよ。

$$\begin{cases} \dfrac{dx}{dt} = y + \cos 2t \\[2mm] \dfrac{dy}{dt} = x - \sin 2t \end{cases}$$

6 非定数係数の同次線形微分方程式

係数が x の関数 $P(x)$，$Q(x)$ である同次線形微分方程式

$$y'' + P(x)y' + Q(x)y = 0 \quad \cdots\cdots ①$$

の一般解を具体的に求めることは難しい。ここでは，いくつかの場合についてこのような微分方程式の一般解を求めてみよう。

例題 14 次の微分方程式の一般解を求めよ。

(1) $x^2 y'' + xy' - y = 0$ (2) $x^2 y'' + 3xy' + y = 0$

解 (1) $y = x^\lambda$ の形の解があると予想して微分方程式に代入すると

$$(\lambda^2 - 1)x^\lambda = 0 \quad \text{よって} \quad \lambda = \pm 1$$

したがって，$y = x$ と $y = x^{-1}$ は解である。また，これらは1次独立であるので，求める一般解は

$$y = Cx + Dx^{-1} \quad (C, D \text{は任意定数})$$

(2) $y = x^\lambda$ の形の解があると予想して微分方程式に代入すると

$$(\lambda + 1)^2 x^\lambda = 0 \quad \text{よって} \quad \lambda = -1$$

したがって，$y = x^{-1}$ は解である。ゆえに $y = Cx^{-1}$（Cは任意定数）も解である。他の解を見つけるために定数変化法（p.289）を用いる。

すなわち，任意定数 C を x の関数 u とみなして $y = ux^{-1}$ とおき，与えられた微分方程式に代入して整理すると

$$u''x + u' = 0 \quad \text{より} \quad (u'x)' = 0$$

したがって $u'x = C_1$（C_1は任意定数） すなわち $u' = \dfrac{C_1}{x}$

この両辺を x について積分して

$$u = C_1 \log|x| + D \quad (D \text{は任意定数})$$

よって，求める一般解は，C_1 を C と改めると

$$y = (C\log|x| + D)x^{-1} \quad (C, D \text{は任意定数})$$

練習⌷ 次の微分方程式の一般解を求めよ。

(1) $x^2y'' + xy' - 4y = 0$ (2) $x^2y'' - xy' + y = 0$

  一般に，同次線形微分方程式①において，1つの解 $y = y_1(x)$ が何らかの方法でわかった場合には，例題 14(2) と同様，定数変化法を用いて一般解を求めることができる。すなわち，いま $y = Cy_1(x)$ （C は任意定数）が①の解であるから，u を x の関数として $y = uy_1$ ……② とおき，①に代入し，整理すると

$$y_1u'' + (2y_1' + P(x)y_1)u' + \{y_1'' + P(x)y_1' + Q(x)y_1\}u = 0$$

ここで，$y = y_1(x)$ は①の1つの解であるので，

$$y_1'' + P(x)y_1' + Q(x)y_1 = 0$$

である。したがって

$$y_1u'' + \{2y_1' + P(x)y_1\}u' = 0$$

$u' = p$ とおくと，$y_1p' + \{2y_1' + P(x)y_1\}p = 0$ であるから

$$\frac{1}{p}\frac{dp}{dx} = -\left(2\frac{y_1'}{y_1} + P(x)\right)$$

両辺を x について積分すると $\displaystyle\int\frac{1}{p}\frac{dp}{dx}dx = -\int\left(2\frac{y_1'}{y_1} + P(x)\right)dx$

$$\int\frac{1}{p}dp = -\int\left(2\frac{y_1'}{y_1} + P(x)\right)dx$$

となり，

$$\log|p| = -2\log|y_1| - \int P(x)\,dx + C$$

これから $\displaystyle\log|py_1^2| = -\int P(x)\,dx + C$

$py_1^2 = \pm e^C \cdot e^{-\int P(x)dx}$ $\pm e^C$ を改めて C とおくと

$$p = \frac{C}{y_1^2}e^{-\int P(x)dx}$$

これを x について積分して

$$u = C\int\left(\frac{1}{y_1^2}e^{-\int P(x)dx}\right)dx + D \quad \text{（D は任意定数）}$$

したがって，前ページ①の一般解は，②にこの式を代入して

$$y = Cy_1\int\left(\frac{1}{y_1^2}e^{-\int P(x)dx}\right)dx + Dy_1 \quad \text{（C, D は任意定数）}$$

同次線形微分方程式の一般解

同次線形微分方程式 $y''(x) + P(x)y'(x) + Q(x)y(x) = 0$ の 1 つの解を $y = y_1(x)$ とすると一般解は

$$y = Cy_1 \int \frac{1}{y_1^2} e^{-\int P(x)dx} dx + Dy_1 \quad (C, D \text{ は任意定数})$$

例題 15　微分方程式 $(x-1)y'' - xy' + y = 0$ の 1 つの解が e^x であることを用いて，一般解を求めよ。

解　$y = e^x$ が与式の 1 つの解なので $y = Ae^x$ （A は任意定数）も与式の解である。ここで A を x の関数 $u(x)$ におきかえて $y = ue^x$ とおく。これを与式に代入すると （定数変化法, p. 289）

$$(x-1)(u''e^x + 2u'e^x + ue^x) - x(u'e^x + ue^x) + ue^x = 0$$

である。整理して　$(x-1)u'' + (x-2)u' = 0$

$u' = p$ とおくと $(x-1)p' + (x-2)p = 0$ となるので

$$\frac{1}{p}\frac{dp}{dx} = \frac{2-x}{x-1} = \frac{1}{x-1} - 1$$

両辺を x で積分して

$$\int \frac{1}{p} dp = \int \left(\frac{1}{x-1} - 1\right) dx \quad \text{なので}$$

$$\log|p| = \log|x-1| - x + C \quad (C \text{ は任意定数})$$

$$\log\left|\frac{p}{x-1}\right| = -x + C \quad \text{より} \quad \frac{p}{x-1} = \pm e^{-x+C} = \pm e^C \cdot e^{-x}$$

$\pm e^C$ を改めて C として　$p = C(x-1)e^{-x}$

これを x について，部分積分を用いて積分すると，$-C$ を改めて C と書いて

$$u = Cxe^{-x} + D \quad (C, D \text{ は任意定数})$$

したがって，求める一般解は

$$y = (Cxe^{-x} + D)e^x = Cx + De^x \quad (C, D \text{ は任意定数})$$

例題 15 の解答は，前ページの公式を直接用いるならば次のような書き方になる。微分方程式の両辺を $x-1$ で割ると

$$y'' + \frac{-x}{x-1}y' + \frac{1}{x-1}y = 0$$

となるので

$$P(x) = \frac{-x}{x-1}, \ \ Q(x) = \frac{1}{x-1}$$

とおくと

$$\int P(x)\,dx = \int \frac{-x}{x-1}\,dx = \int \left(-1 - \frac{1}{x-1}\right)dx$$
$$= -x - \log|x-1| + C$$

ゆえに

$$e^{-\int P(x)\,dx} = e^{x+\log|x-1|+C} = e^x |x-1| \cdot e^C$$

これを前ページの公式に代入して絶対値の符号と e^C は任意定数に含めると

$$y = Ce^x \int \frac{1}{e^{2x}} e^x (x-1)\,dx + De^x$$

$$= Ce^x \int e^{-x}(x-1)\,dx + De^x$$

$$= Ce^x \int (-e^{-x})'(x-1)\,dx + De^x$$

$$= Ce^x \left(-e^{-x}(x-1) + \int e^{-x}dx\right) + De^x$$

$$= -C(x-1) - C + De^x$$

$$= -Cx + De^x \quad (C, \ D \text{ は任意定数})$$

$-C$ を改めて C と書けば一般解は

$$y = Cx + De^x \quad (C, \ D \text{ は任意定数})$$

練習⑲ 微分方程式 $xy'' - (3x+1)y' + (2x+1)y = 0$ について，次の問いに答えよ。

(1) $y = e^x$ は 1 つの解であることを示せ。

(2) 一般解を求めよ。

◀ 節|末|問|題

1. 次の微分方程式の一般解を求めよ。

(1) $y'' \cos^2 x = 1$ (2) $y^2 y'' = (y')^3$ (3) $y'' + (y')^2 + 1 = 0$

2. 次の微分方程式の一般解を求めよ。

(1) $y'' - 2y' + 4y = 0$ (2) $y'' - 8y' + 16y = 0$

(3) $y'' + 3y' + 2y = x^3$ (4) $y'' - 5y' + 6y = e^{-x}$

(5) $2y'' - 3y' + y = \cos 2x + 2\sin x$ (6) $y'' + y = \dfrac{1}{\cos x}$

3. 次の連立微分方程式の一般解を求めよ。

$$\begin{cases} \dfrac{dx}{dt} = x - y + t \\[2mm] \dfrac{dy}{dt} = x + 2y - t^2 \end{cases}$$

4. 微分方程式 $y'' - 6y' + 5y = xe^x$ について次の問いに答えよ。

(1) 1つの解を $y = (ax^2 + bx)e^x$ と予想して求めよ。

(2) 一般解を求めよ。

5. 微分方程式 $(x^2 + 3x + 4)y'' + (x^2 + x + 1)y' - (2x + 3)y = 0$ について，次の問いに答えよ。

(1) $y = e^{-x}$ は1つの解であることを示せ。

(2) 一般解を求めよ。

6. コンデンサーにある電荷が蓄えられている，図のようなコンデンサー，コイル，抵抗が直列に結合した電気回路を考える。時間を t としてある瞬間（$t = 0$）にスイッチを ON にしたとするとき，回路に流れる電流を時間 t の関数 I とすると，R, L, C を定数として次の微分方程式が成り立つという。

$$L\frac{d^2 I}{dt^2} + R\frac{dI}{dt} + \frac{I}{C} = 0$$

このとき，I を t の式で表せ。

研究 オイラーの微分方程式

$a_1,\ a_2,\ \cdots,\ a_n$ を定数とするとき

$$x^n y^{(n)} + a_1 x^{n-1} y^{(n-1)} + \cdots + a_{n-1} x y' + a_n y = R(x)$$

の形の微分方程式を **オイラーの微分方程式** という。

この方程式は，変数変換 $x = e^t$ によって定数係数の線形方程式に帰着される。

$n = 2$ のとき，すなわち 2 階のオイラーの微分方程式

$$x^2 y'' + a_1 x y' + a_2 y = R(x)$$

について，これを確認してみよう（p. 316 の例題 14 や p. 317 の練習 18 は，2 階のオイラーの微分方程式の同次方程式である）。

$x = e^t$ とおくと

$$y' = \frac{dy}{dx} = \frac{dy}{dt}\frac{dt}{dx} = \frac{dy}{dt}e^{-t}$$

$$y'' = \frac{d}{dx}\left(\frac{dy}{dt}e^{-t}\right) = \frac{d}{dx}\left(\frac{dy}{dt}\right)e^{-t} + \frac{dy}{dt}\frac{d}{dx}e^{-t}$$

$$= \frac{d^2 y}{dt^2}e^{-2t} - \frac{dy}{dt}e^{-2t}$$

である。これらを微分方程式に代入すると

$$e^{2t}\left(\frac{d^2 y}{dt^2}e^{-2t} - \frac{dy}{dt}e^{-2t}\right) + a_1 e^t \frac{dy}{dt}e^{-t} + a_2 y = R(e^t)$$

したがって

$$\frac{d^2 y}{dt^2} + (a_1 - 1)\frac{dy}{dt} + a_2 y = R(e^t)$$

と定数係数の線形方程式に書き直すことができる。

演習　次の微分方程式の一般解を求めよ。

(1)　$x^2 y'' + 3x y' + y = x^2$

(2)　$x^2 y'' - 4x y' + 5y = x^2 + 2x + 2$

あ

アルキメデスの螺線
　Archimedes' spiral ···················· **132**
1 次近似式　linear approximation···**71, 149**
1 次従属　linearly dependent ············ **300**
1 次独立　linearly independent ········· **300**
1 次変換　linear transformation ········ **257**
一般解　general solution ················ **278**
陰関数　implicit function ··············· **134**
陰関数定理
　theorem of implicit function············ **235**
上に凸　upwards convex ················ **62**
n 階微分方程式
　n-th order differential equation ······ **276**
オイラーの公式　Euler's formula ········ **165**
オイラーの微分方程式
　Euler's differential equation············ **321**
凹凸　concave and convex················ **162**

か

カージオイド　cardioid················· **132**
解　solution（微分方程式の）············· **278**
解曲線　solution curve ················· **278**
開区間　open interval ·················· **22**
階数　order（微分方程式の）············· **276**
回転体の体積
　volume of solid of revolution ··········· **115**
ガウス型積分　Gaussian integral ········ **267**
重ね合わせの原理
　principle of superposition··············· **300**
加速度　acceleration ··················· **73**
下端　lower limit ······················ **92**
カテナリー　catenary ··················· **191**
関数の値　value of a function,
　functional value ······················· **206**
完全形　exact form ···················· **294**
完全微分方程式
　exact differential equation·············· **294**
ガンマ関数　gamma function ··········· **274**
境界条件　boundary condition········· **282**
境界値問題
　boundary value problem················· **282**

極限　limit ···························· **8**
　左からの，右からの——··············· **13**
極限値　limit value ···················· **8**
極座標　polar coordinate······· **130, 132, 258**
極座標表示　polar coordinates indication
　·································· **132, 188, 195**
極小　minimum, local minimum ······**56, 231**
極小値　minimal value···············**56, 161, 231**
曲線の長さ　length of curve ··········· **191**
極大
　maximum, local maximum ········**56, 231**
極大値　maximal value ··········**56, 161, 231**
極値　extremal value ··········**56, 161, 231**
近似式　approximate expression ········ **71**
区求積法　method of exhaustion ········ **118**
グラフ　graph·····················**132, 207**
クレローの微分方程式
　Clairaut's differential equation ········· **296**
原始関数　primitive function ··········· **78**
懸垂線　catenary························ **191**
広義積分　improper integral········**200, 202**
高次導関数
　derivative of higher order ··············· **48**
高次の偏導関数
　partial derivative of higher order······· **215**
合成関数　composite function ··········· **217**
コーシーの根号判定法　Cauchy's（the）
　radical sign judgment method ··········· **166**
コーシーの平均値の定理
　Cauchy's mean value theorem ········· **145**

さ

サイクロイド　cycloid ················· **126**
3 重積分　triple integral ················ **273**
時間微分　time differential ············· **293**
自然対数　natural logarithm ············ **45**
自然対数の底
　base of natural logarithm ··············· **45**
下に凸　downwards convex ············ **62**
収束する　converge ··················· **8, 209**
収束半径　radius of convergence ········ **158**
従属変数　dependent variable ··········· **206**
瞬間の速さ　instantaneous velocity······· **27**
上端　upper limit ······················ **92**
常微分方程式
　ordinary differential equation ··········· **276**

初期条件　initial condition ················ **280**

初期値問題　initial value problem ······· **280**

心臓形　cardioid ································· **132**

斉次方程式

　homogeneous equation ············· **288, 300**

積分順序の交換

　change the order of integration ········ **254**

積分する　integrate ·························· **79**

積分定数　integral constant ················ **79**

積分の平均値の定理

　integral mean value theorem ············ **173**

積分変数　variable of integration ········ **79**

接線　tangent, tangential line ·······**52, 236**

　──の方程式 ····························· **53**

接点　point of contact, contact point ··· **52**

接平面　tangent plane ····················· **225**

線形従属　linearly dependent ············· **300**

線形独立　linearly independent ··········· **300**

線形微分方程式

　linear differential equation ············· **288**

全微分　total differential ·················· **223**

全微分可能　totally differentiable ······· **222**

全微分方程式

　totally differential equation ············· **294**

双曲線関数　hyperbolic function ········· **192**

増減　increase and decrease ·············· **55**

増減表

　table of increase and decrease ········· **55**

増分　increment ···························· **26**

速度　velocity ······························ **73**

第 *n* 次導関数　*n*-th derivative ········· **48**

第 3 次偏導関数　partial derivative of the third order ···································· **215**

対数微分法

　logarithmic differentiation ·············· **46**

体積　volume ································· **112**

　回転体の── ···························· **115**

　定積分と── ···························· **113**

　y 軸のまわりの回転体の── ·········· **116**

第 2 次導関数

　second derivative ····················**48, 62**

第 2 次偏導関数　partial derivative of the second order ······························ **215**

ダランベールの判定法

d'Alembert's criterion ···················· **166**

ダランベールの微分方程式

　d'Alembert's differential equation ······ **297**

値域　range (of values) ··················· **206**

置換積分法

　integration by substitution ··········· **83, 85**

中間値の定理

　intermediate value theorem ········**23, 139**

直交座標

　orthogonal coordinates ············· **130, 132**

定義域　region of definition, domain ································· **206**

定数変化法

　variation of constants ·············· **289, 312**

定積分　definite integral ············**92, 174**

　──と体積 ······························ **113**

　──と微分 ······························ **101**

　──と面積 ······························ **104**

テイラー展開　Taylor expansion ········ **157**

テイラーの定理

　Taylor's theorem ··················**153, 229**

デカルトの正葉線

　folium of Descartes ···················· **135**

導関数　derivative ························· **30**

　x^n の── ······························ **31**

　逆三角関数の── ······················ **42**

　三角関数の── ························· **40**

　指数関数の── ························· **47**

　対数関数の── ························· **45**

　──の性質 ······························ **32**

　──の定義 ······························ **30**

同次形　homogeneous form ··············· **286**

同次方程式

　homogeneous equation ············· **288, 300**

等比数列　geometric sequence ··········· **156**

特異解　singular solution ················· **279**

特殊解　special solution ·················· **278**

特性方程式

　characteristic equation ················· **303**

独立変数　independent variable ········· **206**

2 階線形微分方程式　linear differential equation of (the) second order ········· **300**

2 次近似式

　quadratic approximation ················ **150**

2重積分　double integral ················· **247**

2変数関数のグラフ
2 variable functions graph ··············· **207**

（は）

媒介変数　parameter ···················· **126**

媒介変数表示　parametric representation
················· **126, 187, 193**

ハイパボリックコサイン
hyperbolic cosine ························ **192**

ハイパボリックサイン
hyperbolic sine ·························· **192**

ハイパボリックタンジェント
hyperbolic tangent ······················ **192**

発散する　divergent ······················ **12**

速さ　speed ······························· **73**

パラメータ　parameter ···················· **243**

比較判定法　comparison test ············· **166**

非斉次方程式
inhomogeneous equation ·········· **288, 300**

被積分関数　integrand ····················· **79**

非同次方程式
inhomogeneous equation ·········· **288, 300**

微分　derivation, differential ··············· **222**

微分可能　differentiable ·············· **28, 148**

微分係数　differential coefficient,
derivate ···················· **28, 148, 223**

微分する　differentiate ····················· **30**

微分積分法の基本定理
fundamental theorem of calculus ····· **175**

微分法　differentiation ····················· **33**
　関数の積の—— ······················· **33**
　関数の商の—— ······················· **34**
　合成関数の—— ······················· **36**
　逆関数の—— ························· **39**

微分方程式　differential equation ········ **276**

不定形の極限値
protean limiting value ··················· **146**

不定積分　indefinite integral ·············· **78**
　三角関数の—— ······················· **81**
　指数関数の—— ······················· **82**
　分数関数の—— ······················· **89**

不等式の証明
verification of inequality ··············· **67**

部分積分法
integration by parts ···················· **87**

不連続　discontinuous ···················· **21**

平均値の定理　theorem of mean value,
mean value theorem ·········· **69, 142, 173**

平均変化率　average rate of change ······· **26**

閉区間　closed interval ···················· **22**

ベルヌーイの微分方程式
Bernoulli's differential equation ········· **296**

変化率　rate of change ···················· **28**

変曲点
point of inflection, inflection point ······· **63**

変数分離形　variables separable ········· **284**

偏導関数　partial derivative ··············· **213**

偏微分可能　partially differentiable ······ **213**

偏微分係数
partial differential coefficient ··········· **212**

偏微分する　partially differentiate ········· **213**

偏微分方程式
partial differential equation ············· **276**

法線　normal ····························· **236**

包絡線　envelope ························· **243**

補助方程式　adjoint equation ············· **303**

（ま）

マクローリン展開
Maclaurin's expansion ·················· **158**

マクローリンの定理
Maclaurin's theorem ··················· **154**

無限級数　infinite series ·················· **155**

無限等比級数
infinite geometric series ··············· **156**

無理関数　irrational function ·············· **181**

面積　area ······························· **104**
　定積分と—— ······················· **105**
　2曲線の間の—— ······················· **107**

（や）

ヤコビ行列　Jacobian matrix ············· **219**

ヤコビアン　Jacobian ···················· **256**

有界　bounded ··························· **140**

有理関数　rational function ··············· **177**

（ら）

ライプニッツの公式
Leibniz's formula ························· **49**

ラグランジュの乗数法
Lagrange's method of multipliers ······ **239**

ラグランジュの微分方程式
Lagrange's differential equation ········· **297**

リーマン積分　Riemann integral ········ **169**
リーマン積分可能
　　Riemann-integrable ······················ **169**
リーマン和　Riemann's sum ········ **168, 247**
累次積分　repeated integral ·············· **249**
レムニスケート (連珠形)
　　lemniscate ································· **136**
連続　continuous ························**21, 211**
連続関数　continuous function ·······**22, 138**
連立微分方程式　simultaneous differential
　　equation ································· **315**
ロールの定理　Rolle's theorem ············ **141**
ロピタルの定理
　　l'Hospital's theorem ····················· **146**
ロンスキアン　Wronskian ················· **301**

$x \to a$ ··· **8**
$x \to +0$ ·· **13**
Δx ·· **26**
$f'(x)$ ··· **30**
y' ·· **30**
$\dfrac{dy}{dx}$ ··· **30**
$y^{(n)}$ ·· **48**
$f^{(n)}(x)$ ·· **48**
$\dfrac{d^n y}{dx^n}$ ······································· **48**
$\displaystyle\int f(x)\,dx$ ··································· **79**
$\displaystyle\int_a^b f(x)\,dx$ ································ **92**
$\Big[F(x)\Big]_a^b$ ································· **92**

●本書の関連データが web サイトからダウンロードできます。

https://www.jikkyo.co.jp/download/ で

「新版微分積分 改訂版」を検索してください。

提供データ：問題の解答

■監修

おかもとかず お
岡本和夫　東京大学名誉教授

■編修

やす だ ともゆき
安田智之　奈良工業高等専門学校教授

ふくしまくにみつ
福島國光　元栃木県立田沼高等学校教頭

い ぐちゆう き
井口雄紀　東京工業高等専門学校准教授

いちかわゆう こ
市川裕子　東京工業高等専門学校教授

さ えきあきひこ
佐伯昭彦　鳴門教育大学大学院教授

さ とうたかふみ
佐藤尊文　秋田工業高等専門学校准教授

すず き まさ き
鈴木正樹　沼津工業高等専門学校准教授

なかむらしんいち
中村真一　佐世保工業高等専門学校教授

もりもと ま り
森本真理　秋田工業高等専門学校准教授

●表紙・本文基本デザイン──エッジ・デザインオフィス
●組版データ作成──㈱四国写研

新版数学シリーズ

新版微分積分　改訂版
基礎から偏微分・重積分・微分方程式まで

2013年10月15日　初版第 1 刷発行
2023年 7 月10日　改訂版第 1 刷発行

●著作者　　岡本和夫　ほか
●発行者　　小田良次
●印刷所　　壮光舎印刷株式会社

●発行所　　実教出版株式会社

〒102-8377
東京都千代田区五番町 5 番地
電話［営　　業］(03) 3238-7765
　　［企画開発］(03) 3238-7751
　　［総　　務］(03) 3238-7700
https://www.jikkyo.co.jp/

無断複写・転載を禁ず

ISBN　978-4-407-36120-9　C3041

Printed in Japan

33 $\displaystyle\int\frac{1}{\sqrt{a^2-x^2}}\,dx=\mathrm{Sin}^{-1}\frac{x}{a}+C \quad (a>0)$

34 $\displaystyle\int\sqrt{a^2-x^2}\,dx=\frac{1}{2}\left\{x\sqrt{a^2-x^2}+a^2\mathrm{Sin}^{-1}\frac{x}{a}\right\}+C \quad (a>0)$

35 $\displaystyle\int\frac{1}{\sqrt{x^2+A}}\,dx=\log|x+\sqrt{x^2+A}\,|+C \quad (A\neq0)$

36 $\displaystyle\int\sqrt{x^2+A}\,dx=\frac{1}{2}\left\{x\sqrt{x^2+A}+A\log|x+\sqrt{x^2+A}\,|\right\}+C \quad (A\neq0)$

37 $\displaystyle\int\frac{1}{x^2-a^2}\,dx=\frac{1}{2a}\log\left|\frac{x-a}{x+a}\right|+C \quad (a>0)$

38 $\displaystyle\int\frac{1}{x^2+a^2}\,dx=\frac{1}{a}\mathrm{Tan}^{-1}\frac{x}{a}+C \quad (a\neq0)$

39 極座標 $(r,\ \theta)$

$r\sin\theta=y$ $x=r\cos\theta$

40 $x=a$ 中心のテイラー展開

$$f(x)=f(a)+f'(a)(x-a)+\frac{f'(a)}{2!}(x-a)^2+\cdots\cdots+\frac{f^{(n)}(a)}{n!}(x-a)^n+\cdots\cdots$$

41 $x=0$ 中心のテイラー展開（マクローリン展開）

(1) $\displaystyle e^x=1+x+\frac{1}{2!}x^2+\frac{1}{3!}x^3+\cdots\cdots$ (2) $\displaystyle \sin x=x-\frac{1}{3!}x^3+\frac{1}{5!}x^5-\frac{1}{7!}x^7+\cdots\cdots$

(3) $\displaystyle \cos x=1-\frac{1}{2!}x^2+\frac{1}{4!}x^4-\frac{1}{6!}x^6+\cdots\cdots$ (4) $\displaystyle \frac{1}{1-x}=1+x+x^2+x^3+\cdots\cdots$

42 オイラーの公式

$e^{yi}=\cos y+i\sin y$

43 曲線の長さ

(1) $y=f(x)\ (a\leq x\leq b)$ は

$$L=\int_a^b\sqrt{1+\{f'(x)\}^2}\,dx$$

(2) $x=f(t),\ y=g(t)\ (\alpha\leq t\leq\beta)$ は

$$L=\int_\alpha^\beta\sqrt{\{f'(t)\}^2+\{g'(t)\}^2}\,dt$$

44 ガウス積分

$$\int_0^\infty e^{-x^2}dx=\frac{\sqrt{\pi}}{2}$$

45 合成関数の微分公式

$z=f(x,\ y),\ x=x(u,\ v),\ y=y(u,\ v)$ のとき

(1) $z_u=z_x x_u+z_y y_u$ (2) $z_v=z_x x_v+z_y y_v$

46 2変数関数の平均値の定理

$f(a+h,\ b+k)=f(a,\ b)+hf_x(a+\theta h,\ b+\theta k)+kf_y(a+\theta h,\ b+\theta k) \quad (0<\theta<1)$

47 変数変換

$x=x(u,\ v),\ y=y(u,\ v)$ について

$$\iint_D f(x,\ y)\,dxdy=\iint_{D'} f(x(u,\ v),\ y(u,\ v))|J(u,\ v)|\,dudv$$

$|J(u,\ v)|$ はヤコビアン $J(u,\ v)=\begin{vmatrix} x_u & x_v \\ y_u & y_v \end{vmatrix}$ の絶対値

48 1階微分方程式

$y'+P(x)y=0$ の解は $y=Ce^{-\int P(x)dx}$ （C は任意定数）